山 东 省 职 业 教 育 课 程 改 革 教 材

焊接技术应用专业

焊接工艺

刘现存　主编

山东科学技术出版社

图书在版编目（CIP）数据

焊接工艺 / 刘现存主编 . —济南：山东科学技术出版社，2019.12

ISBN 978-7-5331-9796-4

Ⅰ . ①焊…　Ⅱ . ①刘…　Ⅲ . ①焊接工艺－中等专业学校－教材　Ⅳ . ① TG44

中国版本图书馆 CIP 数据核字（2019）第 066771 号

焊接工艺

HANJIE GONGYI

责任编辑：梁天宏　石　昊
装帧设计：李晨溪

主管单位：山东出版传媒股份有限公司
出 版 者：山东科学技术出版社
地址：济南市市中区英雄山路 189 号
邮编：250002　电话：（0531）82098088
网址：www.lkj.com.cn
电子邮件：sdkj@sdcbcm.com
发 行 者：山东科学技术出版社
地址：济南市市中区英雄山路 189 号
邮编：250002　电话：（0531）82098071
印 刷 者：青州市东泰印务有限公司
地址：山东省青州市黄楼街道办事处小陈村
邮编：262517　电话：（0536）3532216

规格：16 开（184mm × 260mm）
印张：14　　**字数**：280 千
版次：2019 年 12 月第 1 版　　2019 年 12 月第 1 次印刷
定价：32.00 元

前言

为适应中等职业教育改革和发展的需要，在人才市场调查和职业能力分析的基础之上，突出职业教育特色，以企业需求和学生的发展为目标，编写本教材。在教材编写时，着重考虑了以下几个方面：

1. 具备一定的系统性和完整性。

2. 充分考虑到了与《焊接技能训练》等其他课程的配合关系。

3. 坚持“必须”和“够用”的原则，教材深度、难度适当；充分体现“四新”方面的内容，体现教材的先进性。

4. 与职业技能鉴定要求相衔接。

5. 教材内容尽可能使用图片、照片、表格等形式，做到图文并茂、生动形象。

6. 本课程以理论阐述为主，以单元——任务的形式编写，更清晰、更具有条理性，便于教学和知识查阅。

7. 教材任务后面附有练习题，便于学生对教学内容的巩固和掌握。

本教材由刘现存（单元一、单元六、单元七）、李呈志（单元二、单元三）、郭鹏（单元八、单元九）、李明华（单元四、单元五）编写，刘现存任主编，李呈志、郭鹏、朱相磊担任副主编，李明华、杜海明参与编写。

由于编者水平有限，编写时间仓促，书中缺点和错误在所难免，恳请使用本书的教师、学生和广大读者批评指正。

编　者

目录

CONTENTS

单元一
焊接技术概述

单元目标

知识目标	1. 掌握焊接的概念、分类及特点。 2. 了解焊接的应用及发展。 3. 理解和运用焊接安全预防和急救措施。 4. 理解和运用劳动保护措施、加强个人防护。
能力目标	初步了解焊接专业情况；能运用焊接安全预防和急救措施；正确运用劳动保护措施、加强个人防护。
素质目标	热爱本专业，培养职业能力和素养。

任务一　焊接及发展概况

任务目标

知识目标	1. 掌握焊接的概念、分类及特点。 2. 了解焊接的应用。
能力目标	掌握焊接的基本概念，培养学生对专业知识学习的理解能力。
素质目标	热爱本专业，干一行爱一行。

学习内容

一、焊接的定义

在机械制造中，经常需要将两个及两个以上的零件用某种形式连接起来。根据连接特点，通常将其分为两类：一类是可拆卸连接，如螺栓连接；另一类是永久连接，如铆接、焊接，其中应用最广的是焊接。零件连接形式如图 1-1 所示。

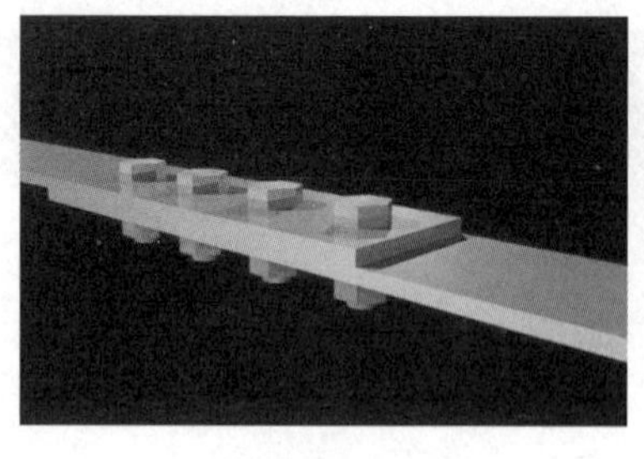

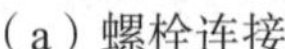

（a）螺栓连接

（b）铆接

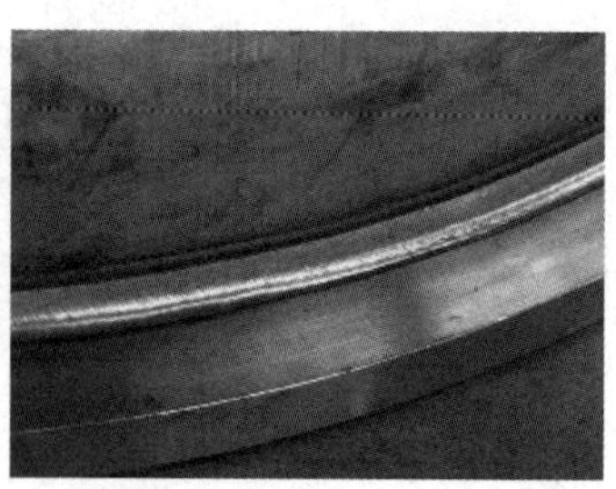

（c）焊接

图1-1　零件连接形式

焊接就是通过加热或加压，或两者并用，用或不用填充材料，使焊件达到结合的一种加工工艺方法。

焊接最本质的特点就是通过焊接使焊件达到结合，从而将原来分开的物体形成永久性连接的整体。焊接可以是金属（钢、铜、铝等）的焊接，也可以是非金属（塑料、玻璃等）的焊接，或者是金属与非金属的焊接，我们通常所讲的焊接是指金属的焊接。

二、焊接的分类

按照焊接过程中金属所处的状态不同，把金属焊接分为熔焊、钎焊、压焊三类，如图 1-2 所示。

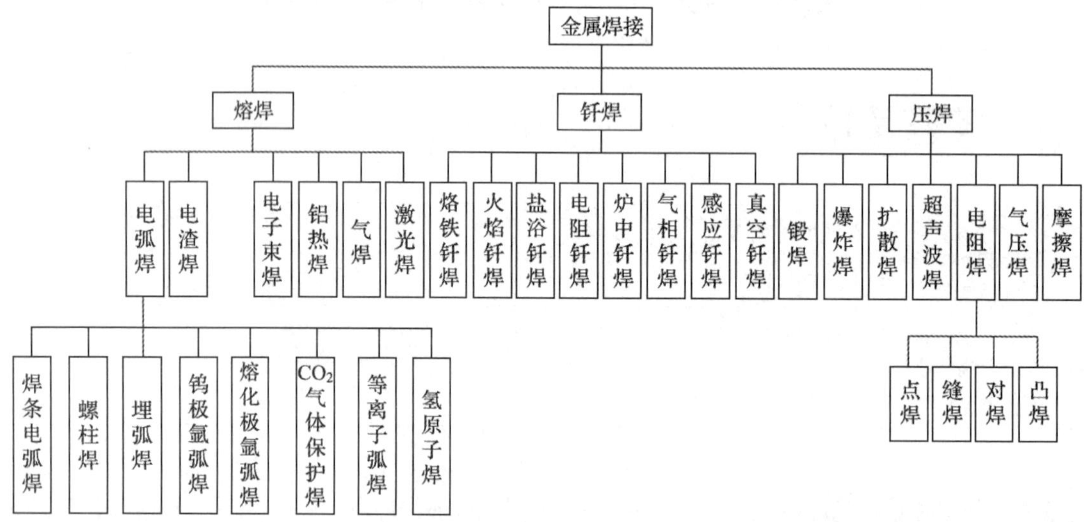

图1-2　焊接的分类

1. 熔焊

在焊接过程中，将待焊处的母材金属熔化以形成焊缝的焊接方法叫熔焊。熔焊的关键是要有一个热量集中、温度足够高的局部加热热源。常见的焊条电弧焊、二氧化碳气体保护焊、氩弧焊、埋弧焊等都属于熔焊，如图 1–3 所示。

（a）焊条电弧焊

（b）钨极氩弧焊

图1–3　熔焊实例

2. 钎焊

钎焊是采用比母材熔点低的金属材料作钎料，将焊件和钎料加热到高于钎料熔点、低于母材熔点的温度，利用液态钎料润湿母材，填充接头间隙，并与母材相互扩散实现连接焊件的方法。常用的钎焊方法有火焰钎焊、感应钎焊、炉中钎焊等，如图 1–4 所示。

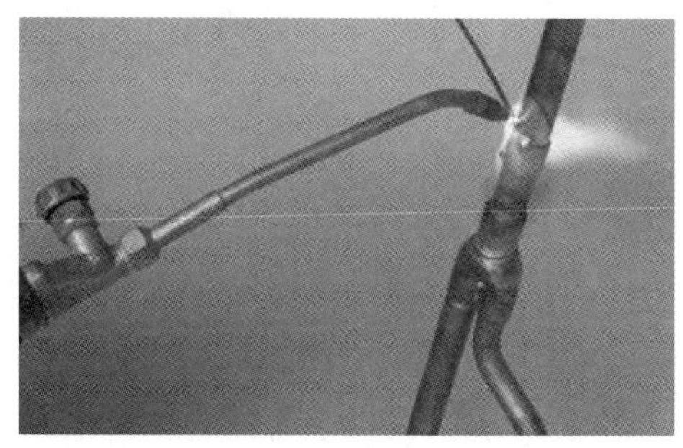

（a）火焰钎焊

（b）感应钎焊

图1–4　钎焊实例

3. 压焊

压焊是在焊接过程中，必须对焊件施加压力（加热或不加热），以完成焊接的方法。常用的压焊方法有电阻对焊、电阻点焊、摩擦焊等，如图 1–5 所示。

（a）电阻点焊

（b）摩擦焊

图1–5 压焊实例

三、焊接的特点

1. 焊接与铆接相比

焊接与铆接相比，不需要像角钢那样的辅助材料，可以节省大量金属材料，减轻结构的重量。焊接不需要钻孔，画线工作量较少，劳动生产率高。焊接结构的密封性比铆接结构更好。焊接比铆接劳动强度低，劳动条件好，如图 1–6 所示。

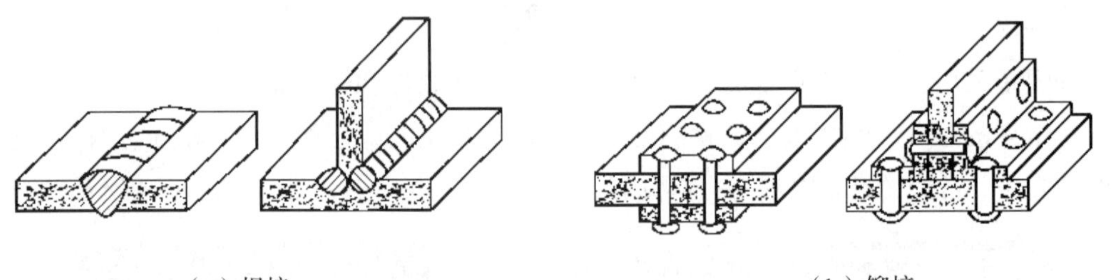

（a）焊接　（b）铆接

图 1–6 焊接与铆接

2. 焊接与铸造相比

焊接不需要制作木模和砂型，也不需要专门的熔炼、浇铸，工序简单，生产周期短。焊接结构比铸件节省材料，通常，重量比铸铁件轻 50% ~ 60%。采用轧制材料的焊接结构质量一般比铸件好。即使不用轧制材料，用小铸件拼焊成大件，小铸件的质量也比大铸件质量容易保证。

3. 焊接的优点

焊接可根据受力情况和工作环境，在不同的部位选用不同强度和不同耐磨、耐腐蚀、耐高温等性能的材料，以满足产品使用性能的要求。

4. 焊接的缺点

焊接会产生焊接应力与变形，焊接应力会削弱结构的承载能力，焊接变形会影响结构形状和尺寸精度；焊缝中会存在一定数量的缺陷；焊接过程中会产生有毒有害物质等。

四、焊接结构在工业发展中的作用

焊接结构的应用越来越广泛，几乎渗透到了国民经济各个领域，如机械制造、石油化工、矿山机械、能源电力、铁道车辆、国防装备、航空航天、车船制造等。

至20世纪70年代，在世界范围内，焊接技术已成为机械制造业中的关键技术之一，特别是20世纪后期，随着电子技术及自动控制技术的进步，焊接产业开始向高新技术方向发展，焊接技术更加突出地反映了整个国家的工业生产水平和机械制造水平。

2016年前后，国产大型运输机运-20、水陆两栖飞机AG600、大型客机C919，如图1-7所示。它们的研制成功使中国跻身世界大飞机制造行列。在飞机机体的研制和生产中，焊接技术已经成为不可或缺的工艺方法之一。焊接技术的进步与发展不仅能够减轻飞机机体的重量，而且还为飞机机体结构设计提供技术支持，提高了飞机的先进性。

在生产中，既有传统焊接工艺又有新型先进焊接工艺。传统焊接工艺一般是指电弧焊（包括手工焊条电弧焊、氩弧焊、混合气体保护焊等）、电阻焊（包括电阻点焊、电阻缝焊、闪光对焊等）、固相连接焊（包括旋转摩擦焊等）和钎焊（包括烙铁钎焊、火焰钎焊、高频钎焊等），这些焊接技术在飞机机体零件的连接上占据主导地位。新型先进焊接工艺，一般是指真空电子束焊接技术、激光焊接技术和搅拌摩擦焊接技术，这些焊接技术在新型号飞机上的应用潜力巨大，尤其在大飞机机体制造上有了实际应用。

（a）运-20

（b）AG600

（c）C919

图1-7　大飞机

复兴号动车组列车是中国标准动车组的中文命名，由中国铁路总公司牵头组织研制、具有完全自主知识产权、达到世界先进水平，率先实现了350千米的时速运营，具有国际先进水平的焊接制造技术是重要保障。如今，中国高铁作为新时代的四大发明之一，已经昂首走向世界，如图1-8所示。

“蛟龙”号载人潜水器设计最大下潜深度为7 000 m，工作范围可覆盖全球海洋区域的99.8%。2012年6月27日，中国载人深潜器“蛟龙”号7 000 m级海试最大下潜深度达7 062 m，再创中国载人深潜纪录，其中“蛟龙”号的钛合金焊接技术是关键点，如图1-9所示。

图1-8　复兴号

图1-9　“蛟龙”号载人深潜器

目前，各国焊接结构用钢量均已占其钢材消费量的40% ~ 60%，焊接结构产量和用钢量在总用钢量中的百分比已成为衡量一个国家工业技术发展水平的重要标志。焊接结构在向大型化、高参数、高精度方向发展；焊接技术正向自动化、智能化、信息化、集成化、系统化、柔性化、绿色环保等方向不断发展，如图1-10、图1-11所示。

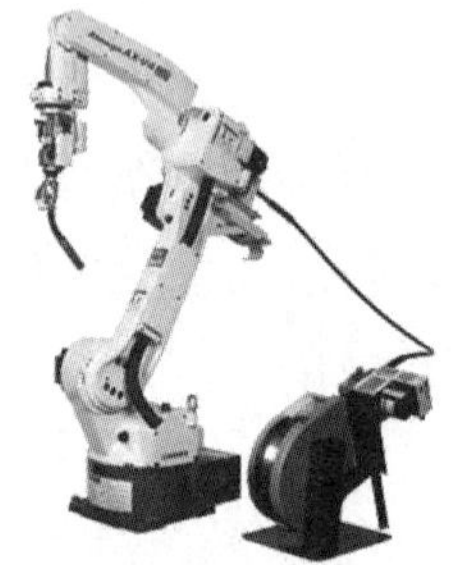
图1-10　焊接机器人

图1-11　轿车车身自动焊接生产线

练一练

一、填空题

1. 零件连接的形式通常分为两类：一类是________连接，另一类是________连接。

2. 焊接是通过________或________或两者并用，用或不用________，使焊件达到结合的一种加工工艺方法。

3. 按照焊接过程中金属所处的状态不同，可以把焊接分为________、________、________三类。

4. 常用的熔焊方法有：________、________、________。

二、判断题

1. 焊接可以是金属的焊接也可以是非金属的焊接。(　　)

2. 熔焊是既加热又加压的焊接方法。(　　)

3. 电阻焊是一种常用的压焊方法。(　　)

4. 各国焊接结构用钢量，均已占其钢材消费量的 40% ~ 60%。(　　)

5. 焊接结构产量和用钢量在总用钢量中的百分比已成为衡量一个国家工业技术发展水平的重要标志。(　　)

三、简答题

1. 焊接方法分为哪三大类？各包括那些类型？

2. 焊接与铆接、铸造相比有哪些优缺点？

任务二　焊接安全技术与劳动保护

任务目标

知识目标	1. 熟悉和运用焊接安全预防和急救措施。 2. 熟悉和运用劳动保护措施、加强个人防护。
能力目标	具备安全预防能力，掌握急救措施，以及自我防护能力。
素质目标	增强安全意识，自觉遵守安全生产规章制度。

学习内容

一、焊接安全技术

焊接安全生产非常重要，因为焊工在焊接时要与电、可燃及易爆的气体、压力容器等接触，在焊接过程中会产生一些有害气体、烟尘、弧光辐射、焊接热源高温、高频磁场、噪声和射线等。有时还要在高处、水下、容器设备内部的特殊环境作业。如果焊工不熟悉有关劳动保护知识，不遵守安全操作规程，就可能引起触电、灼伤、火灾、爆炸、中毒、窒息等事故，这不仅给国家财产造成损失，而且直接影响焊工及其他工作人员的人身安全。

焊工是特种作业人员，必须进行专门的安全技术理论学习和实践操作训练，并经考试合格后，方可进行独立作业。只有经常对焊工进行安全技术与劳动保护的教育和培训，使其从思想上重视安全生产，明确安全生产的重要性，了解安全生产的规章制度，熟悉并掌握安全技术的关键措施，才能有效地避免和杜绝事故的发生。

（一）预防触电和触电急救的安全技术

1. 电焊作业环境的不安全因素

焊工在进行电焊作业时经常使用焊接电源、电器工具、接触带电焊钳、焊件，移动电缆、开闭闸刀开关等，因此触电的危险性较大；在容器、管道、锅炉、船舱等钢结构内作业，四周皆为带电体，触电的危险性就更大。根据施焊环境的不同，触电危险性分为三类：

（1）普通环境　这类环境条件是干燥（相对湿度不超过 75%）、无导电粉尘、有木料、沥青或瓷砖等非导电材料铺设的地面，这种环境触电的危险性小。

（2）危险环境　具有下列条件之一，均属危险环境：潮湿、有导电粉尘、有湿木板、钢筋混凝土、金属或其他导电材料制成的地面；炎热或高温（平均温度超过 30℃），或者人体能同时在一面接触接地导体，另一面接触电器设备外罩。这种环境触电危险性较大。

（3）特别危险环境　具备下列条件之一者，如特别潮湿（相对湿度接近 100%）、有腐蚀性气体、蒸汽、煤气；在铸造、电镀、酸洗车间、锅炉房、化工车间及金属容器、管道或金属构架上（或金属结构内）施焊，都属特别危险环境。这种环境触电的危险性很大。

2. 焊接设备的危险因素

除了焊接环境所决定的不安全因素外，还有电源、电焊机、电缆及其他用电器具潜在的不安全因素。焊接电源与 220 V 或 380 V 电网相连，人体一旦触及电器线路的开关、破损的电源线、焊机接线柱等，就很难摆脱、极易受电击。电焊机空载电压（通常为 50 ~ 90 V）大大超过了安全电压，但由于电压并非很高，很容易被忽视；焊接时又经常接触其线路上的焊钳、焊件、电缆线等，往往成为触电伤亡事故的主要危险因素。

3. 发生触电的原因和触电形式

造成触电的原因主要有：更换焊条或操作当中，身体某个部位触及了焊钳带电部分，而身体或脚下对地或者金属构件之间无绝缘防护造成触电。在金属结构内，或当身体大量出汗、雨天、潮湿环境作业，特别容易发生这种触电事故。

4. 电流对人体的损害

（1）电流作用于人体引起伤害的形式　电流对人体的伤害有 3 种形式：电击、电伤和电磁场生理伤害。通常所说的触电事故，主要是指电击而言，绝大多数触电死亡事故是由电击所造成的。

（2）影响电流对人体伤害程度的因素　电流通过人体造成伤害的严重程度与下列因素有关：流经人体的电流强度，电流通过人体的持续时间，电流流过人体的途径，电流的频率及人体的健康状况等。

5. 预防触电事故的安全措施

在焊接作业过程中，为防止人体触及带电体发生触电事故，除加强安全用电教育、提高安全意识，树立安全第一的思想外，还应采取相应的安全措施，如绝缘、屏护、间隔、自动断电和加强个人防护等。

（1）焊接电源的安全措施　①焊机保护性接地或接零。在电网为三相三线制对地绝缘或单相制系统中应装设保护接地线；在三相四线制中性点接地系统中，应装设保护性接零线。②自动断电保护。为防止焊工在更换焊条及其他空载条件下触电，可采用焊机空载自动断电保护装置，使焊机空载电压降至安全电压范围内。这不仅可防触电，又能降低空载损耗。

（2）焊接工具的安全要求　焊钳和角向磨光机等是焊工作业时的主要用具，对焊工操作安全有直接影响。因此要求这些工具轻便可靠、接触良好，具有良好的绝缘性能和隔热能力。电动工具和照明灯应根据作业环境，采用相应等级的安全电压。氩弧焊和等离子弧焊的焊炬、割炬，还应保证水冷却系统的密封、不漏水、不漏气。

（3）焊接电缆的安全要求　连接电焊机和电网的电源线，焊接回路的电缆线要有符合要求的导电能力和绝缘外皮，其长度和截面应符合要求。并要求电缆轻便、柔软、耐油、耐热、耐腐蚀，具有一定的机械强度。应减少或避免接头，焊接电缆的中间接头最多不应超过 2 个，并应与焊机和焊钳连接紧固、可靠。

（4）焊接安全操作　①在焊接作业前应首先检查焊接设备和所用电动工具、焊钳、焊炬等是否安全可靠，绝缘有无损坏；焊机接地或接零，以及各接线点是否牢固、完好；供气、供水系统是否严密等，一切正常时方允许使用。②焊前应做好绝缘防护准备工作，在焊机空载电压和工作电压较高（如等离子弧切割等），以及在潮湿环境或金属容器内作业时，必须铺设橡胶或其他绝缘衬垫，焊工应戴皮手套穿绝缘防护鞋，以保证身体与焊件或潮湿的地面良好的绝缘。③在改变焊机接线、搬移和检修焊机、更换熔丝、改变二次绕组接线时，必须先切断电源。在焊机通电运行时，应防止触及任何带电部位。④焊接设备的安装、检查及修理，必须由有资格的电工进行，焊工不得自行处理。⑤应防止焊钳与工件短路，在金属容器内（如锅炉、船舱等）作业，暂停施焊时，焊钳应放于安全地点或悬挂起来，然后切断电源。⑥在狭窄环境及锅炉、容器内施焊，要求两人轮换工作，并进行安全监护。⑦在使用工作灯和电动工具时，应视具体环境条件采用 36 V 或 12 V 安全电压。⑧在焊工更换焊条时，应戴皮手套，在施焊时，特别是身体出汗或衣服潮湿时，不得依靠于焊件或工作台上，以防触电。⑨在发生电源线或焊接设备、电器短路、起火时，应立即切断电源，然后灭火。⑩遇到有人触电时，切不可赤手去拉触电者，应迅速切断电源或用绝缘物体隔断电源、进行解救。对触电发生昏迷者，要及时进行人工呼吸抢救。

6. 触电急救

（1）解脱电源　在发生触电时，电击引起的肌肉痉挛可能使触电者与带电体脱离开来，但有时也会被吸附在带电体上，导致电流不断流过人体。在这种情况下，应设法使触电者迅速脱离电源。①低压触电。在发生低压触电事故时，应立即拉下电源开关或拔出插头。

②高压触电。在发生高压触电时，应立即通知供电部门停电，同时可戴上绝缘手套、穿上绝缘鞋，用相应电压等级的绝缘工具拉断开关或切断电源，或者采用抛掷、搭挂裸金属线使线路接地，迫使保护装置动作（或启跳）而断电。但应注意的是首先一端要确保可靠接地，再抛掷另一端，这时应注意不能触及触电者。

（2）救治方法　触电者脱离电源后应视具体情况进行对症救治。在伤势严重、呼吸或心跳停止时，应立即急救，即以人工的方法恢复心脏跳动和呼吸功能，包括人工呼吸和心脏按压两种方法。

（二）预防火灾和爆炸的安全技术

1. 焊接切割作业中发生火灾爆炸事故的原因

（1）在焊接切割作业时，尤其是气体切割时，由于使用压缩空气或氧气流的喷射，使熔渣四处飞溅（较大的熔渣能飞溅到距操作点 5 m 以外的地方），当作业环境中存在易燃、易爆物品或气体时，就可能会发生火灾和爆炸事故。

（2）在高空焊接切割作业时，对火星所及的范围内的易燃易爆物品未清理干净，作业人员在工作过程中乱扔焊条头，作业结束后未认真检查是否留有火种。

（3）在气焊、气割工作过程中未按规定的要求放置气瓶，工作前未按要求检查焊（割）炬、橡胶管路和气瓶的安全装置。

（4）气瓶存在制造方面的不足，气瓶的保管、充灌、运输、使用等方面存在不足，违反安全操作规程等。

（5）乙炔、氧气等管道的制造、安装有缺陷，使用中未及时发现和整改其不足。

（6）在焊补燃料容器和管道时，未按要求采取相应措施；在实施置换焊补时，置换不彻底；在实施带压不置换焊补时，压力不够致使外部明火导入等。

2. 防范措施

（1）在焊接切割作业时，将作业环境 10 m 范围内所有易燃易爆物品清理干净，应注意作业环境的地沟、下水道内有无可燃液体和可燃气体，以及可燃易爆物质是否有可能泄漏到地沟和下水道内，以免由于焊渣、金属火星引起灾害事故。

（2）在高空焊接切割时，禁止乱扔焊条头，对焊接切割作业下方应进行隔离，作业完毕应做到认真细致的检查，确认无火灾隐患后方可离开现场。

（3）应使用符合国家有关标准、规程要求的气瓶，在气瓶的贮存、运输、使用等环节上应严格遵守安全操作规程。

（4）对输送可燃气体和助燃气体的管道应按规定安装、使用和管理，对操作人员和检查人员应进行专门的安全技术培训。

（5）在焊补燃料容器和管道时，应结合实际情况确定焊补方法。实施置换法时，置换应彻底，工作中应严格控制可燃物质的含量；实施带压不置换法时，应按要求保持一定的压力。工作中应严格控制其含氧量。要加强检测，注意监护，要有安全组织措施。

3. 火灾、爆炸事故的紧急处理方法

在焊接切割作业中，如果发生火灾、爆炸事故，应采取以下方法进行紧急处理：

（1）应判明火灾、爆炸的部位及引起火灾和爆炸的物质特性，迅速拨打火警电话119报警。

（2）在消防队员未到达前，现场人员应根据起火或爆炸物质的特点，采取有效的方法控制事故的蔓延，如切断电源，撤离事故现场氧气瓶、乙炔瓶等受热易爆设备，正确使用灭火器材。

（3）在事故紧急处理时，必须由专人负责，统一指挥，防止造成混乱。

（4）在灭火时，应采取防中毒、倒塌、坠落伤人等措施。

（三）常用灭火器的原理及使用方法

1. 干粉灭火器

（1）灭火原理　干粉灭火器内充装的是磷酸铵盐干粉灭火剂。干粉灭火剂是用于灭火的干燥且易于流动的微细粉末，由具有灭火效能的无机盐和少量的干粉灭火器添加剂经干燥、粉碎、混合而成的微细固体粉末组成。一是靠干粉中的无机盐的挥发性分解物，与燃烧过程中燃料所产生的自由基或活性基团发生化学抑制和负催化作用，使燃烧的链反应中断而灭火；二是靠干粉的粉末落在可燃物表面外，发生化学反应，并在高温作用下形成一层玻璃状覆盖层，从而隔绝氧，进而窒息灭火。

（2）使用方法　干粉灭火器最常用的开启方法为压把法。将灭火器提到距离火源适当位置后，先上下颠倒几次，使筒内的干粉松动，然后让喷嘴对准燃烧最猛烈处，拔去保险销，压下压把，灭火剂便会喷出灭火。图 1-12 所示为手持式灭火器。在开启干粉灭火棒时，左手握住其中部，将喷嘴对准火焰根部，右手拔掉保险卡，旋转开启旋钮，打开贮气瓶，延时1 ~ 4 s，干粉便会喷出灭火。

图1-12　手持式灭火器

2. 二氧化碳灭火器

（1）灭火原理　灭火器瓶体内贮存液态二氧化碳，工作时，当压下瓶阀的压把时。内部的二氧化碳灭火剂便由虹吸管经过瓶阀到喷筒喷出，使燃烧区氧的浓度迅速下降，当二氧化碳达到足够浓度时，火焰会窒息而熄灭。同时，由于液态二氧化碳会迅速气化，在很短的时间内吸收大量的热量，因此对燃烧物起到一定的冷却作用，也有助于灭火。

（2）使用方法　将灭火器提至火灾现场，拔出保险销，对准火焰根部，压下压把，药剂即喷出灭火；放开手把，可停止喷射，从而实现间隙喷射。

3. 泡沫灭火器

泡沫灭火器又分为手提式泡沫灭火器、推车式泡沫灭火器和空气泡沫灭火器。

（1）灭火原理　在灭火时，能喷射出大量二氧化碳及泡沫，它们能黏附在可燃物上，使可燃物与空气隔绝，达到灭火的目的。

（2）使用方法　与二氧化碳灭火器使用方法相同

（四）预防有害气体和烟尘中毒的安全技术

在焊接时，焊工周围的空气常被一些有害气体及粉尘所污染，如氧化锰、氧化锌、臭氧、氟化物、一氧化碳和金属蒸汽等。焊工长期呼吸这些烟尘和气体，对身体是不利的，甚至引起焊工尘肺及锰中毒等，因此，应采取下列预防措施：

（1）焊接场地应有良好的通风　在车间安装数台风机向外排风，使车间不断更换新鲜空气；在焊工工位安装通风机械，进行送风或排风；调节车间侧窗及天窗，加强自然排风。

（2）合理组织劳动布局，避免多名焊工拥挤在一起操作。

（3）尽量扩大埋弧焊的使用范围，以代替焊条电弧焊。

（4）做好个人防护工作，减少烟尘等对人体的侵害，目前多采用静电防尘口罩。

（五）预防弧光辐射的安全技术

弧光辐射主要包括可见光、红外线、紫外线三种射线。过强的可见光耀眼炫目；眼部受到红外线辐射，会感到强烈的灼伤和灼痛，发生闪光幻觉；紫外线对眼睛和皮肤有较大的刺激，它能引起电光性眼炎。电光性眼炎的症状是眼睛疼痛、有沙粒感、多泪、畏光、怕风吹等，但电光性眼炎治愈后一般不会有任何后遗症。皮肤受到紫外线照射后，先是痒、发红、触疼，以后会变黑、脱皮。如果工作时注意防护，以上症状不会发生。因此，焊工应采取下列措施预防弧光辐射：焊工必须使用有电焊防护玻璃的面罩；面罩应该轻便、成形合适、耐热、不导电、不导热、不漏光；焊工在工作时，应穿白色帆布工作服，以防止弧光灼伤皮肤；焊工在操作引弧时，应该注意周围是否有人，以避免强烈弧光伤害他人眼睛；在厂房内和人多的区域进行焊接时，尽可能地使用防护屏，如图 1–13 所示；避免周围的人受弧光伤害，在装配定位焊时，要特别注意避免弧光的伤害，要求焊工或装配工佩戴防光眼镜。

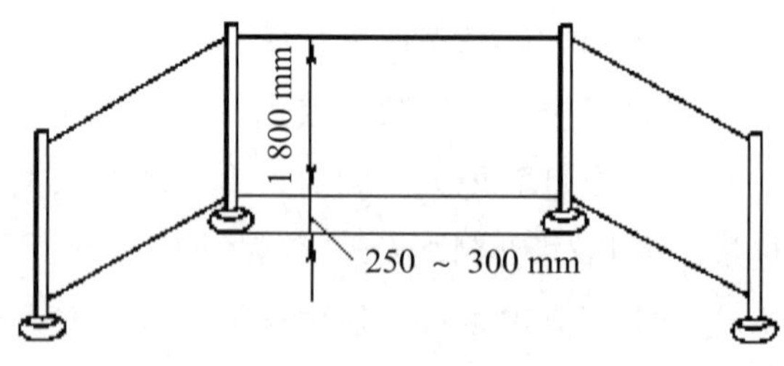

图1–13　弧光防护屏

（六）特殊焊接与切割作业安全技术

1. 化工及燃料容器、管道的焊补安全技术

化工及燃料容器和管道的焊补，目前主要有置换动火和带压不置换动火两种方法。凡利用电弧和火焰进行焊接或切割作业的，均为动火。

（1）置换动火　置换动火，就是在焊补前水和不燃气体置换容器或管道中的可燃气体，或用空气置换容器或管道中的有毒有害气体，使容器或管道中的有害气体达到规定的要求，从而保证焊补的安全。置换动火是一种比较安全妥善的办法，在容器、管道的生产检修工作中被广泛采用。

（2）带压不置换动火　带压不置换动火，就是严格控制含氧量，使可燃气体的浓度大大超过爆炸上限，然后让它以稳定的速度，从管道口向外喷出，并点燃燃烧，使其与周围空气形成一个燃烧系统，并保持稳定连续燃烧，然后就可以进行焊补作业。由于这种方法只能在连续保持一定正压的情况下才能进行，控制难度较大，而且没有一定的压力就不能使用，有较大的局限性，因此，目前应用不广泛。

（3）发生爆炸火灾的原因　①焊接动火前对容器或管道道内气体的取样分析不准确，或取样部位不适当，结果在容器、管道内或动火点周围存在着爆炸性混合物。②在焊补过程中，周围条件发生了变化。③正在检修的容器与正在生产的系统未隔离，发生易爆气体互相串通，进入焊补区域，或是生产系统放料排气遇到火花。④在具有燃烧和爆炸危险的车间、仓库等室内进行焊补作业。⑤焊补未经安全处理或未开孔洞的密封容器。

（4）置换焊补安全技术措施　①固定动火区。为使焊补工作集中，便于加强管理，厂里和车间内可划定固定动火区。凡可拆卸并有条件移动到固定动火区焊补的物件，必须移至固定动火区内焊补，从而减少在防爆车间或厂房内的动火工作。②实行可靠隔绝 。现场检修，要先停止待检修设备或管道的工作，然后采取可靠的隔绝措施，使要检修、焊补的设备与其他设备（特别是生产部分的设备）完全隔绝，以保证可燃物料等不能扩散到焊补设备及其周围。可靠的隔绝方法是安装盲板或拆除一段连接管线。③实行彻底置换 。做好隔绝工作之后，设备本身必须排尽物料，把容器及管道内的可燃性或有毒性介质彻底置换。在置换过程中要不断地取样分析，直至容器管道内的可燃、有毒物质含量符合安全要求。④正确清洗容器。容器及管道置换处理后，其内外都必须仔细清洗。因为，有些可燃易爆介质被吸附在设备及管道内壁的积垢或外表面的保温材料中，液体可燃物会附着在容器及管道的内壁上。如不彻底清洗，由于温度和压力变化的影响，可燃物会逐渐释放出来，使本来合格的动火条件变成了不合格，从而导致火灾爆炸事故。⑤空气分析和监视。动火分析就是对设备和管道以及周围环境的气体进行取样分析。检查合格后，应尽快实施焊补，动火前半小时内分析数据是有效的，否则应重新取样分析。⑥严禁焊补未开孔洞的密封容

器。焊补前应打开容器的人孔、手孔、清洁孔及料孔等，并应保持良好的通风。严禁焊补未开孔洞的密封容器 。⑦安全组织措施。必须按照规定的要求和程序办理动火审批手续，目的是制定安全措施，明确领导者的责任。承担焊补工作的焊工应经专门培训，并经考核取得相应的资格证书。工作前要制定详细和切实可行的方案，它包括焊接作业程序和规范、安装措施及施工图等，并通知有关消防队、急救站、生产车间等各方面做好应急安排。作业点周围 10 m 以内应停止其他用火工作，易燃易爆物品应移到安全场所。工作场所应有足够的照明，手提行灯应采用 12 V 安全电压，并有完好的保护罩。在禁火区内动火作业以及在容器与管道内进行焊补作业时，必须设监护人。监护的目的是保证安全措施的认真执行。监护人应由有经验的人员担任，且应明确职责、坚守岗位。在进入容器或管道进行焊补作业时，触电的危险性最大，必须严格执行有关安全用电的规定，采取必要的防护措施。

（5）带压不置换焊补的安全技术措施　①严格控制含氧量。焊补前和焊补过程中，必须进行容器内气体成分分析以控制含氧量低于安全值。②正压操作。在焊补的全过程中，容器及管道必须连续保持稳定正压，这是带压不置换动火安全的关键。一旦出现负压，空气进入正在焊补的容器或管道中，就容易发生爆炸。③严格控制工作点周围可燃气体的含量 。无论是在室内还是在室外进行带压不置换焊补作业时，周围滞留空间可燃气体的含量应低于爆炸下限。④焊补操作的安全要求。焊工在操作过程中，应避开点燃的火焰，防止烧伤。焊接规范应按规定的工艺预先调节好，焊接电流过大或操作不当，在介质周围条件有变化，如系统内压力急剧下降或含氧量超过安全值等，都要立即停止焊补，待查明原因采取相应对策后，才能继续进行焊补。在焊补过程中，如果发生猛烈喷火现象时，应立即采取消防措施。在火未熄灭前，不得切断可燃气来源，也不得降低或消除容器或管道的压力，以防容器或管道吸入空气而形成爆炸性混合气体。

2. 登高焊接与切割的安全技术

焊工在坠落高度基准面 2 m 以上（包括 2 m）有可能坠落的高处进行焊接与切割作业的称为高处（或称登高）焊接与切割作业。我国将高处作业列为危险作业，并分为四级：一级高度 2 ～ 5 m，二级高度 5 ～ 15 m，三级高度 15 ～ 30 m，四级高度为大于 30 m。高处作业存在的主要危险是坠落，而高处焊接与切割作业将高处作业和焊接与切割作业的危险因素叠加起来，增加了危险性，其安全问题主要是防坠落、防触电、防火防爆以及其个人防护等。因此，高处焊接与切割作业除应严格遵守一般焊接与切割的安全要求外，还必须遵守以下安全措施：

（1）登高焊割作业应避开高压线、裸导线及低压电源线，不能避开时，上述线路必须停电，并在电闸上挂上“有人工作，严禁合闸”的警告牌。

（2）电焊机及其他焊割设备与高处焊割作业点的下部地面保持 10 m 以上的距离，并应设监护人，以备在情况紧急时立即切断电源或采取其他抢救措施。

（3）登高进行焊割作业者，衣着要灵便，戴好安全帽，穿胶底鞋，禁止穿硬底鞋和带钉、易滑的鞋。要使用标准的防火安全带，不能用耐热性差的尼龙安全带，而且安全带应牢固可靠，长度适宜。

（4）登高的梯子应符合安全要求，梯脚需防滑，上下端放置应牢靠，与地面夹角不应大于 60°。在使用人字梯时，夹角在 40° ± 5° 为宜，并用限跨铁钩挂住。不准两人在一个梯子上（或人字梯的同一侧）同时作业。禁止使用盛装过易燃易爆物质的容器（如油桶、电石桶等）作为登高的垫脚物。

（5）脚手板宽度，单人道不得小于 0.6 m，双行人道不得小于 1.2 m，上下坡度不得大于 1 ∶ 3，板面要钉防滑条并装扶手。板材需经过检查，强度足够，不能有机械损伤和腐蚀。使用安全网时，要张挺，要层层翻高，不得留缺口。

（6）所使用的焊条、工具、小零件等必须装在牢固的无孔洞的工具袋内，防止落下伤人。焊条头不得乱扔，以免烫伤、砸伤地面人员，或引起火灾。

（7）在高处进行焊割作业时，为防止火花或飞溅引起燃烧和爆炸事故，应把动火点下部的易燃易爆物移至安全地点。对确实无法移动的可燃物品要采取可靠的防护措施，例如用石棉板覆盖遮严，在允许的情况下，还可将可燃物喷水淋湿，增强耐火性能。高处焊割作业，火星飞得远，散落面大，应注意风向风力，对下风方向的安全距离应根据实际情况增大，以确保安全。焊割作业结束后，应检查是否留有火种，确认合格后方可离开现场。

（8）严禁将焊接电缆或气焊、气割的橡皮软管缠绕在身上操作，以防触电或燃爆。登高焊割作业不得使用带有高频振荡器的焊接设备。

（9）登高作业人员必须经过健康检查，患有高血压、心脏病、精神病以及不适合登高作业的人员不得登高焊割作业。

（10）恶劣天气，如 6 级以上大风、下雨、下雪或雾天，不得登高焊割作业。

3. 容器内焊接作业

（1）进入容器内部前，先要弄清容器内部的情况。

（2）容器与外界联系的部位，都要进行隔离和切断，如电源和附带在设备上的水管、料管、蒸气管、压力管等，均要切断并挂牌，如容器内有污染物，应进行清洗并经检查确认无危险后，才能进入内部进行焊接。

（3）进入容器内部焊接要实行监护制，派专人进行监护，监护人不能随便离开现场，要与容器内部的人员经常取得联系，如图 1–14 所示。

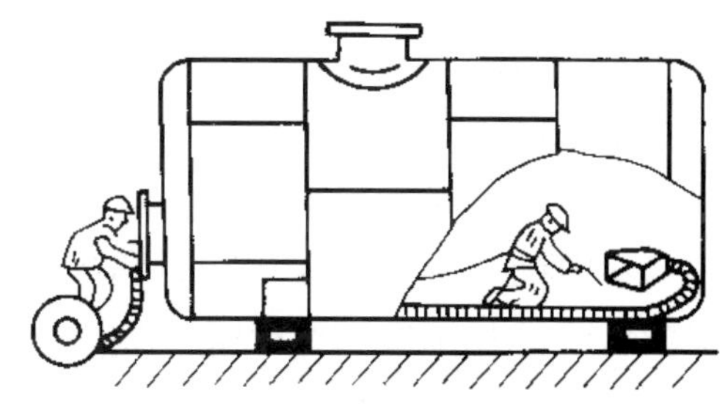

图1–14　在容器内工作时采取的监护措施

（4）在容器内焊接时，容器的内部尺寸不应过小，还应注意通风排气，通风应用压缩空气，严禁使用氧气进行通风。

（5）在容器内部作业时，要做好绝缘防护工作，最好垫上绝缘垫，以防止触电等事故的发生。

4. 露天或野外作业

（1）夏季在露天工作时，必须有防风雨棚或临时凉棚。

（2）在露天作业时，应注意风向，不要让吹散的铁液及焊渣伤人。

（3）雨天、雪天或雾天，不准露天作业。

（4）夏季进行露天气焊、气割时，应防止氧气瓶、乙炔瓶直接受烈日暴晒，以免气体膨胀发生爆炸。冬季如遇瓶阀或减压器冻结时，应用热水解冻，严禁用火烤。

（七）焊接安全检查

1. 焊接场地检查

（1）检查焊接与切割作业点的设备、工具、材料是否排列整齐，不得乱堆乱放。

（2）检查焊接场地是否保持必要的通道，且车辆通道宽带不小于 3 m，人行通道不小于 1.5 m。

（3）检查所有气焊胶管、焊接电缆线是否互相缠绕，如有缠线，必须分开；气瓶用后是否已移出工作场地，在工作场地的各种气瓶，不得随便横躺竖放。

（4）检查焊工作业面积是否足够，焊工作业面积不应小于 4 m^2；地面应干燥；工作场地要有良好的自然采光或局部照明，以保证工作面照度达到 50 ~ 100 lx。

（5）检查焊割场地周围 10 m 范围内的各类可燃易爆物品是否清除干净。如不能清除干净，应采取可靠的安全措施，如用水喷湿或用防火盖板、湿麻袋、石棉布等覆盖。放在焊割场地附近的可燃材料需预先采取安全措施以隔绝火星。

（6）室内作业应检查通风是否良好。在多点焊接作业或与其他工种混合作业时，各工位间应设防护屏。

（7）室外作业现场要检查如下内容：登高作业现场是否符合安全要求；在地沟、坑道、检查井、管段和半封闭地段等处作业时，应严格检查有无爆炸和中毒危险，应该用仪器（如测爆仪、有毒气体分析仪）进行检验分析，禁止用明火或其他不安全的方法进行检查。对附近敞开的孔洞和地沟，应用石棉板盖严，防止火花进入。

对焊接切割场地检查要做到：仔细观察环境，针对各类情况、认真加强防护。

2. 工夹具的安全检查

为了保证焊工的安全，在焊接前应对所使用的工具、夹具进行检查。

（1）焊接前应检查电焊钳与焊接电缆接头处是否牢固，如果两者接触不牢固，焊接时将影响电流的传导，甚至会打火花。另外，接触不良，将使接头处产生较大的接触电阻，造成电焊钳发热、变烫，影响焊工的操作。要检查钳口是否完好，有无破损，以免影响焊条的夹持。

（2）面罩和护目镜片主要检查是否遮挡严密，有无漏光的现象。

（3）角向磨光机要检查砂轮转动是否正常，有没有漏电的现象；砂轮片是否已经紧固牢固，是否有裂纹、破损，要杜绝使用过程中砂轮碎片飞出伤人。

（4）要检查锤头是否松动，避免在打击中锤头甩出伤人。

（5）扁铲、錾子　应检查其边缘有无飞刺、裂痕，若有应及时清除，防止使用中碎块飞出伤人。

（6）各类夹具，特别是带有螺钉的夹具，要检查其上的螺钉是否转动灵活，若已锈蚀则应除锈，并加以润滑。否则使用中会失去作用。

二、焊接劳动保护

焊接过程中会产生有毒气体、有害粉尘、弧光辐射、高频电磁场、噪声和射线等这些危害因素在一定条件下可能引起爆炸、火灾，可能危及设备、厂房和周围人员安全，给国家和企业带来不应有的损失，如可能造成焊工烫伤，引发急性中毒（锰中毒），血液疾病、电光性眼炎和皮肤病等职业病。因此，我国把焊接、切割作业定为特种作业。为保护焊工的身体健康和生命安全，我们必须加强焊接劳动保护教育，学会正确使用焊接劳动保护用品。

1. 常用焊接工艺方法焊接过程中的有害因素（表 1-2）

表1-2　焊接过程中存在的各种危害因素

工艺方法	有害因素						
	电弧辐射	高频电磁场	烟尘	有毒气体	金属飞溅	射线	噪声
酸性焊条电弧焊	○		○○	○	○		
低氢型焊条电弧焊	○		○○○	○	○○		
高效铁粉焊条电弧焊	○		○○○○	○	○		
碳弧气刨	○		○○○	○			○
埋弧焊			○○	○			
实心 CO_2 气体保护焊	○		○	○	○○		
药芯 CO_2 气体保护焊	○		○○	○	○		
钨极氩弧焊（不锈钢）	○○	○○	○	○	○	○	
熔化极氩弧焊（不锈钢）	○○		○	○○	○		

注：○表示强烈程度。其中○轻微，○○中等，○○○强烈，○○○○最强烈。

2. 职业性有害因素对人体的影响

（1）焊工尘肺　焊工尘肺是指焊工长期吸入超过规定浓度的烟尘或粉尘所引起的肺组

织纤维化的病症，是焊工易患的一种职业病。

（2）有毒气体中毒　铅、锌等有毒气体进入人体可引起急性中毒。吸入较高浓度的氟化氢气体，可引起眼、鼻和呼吸道刺激症状，严重时会导致支气管炎、肺炎等。

（3）眼睛和皮肤的伤害　弧光中的紫外线可造成对眼睛的伤害，引起畏光、眼睛流泪、剧痛等症状，重者可导致电光性眼炎。紫外线还能烧伤皮肤。眼睛受到强红外线的长时间辐射，会引起白内障。

（4）噪声性耳聋　长期接触噪声可引起噪声性耳聋以及对神经、血管系统的危害等。

（5）射线的危害　钨极氩弧焊如采用钍钨棒电极，钍具有微量放射性，在密闭容器内焊接或选用较强的焊接电流的情况下，以及在磨尖钨极棒的过程中，对人体危害比较大。长期接触或经常少量烟尘进入并积蓄在体内，则可能引起病变，造成中枢神经系统、造血器官和消化系统的疾病。

（6）高频电磁场　人体在高频电磁场作用下，能吸收一定的辐射能量，作业人员长期接触场强较大的高频电磁场，将引起植物性神经紊乱和神经衰弱。表现为头昏、乏力、记忆减退、血压波动、心悸等。

3. 劳动保护用品的种类及使用要求

（1）工作服　焊接工作服的种类很多，以织物、皮革或通过贴膜和喷涂铝等物质制成的织物面料，采用缝制工艺制作的服装，防御焊接时的熔融金属、火花和高温灼烧人体。最常用的是棉白帆布工作服。白色对弧光有反射作用，棉帆布有隔热、耐磨、不易燃烧，可防止烧伤等作用。焊接防护服款式分为上、下身分离式。还可配用围裙、袖套、披肩和鞋盖等附件。

（2）焊工手套　焊工手套应选用耐磨、耐辐射热的皮革或棉帆布和皮革合制材料制成，其长度不应小于 300 mm，要缝制结实。焊工不应戴有破损和潮湿的手套。焊工在可能导电的焊接场所工作时，所用的手套应该用具有绝缘性能的材料（或附加绝缘层）制成，并经耐电压 3 000 V 试验合格后，方能使用，如图 1–15 所示。

图1–15　焊工手套

（3）焊工防护鞋　焊工防护鞋应具有绝缘、抗热、不易燃、耐磨损和防滑的性能。电焊工穿用防护鞋的橡胶鞋底，应经耐电压 5 000 V 的试验合格，如在易燃易爆场合焊接时，鞋底不应有鞋钉，以免产生摩擦火星。在有积水的地面焊接切割时，焊工应穿用经过耐电压 6 000 V 试验合格的防水橡胶鞋，如图 1–16 所示。

图1–16　焊工防护鞋

（4）焊接防护面罩　电焊防护面罩上有合乎作业条件的滤光镜片，有防止焊接弧光、保护眼睛的作用。面罩有手持式和头戴式两种，面罩和头盔的壳体应选用难燃或不燃的且无刺激皮肤的绝缘材料制成，罩体应遮住脸面和耳部，结构牢靠，无漏光。在狭窄、密闭、通风不良的场合，还应采用输气式头盔或送风头盔，如图 1–17 所示。

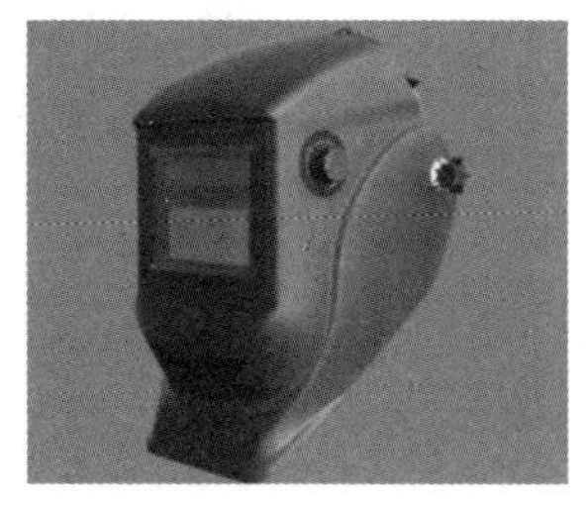
（a）头盔式可变光面罩

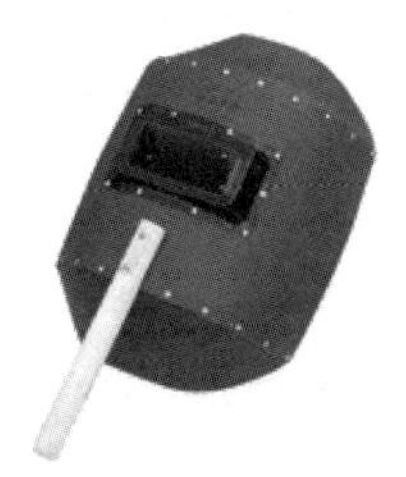
（b）手持式面罩

（c）送风式头盔面罩

图1–17 焊接防护面罩

（5）防护口罩 在露天作业时，焊接产生的烟尘不会高浓度聚集，危害较轻；但是狭小空间或大空间的高密度作业，有害物浓度会达到非常高的水平。作为保护工人健康的最后一道防线，选择安全有效的电焊烟防尘口罩应符合 GB2626—2006《自吸过滤式防颗粒物呼吸器》标准的要求，根据国家职业有害物接触限值的有关标准，由于焊接烟尘颗粒比普通粉尘颗粒度小，焊接用的防尘口罩过滤元件的过滤效率应达到 99.97% 以上，保证有效过滤焊接烟尘，如图 1–18 所示。在作业强度大、环境温度高的环境使用过滤式防毒面具。

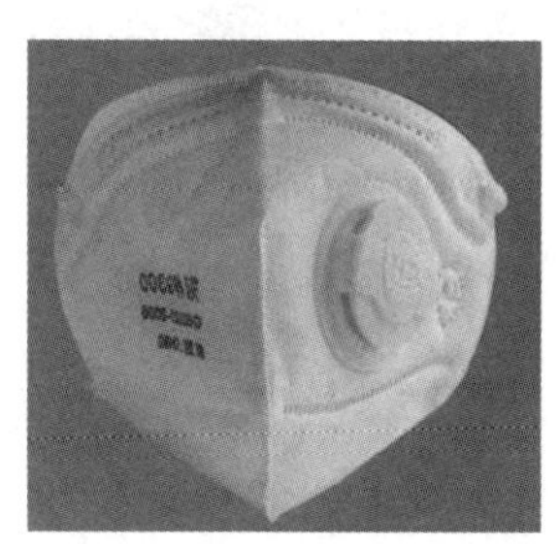
图1–18 活性炭过滤、呼气阀防尘防毒口罩

（6）耳塞、耳罩和防噪声盔 国家标准规定工业企业噪声一般不应超过 85 dB，最高不超过 90 dB。为了消除和降低噪声，应采取隔声、消声、减振等一系列噪声控制技术，当仍不能将噪声降到允许标准以下时，则应采用耳塞、耳罩（图 1–19）或防噪声盔等个人噪声防护用品。

（a）耳塞

（b）耳罩

图1–19 个人噪声防护用品

（7）防护眼镜 焊工在劳动过程中应根据工作需要佩戴防护眼镜，如图 1–20 所示。常用防护眼镜有两种，一种是防紫外线眼镜，主要是用来减少弧光对眼睛的伤害；另一种是防止硬物对眼睛的伤害，如在打磨工件、清理熔渣和飞溅时，应佩戴镜片不易破碎成片的防渣眼镜。

图1–20 防护眼镜

4. 劳动防护用品的正确使用

（1）穿工作服时要把衣领和袖口扣好，上衣不应扎在工作裤里边，工作服不应有破损、

空洞和缝隙，不允许粘有油脂或穿潮湿的工作服。

（2）在仰面焊接或切割时，为了防止火星、熔渣从高处溅落到头部和肩上，焊工应在颈部围毛巾，穿着用防燃材料制成的护肩、长袖套、围裙和鞋盖等。

（3）全位置焊接工作的焊工应配用皮制工作服。

（4）焊接与切割作业的工作服，不能用一般合成纤维织物制作。

（5）电焊手套和焊工防护鞋不应潮湿和破损。

（6）正确选择电焊防护面罩上护目镜的遮光号以及气焊、气割防护镜的眼镜片。

（7）在佩戴耳塞时，要将塞帽部分轻轻推入外耳道内，不要用力过猛和塞得太紧。

（8）防尘口罩要与面部贴合紧密，保持呼吸通畅。

练一练

一、填空题

1. 弧光辐射主要包括 __________、__________ 和 __________ 三种辐射。

2. 焊接过程中对人体的有害因素主要有 ___________、___________、___________、__________ 和 __________。

3. 焊接区的通风方式主要有 ____________________ 和 ____________________。

4. 6 级以上大风或雨天、雪天、__________ 等恶劣天气不得登高进行焊接作业。

5. 易燃、易爆物品与焊接工作场地之间的距离应大于 __________ m。

二、判断题

1. 焊工是特种作业人员，必须进行专门的安全技术理论学习和实践操作训练，并经考试合格后，方可进行独立作业。(　　)

2. 焊工在更换焊条时，应戴皮手套，施焊时特别是身体出汗或衣服潮湿时，不得依靠于焊件或工作台上，以防触电。(　　)

3. 在潮湿的地点进行焊接作业时，地面要铺绝缘性垫板。(　　)

4. 焊工在离开工作岗位时，不得将焊钳放在焊件上。(　　)

5. 在高空焊接切割时，禁止乱扔焊条头，对焊接切割作业下方应进行隔离，作业完毕时应做到认真细致的检查，确认无火灾隐患后方可离开现场。(　　)

三、简答题

1. 造成触电的主要原因有哪些？

2. 劳动保护用品的种类有哪些？

3. 简述劳动防护用品的正确使用方法。

单元二
焊条电弧焊

单元目标

知识目标	1. 了解焊接电弧基本特性、焊条电弧焊基本原理及特点。 2. 掌握焊条电弧焊设备的基本知识。 3. 掌握焊条的基本知识。 4. 掌握焊条电弧焊工艺参数及选择。
能力目标	能够掌握焊条电弧焊设备、焊接材料、焊接工艺参数的基本知识。在生产中能够正确应用设备、焊接材料以及工艺参数的选择。
素质目标	培养学生具备理论和实践相结合的能力。

任务一　焊条电弧焊概述

任务目标

知识目标	1. 了解焊接电弧的基本特性。 2. 掌握焊条电弧焊的原理和特点。 3. 熟悉焊条电弧焊的设备和工具。 4. 掌握弧焊电源的型号和分类，学会选择弧焊电源。
能力目标	使学生在了解焊条电弧焊基本知识的同时，能熟练选用合适的弧焊电源。
素质目标	培养学生对焊接专业的兴趣，激发学生对焊接技能的求知欲。

学习内容

一、焊接电弧

1. 焊接电弧的概念

由焊接电源供给的，具有一定电压的两电极间或电极与母材间，在气体介质中产生的强烈而持久的放电现象，称为焊接电弧。图 2-1 所示为焊条电弧焊电弧示意图。

2. 焊接电弧的构造及静特性

（1）焊接电弧的构造　焊接电弧按其构造可分为阴极区、阳极区和弧柱三部分，如图 2-2 所示。电弧两端（两电极）之间的电压称为电弧电压，电弧电压由阴极压降、阳极压降和弧柱压降组成。

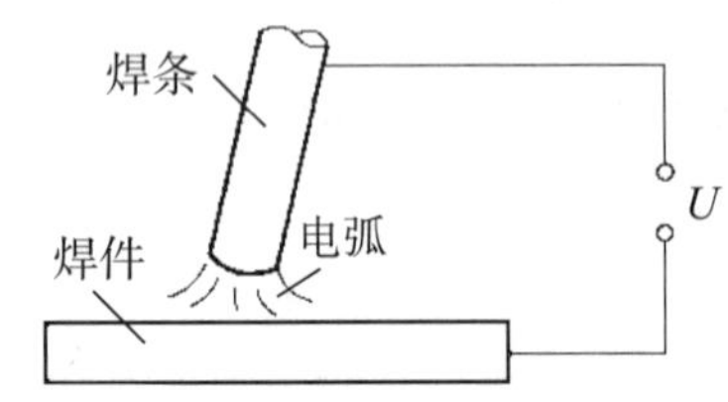

图2-1　焊条电弧焊电弧示意图

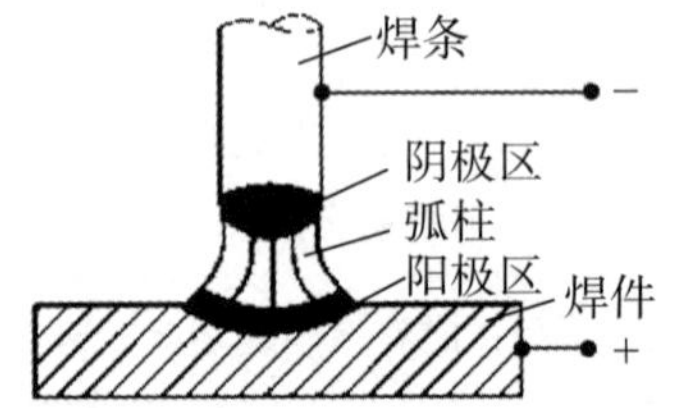

图2-2　焊接电弧的构造

①阴极区。电弧紧靠负电极的区域称为阴极区，阴极发射电子。在焊条电弧焊时，阴极区温度一般可达 2 130℃ ~ 3 230℃，放出的热量占焊接电弧总热量的 36% 左右。阴极热量的高低主要取决于阴极的电极材料。

②阳极区。电弧紧靠正电极的区域称为阴极区，阳极不发射电子，能量消耗少。当阳极与阴极材料相同时，阳极区的温度高于阴极区。在焊条电弧焊时，阳极区温度一般可达 2 330℃ ~ 3 930℃，放出的热量占焊接电弧总热量的 43% 左右。

③弧柱。电弧阴极区和阳极区之间的部分称为弧柱。由于阴极区和阳极区都很窄，因此，弧柱的长度基本上等于电弧长度。焊条电弧焊的弧柱中心温度可达 5 370℃ ~ 7 730℃，放出的热量占焊接电弧总热量的 21% 左右，焊接电流越大，弧柱温度越高。

以上是针对焊条电弧焊直流电弧的情况，不同的焊接方法，其阳极区、阴极区温度高低并不一致，见表 2-1。再者，交流电弧由于其电源的极性是交替变化的，所以，两电极之间的温度趋于一致，近似于它们的平均值。

表2-1　各种焊接方法的阴极区与阳极区温度比较

焊接方法	焊条电弧焊	钨极氩弧焊	熔化极氩弧焊	CO_2 气体保护焊	埋弧焊
温度比较	阳极区温度 > 阴极区温度		阳极区温度 < 阴极区温度		

（2）焊接电弧的静特性　在电极材料、气体介质和弧长一定的情况下，电弧稳定燃烧时，焊接电流与电弧电压变化的关系称为电弧静特性，一般也称伏—安特性，表示它们关系的曲线叫作电弧的静特性曲线，如图 2−3 中的曲线 2 所示。

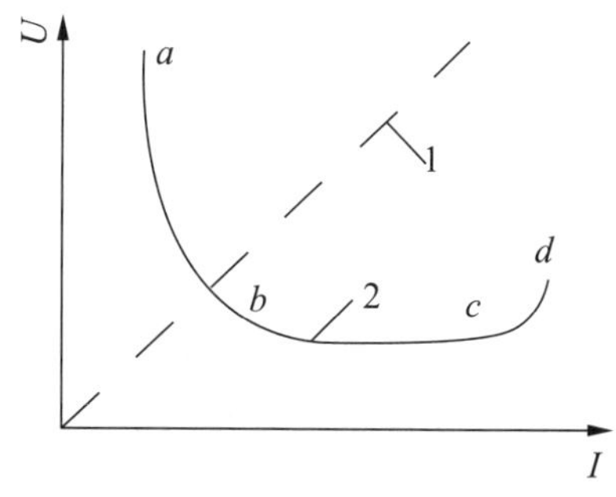

1− 普通电阻静特性　2− 电弧的静特性

图2−3　普通电阻静特性与电弧的静特性

①电弧静特性曲线。电弧静特性曲线分为三个不同的区域，当电流较小时（图 2−3 中的 *ab* 区），电弧静特性属下降特性区，即随着电流的增加，电压减小；当电流稍大时（图 2−3 中的 *bc* 区），电弧静特性属平特性区，即电流变化时，电压几乎不变；当电流较大时（图 2−3 中的 *cd* 区），电弧静特性属上升特性区，电压随电流的增加而升高。

②电弧静特性曲线的应用。不同的电弧焊方法，在一定条件下，其静特性只是曲线的某一区域。静特性的下降特性区由于电弧燃烧不稳定而很少采用。焊条电弧焊、埋弧焊一般工作在静特性的平特性区。钨极氩弧焊、等离子弧焊一般也工作在平特性区。熔化极氩弧焊、CO_2 气体保护焊和熔化极活性气体保护焊（MAG 焊）基本上工作在上升特性区。

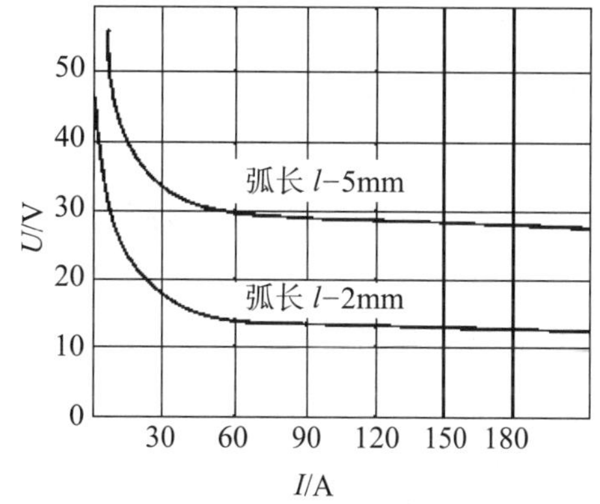

图2−4　不同电弧长度的电弧静特性曲线

电弧静特性曲线与电弧长度密切相关，当电弧长度增加时，电弧电压升高，其静特性曲线的位置也随之上升，如图 2−4 所示。

二、焊条电弧焊的原理及特点

1. 焊条电弧焊的原理

焊条电弧焊的原理如图 2−5 所示。开始焊接时，将焊条与焊件接触短路后立即提起焊条，引燃电弧。电弧的高温将焊条与焊件局部熔化，熔化了的焊芯以熔滴的形式过渡到局部熔化的焊件表面，融合在一起形成熔池。焊条药皮在熔化过程中产生一定量的气体和液态熔渣，产生的气体充满在电弧和熔池周围，起到隔绝大气保护液体金属的作用。液态熔渣密度小，在熔池中不断上浮，覆盖在液体

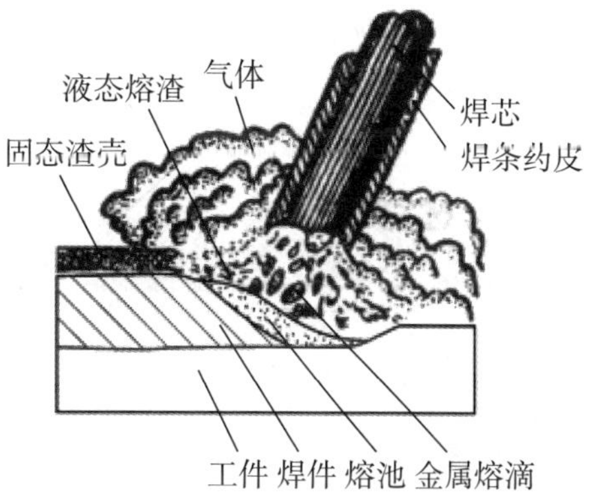

图2−5　焊条电弧焊的原理

金属的上面，也起着保护液体金属的作用。同时，药皮熔化产生的气体、熔渣与熔化了的焊芯、焊件发生一系列冶金反应，保证了所形成焊缝的性能。随着电弧沿焊接方向不断移动，熔池液态金属逐步冷却结晶，形成焊缝。

2. 焊条电弧焊的特点

（1）焊条电弧焊的优点

①工艺灵活、适应性强。对于不同的焊接位置、接头形式、焊件厚度的焊缝，只要焊条所能达到的任何位置，均能进行方便的焊接。对于一些单件、小件、短的、不规则的空间任意位置的焊缝，以及不易实现机械化焊接的焊缝，更显得机动灵活，操作方便。

②应用范围广。焊条电弧焊的焊条能够与大多数焊件金属性能项匹配，因而，焊接接头的性能可以达到被焊金属的性能。焊条电弧焊不但能焊接碳钢、低合金钢、不锈钢及耐热钢，对于铸铁、高合金钢以及有色金属等也能用焊条电弧焊焊接。此外，焊条电弧焊还可以进行异种钢焊接和各种金属材料的堆焊等。

③易于分散焊接应力和控制焊接变形。由于焊接是局部不均匀加热，所以在焊接过程中都存在着焊接应力和变形。对于结构复杂而焊缝又比较集中的焊件、长焊缝和大厚度焊件，其应力和焊接变形问题显得尤为突出。采用焊条电弧焊，可以通过改变焊接工艺，如采用跳焊、分段退焊、对称焊等方法，来减少变形和改善焊接应力的分布。

④设备简单、成本较低。焊条电弧焊使用的直流焊接和交流焊接，其结构都比较简单，维护保养也比较方便；设备轻便，易于移动，且焊接中不需要辅助气体保护，并具有较强的抗风能力；投资少，成本相对较低。

（2）焊条电弧焊的缺点

①焊接生产率低、劳动强度大。由于焊条的长度是一定的，因此，每焊完一根焊条后必须停止焊接，更换新的焊条，而且每焊完一条焊道后要求清渣，焊接过程不能连续的进行，所以生产率低，劳动强度大。

②焊缝质量依赖性强。由于采用手工操作，焊缝质量主要靠焊工的操作技术和经验来保证，所以，焊缝质量在很大程度上依赖于焊工的操作技术及现场发挥，甚至焊工的精神状态也会影响焊缝质量。而焊条电弧焊不适合活泼金属、难熔金属及薄板的焊接。

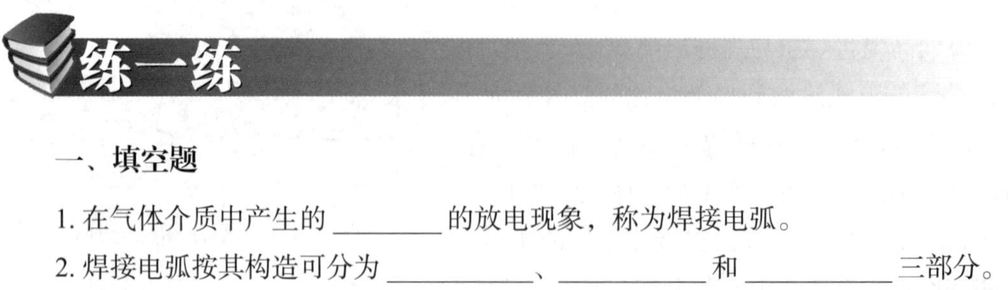

一、填空题

1. 在气体介质中产生的 ________ 的放电现象，称为焊接电弧。

2. 焊接电弧按其构造可分为 __________、__________ 和 __________ 三部分。

3. 用 ___________ 操纵焊条进行焊接的电弧焊方法叫焊条电弧焊。

4. 一个完整的焊接回路由 ___________、焊接电缆、焊钳、焊接电弧、___________ 和 ___________ 等组成。

5. 焊条电弧焊的优点是 ___________、___________、___________、___________。

二、判断题

1. 不同的焊接方法，其阳极区、阴极区温度高低并不一致。（ ）

2. 不同的电弧焊方法，在一定条件下，其静特性曲线都是 L 形。（ ）

3. 当电弧长度增加时，其静特性曲线的位置也随之上升。（ ）

4. 焊条药皮在熔化过程中只产生一定量的气体，起到隔绝大气、保护液体金属的作用。（ ）

5. 焊条电弧焊已经完全被其他先进的焊接方法取代了。（ ）

三、简答题

简述焊条电弧焊的原理

任务二 焊条电弧焊设备及工具

任务目标

知识目标	1. 了解对弧焊电源的要求。 2. 掌握弧焊电源的分类及型号。 3. 熟悉常用焊条电弧焊的设备。
能力目标	掌握弧焊电源基本知识，结合生产实习学会使用常用焊条电弧焊设备。
素质目标	通过设备认知，培养学生专业兴趣。

学习内容

焊条电弧焊的设备及工具包括弧焊电源、焊钳、面罩等，此外还有敲渣锤、钢丝刷等手工工具及焊条保温筒、焊缝检验尺等辅助器具，其中最主要、最重要的设备是弧焊电源，即通常所说的电焊机，为了区别其他电源，故称为弧焊电源。焊条电弧焊电源的作用就是为焊接电弧稳定燃烧提供所需要的、合适的电流和电压。

一、对弧焊电源的要求

焊条电弧焊电弧与一般的电阻负载不同，它在焊接过程中是时刻变化的，是一个动态的负载。因此，焊条电弧焊电源除了具有一般电力电源的特点外，还必须满足下列要求。

1. 对弧焊电源外特性的要求

在其他参数不变的情况下，弧焊电源输出电压与输出电流之间的关系，称为弧焊电源的外特性。弧焊电源的外特性可用曲线来表示，称为弧焊电源的外特性曲线，如图 2-6 所示。

弧焊电源的外特性基本上有下降外特性、平外特性、上升外特性三种类型。

在焊接回路中，弧焊电源与电弧构成供电用电系统。为了保证焊接电弧稳定燃烧和焊接参数稳定，电源外特性曲线与电弧静特性曲线必须相交。因为在交点，电源供给的电压和电流与电弧燃烧所需要的电压和电弧相等，电弧才能燃烧。由于焊条电弧焊电弧下降外特性曲线才与其有交点，如图 2-6 中所示的 *A* 点。因此，具有下降外特性曲线的电源才能满足焊条电弧焊的要求。

图 2-7 所示为两种下降度不同的下降外特性曲线对焊接电流的影响情况。从图中可以看出，当弧长变化相同时，陡降外特性曲线 1 引起的电流偏差 ΔI_1 明显小于缓降外特性曲线 2 引起的电流偏差 ΔI_2，有利于焊接参数稳定。因此，焊条电弧焊采用陡降外特性电源。

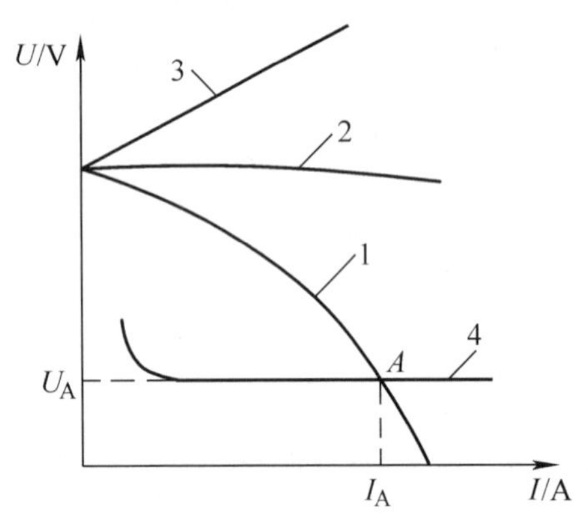

1- 下降外特性　2- 平外特性

3- 上升外特性　4- 电弧静特性

图2-6　弧焊电源外特性与电弧静特性的关系

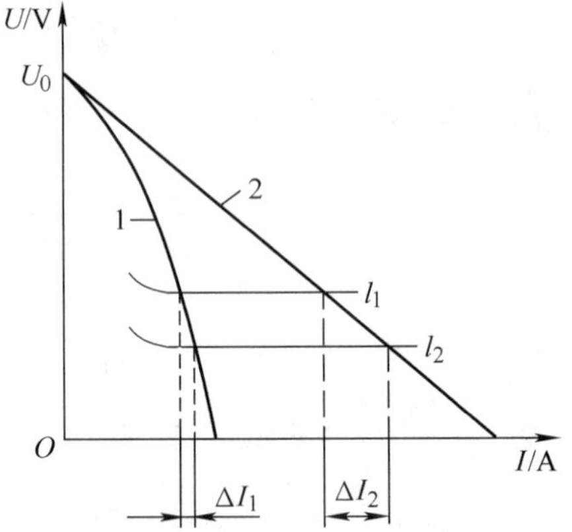

图2-7　不同下降度的外特性曲线对焊接电流的影响

2. 对弧焊电源空载电压的要求

当弧焊电源接通电网而焊接回路为开路时，弧焊电源输出端电压称为空载电压。为便于引弧，需要较高的空载电压，但空载电压过高，对焊工人身安全不利，制造成本也较高。一般交流弧焊电源空载电压为 55 ～ 70 V，直流电焊弧电源空载电压为 45 ～ 85 V。

3. 对弧焊电源稳态短路电流的要求

弧焊电源稳态短路电流是弧焊电源所能稳定提供的最大电流，即输出端短路时的电流。若稳态短路电流太大，焊条过热，易引起药皮脱落，并增加熔滴过渡时的飞溅；若稳态短路电流太小，则会使引弧和焊条熔滴过度产生困难。因此，对于下降外特性的弧焊电源，一般要求稳态短路电流为焊接电流的 1.25 ～ 2.0 倍。

4. 对弧焊电源调节特性的要求

在焊接过程中，根据焊接材料的性质、厚度、焊接接头的形式、位置及焊条直径等的不同，需要选择不同的焊接电流。这就要求弧焊电源能在一定的范围内，对焊接电流做均匀、灵活的调节，以利于保证焊接接头的质量。焊条电弧焊焊接电流的调节，实质上是调节电源外特性。

5. 对弧焊电源动特性的要求

弧焊电源动特性是指弧焊电源对焊接电弧的动态负载所输出的电流、电压对时间的关系，它表示弧焊电源对动态负载的瞬间变化的反应能力。弧焊电源动特性合适时引弧容易，电弧稳定，飞溅小，焊缝形成良好。弧焊电源动特性是衡量电源质量的一个重要指标。

二、弧焊电源的分类及型号

1. 弧焊电源的分类及特点

弧焊电源按结构原理不同可分为交流电弧焊电源、直流弧焊电源和逆变式弧焊电源三种类型，按电流性质可分为直流电源和交流电源。

（1）交流弧焊电源（弧焊变压器）　交流弧焊一般指的是弧焊变压器，是一种最简单和常用的弧焊电源。弧焊变压器的作用是把网路电压的交流电变成适宜于电弧焊的低压交流电。它具有结构简单、易造易修、成本低、效率高、磁偏吹小、噪声小、效率高等优点，但电弧稳定性较差，功率因数较低。

（2）直流弧焊电源　直流弧焊电源有直流弧焊发电机和弧焊整流器两种。直流弧焊发电机是由直流发电机和原动机（电动机、柴油机、汽油机）组成，虽然坚固耐用，电弧燃烧稳定，但损耗较大、效率低、噪声大、成本高、质量大、维修难。电动机驱动的直流弧焊发电机属于国家规定的淘汰产品，但柴油机驱动的直流弧焊发电机还可以用于缺少电源的野外施工。弧焊整流器是把交流电经降压整流后获得直流电的电器设备。它具有制造方便、价格低、空载损耗小、电弧稳定和噪声小等优点，且大多数（如晶闸管式、晶体管式）可以远距离调节焊接参数，能自动补偿电网电压波动对输出电压、电流的影响。

（3）弧焊逆变器　弧焊逆变器是把单相或三相交流电经整流后，由逆变器转变为几百至几万赫兹的中频交流电，经降压后输出交流电或直流电。它具有高效、节能、质量轻、体积小、功率因数高和焊接性能好等独特的优点。

2. 弧焊电源的型号及技术参数

（1）弧焊电源的型号　根据《电焊机型号编制办法》（GB/T10249—2010）规定，弧焊电源型号采用汉语拼音字母和阿拉伯数字表示，弧焊电源型号的各项编排次序如图 2–8 所示，由产品符号代码（包括大类名称、小类名称、附注特征和系列序号，其含义见表 2–2）、基本规格、派生代号和改进序号组成。型号中的 1、2、3、6 各项用汉语拼音字母表示；4、5、7 各项用阿拉伯数字表示；若 3、4、6、7 项不用时，其他各项紧排。

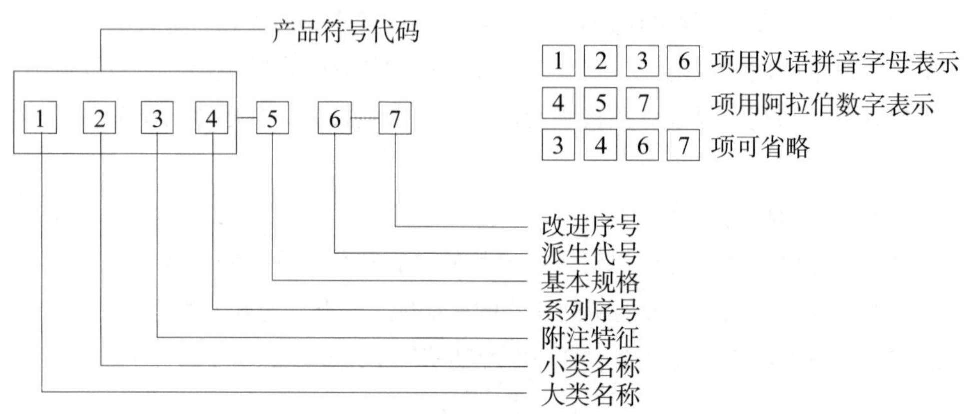

图2–8　弧焊电源型号的各项编排次序

表2–2　产品符号代号的含义

第1项		第2项		第3项		第4项	
代表字母	大类名称	代表字母		代表字母		代表字母	电流（A）
B	交流弧焊机 （弧焊变压器）	X P	下降特征 平特性	L	高空载电压	省略 1 2 3 4 5 6	磁放大器或饱和电抗器式 动铁式 串联电抗器式 动圈式 晶闸管式 变换抽头式
A	机械驱动的弧焊机 （弧焊发电机）	X P D	下降特性 平特性 多特性	省略 D Q C T H	电动机驱动 单纯弧焊发电机 汽油机驱动 柴油机驱动 拖拉机驱动 汽车驱动	省略 1 2	直流 交流发电机整流 交流

（续表）

第1项		第2项		第3项		第4项	
代表字母	大类名称	代表字母		代表字母		代表字母	电流（A）
						省略	磁放大器或饱和电抗器式
				省略	一般电源		
		X	下降特性			1	动铁式
				M	脉冲电源	2	
Z	直流弧焊机（弧焊整流器）	P	平特性			3	动圈式
				L	高空载电压	4	晶体管式
		D	多特性			5	晶闸管式
				E	交直流两用电源	6	变换抽头式
						7	通变式

①第 1 项，大类名称：B 表示弧焊变压器；A 表示弧焊发电机；Z 表示弧焊整流器。

②第 2 项，小类名称：X 表示下降特性；P 表示平特性；D 表示多特性。

③第 3 项，附注特征：如 E 表示交直流两用电源。

④第 4 项，系列序号：区别同小类名称的各系列和品种。如弧焊变压器中“1”表示动铁系列，“3”表示动圈系列；弧焊整流器中“1”表示动铁系列，“3”表示动圈系列，“5”表示晶闸管系列，“7”表示逆变系列。

⑤第 5 项，基本规格：表示额定焊接电流。（注：表 2–2 中未列出）

例如：

BX3–300：表示动圈系列的弧焊变压器，具有下降外特性，额定焊接电流为 300 A。

ZX5–400：表示晶闸管系列弧焊整流器，具有下降外特性，额定焊接电流为 400 A。

（2）弧焊电源的技术参数　电焊机除了有规定的型号外，在其外壳上均标有铭牌，铭牌标明了其主要技术参数，如负载持续率等，可供安装、使用、维护时参考。

①额定值，即对焊接电源规定的使用限额，如额定电压、额定电流和额定功率等。按额定值使用弧焊电源应是最经济合理、安全可靠的，既充分利用了设备又保证了设备的正常使用寿命。超过额定值工作成为过载，严重过载将使设备损坏。在额定负载持续率工作允许使用的最大焊接电流，成为额定焊接电流。额定焊接电流不是最大焊接电流。

②负载持续率，是指弧焊电源负载的时间与整个工作时间周期的百分率，用公式表示如下：

负载持续率 =（弧焊电源负载时间 / 选定的工作时间周期）× 100%

我国对 500 A 以下的焊条电弧焊电源，工作时间周期为 5 min，如果在 5 min 内电源负载的时间为 3 min，那么负载持续率即为 60%。

三、常用焊条电弧焊电源

1. 弧焊变压器

随着焊接技术的不断发展，焊接设备也不断更新换代，日新月异，弧焊变压器也逐步退出历史舞台，现仅以 BX1−315 动铁式弧焊变压器为例介绍。

BX1−315 动铁式弧焊变压器，由一个口字型固定铁芯（Ⅰ）和一个梯形活动铁芯（Ⅱ）组成，活动铁芯构成了一个磁分路，以增强漏磁，使电焊机获得陡降外特性。它的一次侧绕组（W_1）和二次侧绕组（W_2）各自分成两半，分别绕在变压器固定铁芯上，一次侧绕组两部分串联接电源，二次侧绕组两部分并联接焊接回路。BX1−315 型弧焊变压器外形及电路结构如图 2−9 所示。

BX1−315 型弧焊变压器的焊接电流调节方便，仅需移动铁芯就可满足电流的调节要求，其调节范围为 60 ~ 380 A，调节范围广。当活跃铁芯由里向外移动而离开固定铁芯时，漏磁减少，则焊接电流增大：反之，焊接电流减少。焊接电流调节如图 2−10 所示。

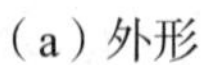
（a）外形

W_1 W_2 Ⅰ Ⅱ

（b）电路结构

图2−9　BX1−315型弧焊变压器

Ⅱ

图2−10　焊接电流调节

2. 弧焊整流器

弧焊整流器是一种将交流电变压、整流，转换成直流电的弧焊电源。弧焊整流器包括硅弧焊整流器、晶闸管弧焊整流器、晶体管弧焊整流器等。其中，晶闸管弧焊整流器是一种电子控制的弧焊电源，它是用晶闸管作为整流元件，进行所需的外特性及焊接参数（电流、电压）的调节。晶闸管弧焊整流器以其优异的性能代替了弧焊发电机和硅弧焊整流器，成为一种主要的直流弧焊电源，常用的国产型号有 ZX5−250、ZX5−400、ZX5−630 等。ZX5−400 型晶闸管弧焊整流器外形如图 2−11 所示。常用国产 ZX5 晶闸管弧焊整流器技术参数见表 2−3。

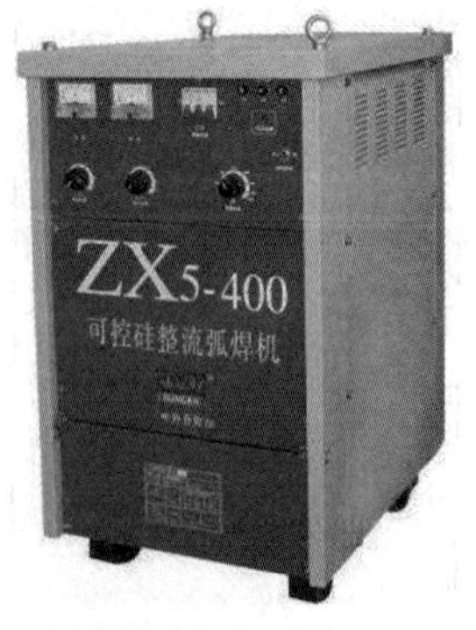

图2−11　ZX5−400型晶闸管弧焊整流器

表2-3　ZX5晶闸管弧焊整流器技术参数

产品型号	额定输入容量/kW	一次侧电压/V	工作电压/V	额定焊接电流/A	焊接电流调节范围/A	负载持续率/（%）	质量/kg	主要用途
ZX5-250	14	380	21~30	250	25~250	60	150	用于焊条电弧焊
ZX5-400	24	380	21~36	400	40~400	60	200	

3. 弧焊逆变器

将直流电变换成交流电称为逆变，实现这种变换的装置叫逆变器。为焊接电弧提供电能，并具有弧焊方法所要求性能的逆变器，即为弧焊逆变器或称为逆变式弧焊电源。

弧焊逆变器是一种新型的弧焊电源，其基本原理如图 2-12 所示，单相或三相 50 Hz 交流网路电压经输入整流器（UZ1）和输入滤波器（LC1）后变成直流电，借助大功率电子开关元件 VT（晶闸管、晶体管、场效应管或绝缘栅双极晶体管 IGBT）的交替开关作用，逆变成几千至几万赫兹的中频交流电，再经中频变压器（T）降至适合焊接的几十伏交流电，如再经输出整流器（UZ2）整流和输出滤波器（LC）滤波，则可输出适合焊接的直流电。

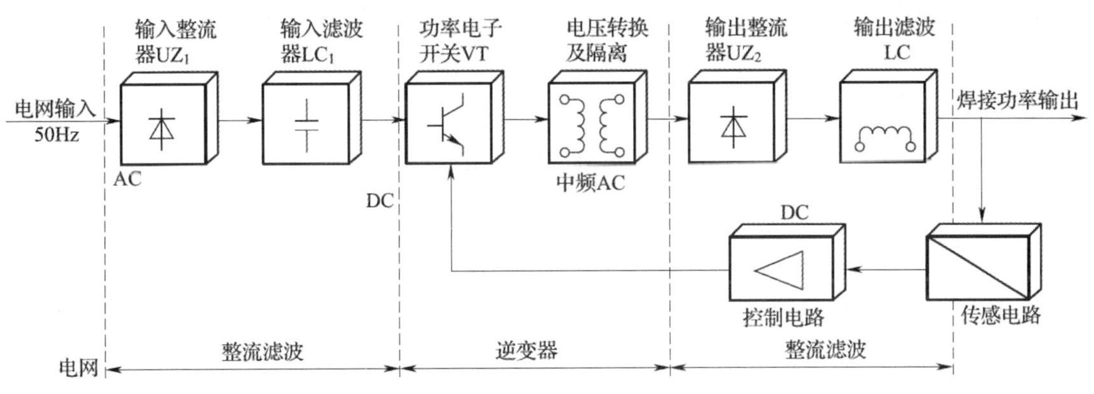

图2-12　弧焊逆变器原理图

弧焊逆变器的逆变系统主要有两种：

（1）交流→直流→交流（AC → DC → AC）

（2）交流→直流→交流→直流（AC → DC → AC → DC）

通常，弧焊逆变器多采用后一种系统，故还可把弧焊逆变器称为逆变弧焊整流器。这是因为如果直接用逆变降压后的交流电进行焊（AC → DC → AC），由于其频率高，则感抗大，在焊接回路中有功功率就会大大降低，因此，还需再次进行整流。弧焊逆变器的优点是高效节能，效率可达 80% ~ 90%；质量轻、体积小，整机质量仅为传统弧焊电源的 1/10 ~ 1/5；具有良好的动特性和弧焊工艺性能；所有焊接参数均可无级调整；具有多种外特性，能适应各种弧焊方法。目前，各类逆变式弧焊电源已应用于多种焊接方法，如焊条电弧焊、气体保护电弧焊、等离子弧焊及埋弧焊，并适合作焊接机器人的弧焊电源，成为更新换代的重要产品。常用的国产型号有 ZX7-250、ZX7-400、ZX7-630 等。ZX7-400 型弧焊逆变器外形如图 2-13 所示。弧焊逆变器的缺点是设备复杂，维修需要较高技术等。常用国产 ZX7 系列弧焊逆变器的技术参数见表 2-4。

图2-13　ZX7-400型弧焊逆变器

表2-4　弧焊逆变器技术参数

产品型号	额定输入容量/kW	一次侧电压/V	工作电压/V	额定焊接电流/A	焊接电流调节范围/A	负载持续率/（%）	质量/kg	主要用途
ZX7-250	9.2	380	30	250	50～250	60	35	用于焊条电弧焊或氩弧焊
ZX7-400	24	380	36	400	50～400	60	70	

练一练

一、填空题

1. 当弧焊电源接通电网而焊接回路为开路时，弧焊电源输出端电压称为 ________。
2. 一般交流弧焊电源空载电压为 ________，直流电弧焊电源空载电压为 ________。
3. 弧焊电源按结构原理不同可分为 ________、________ 和 ________ 三种类型。
4. ZX5-400：表示晶闸管系列弧焊整流器，具有 ________ 外特性，________ 为 400 A。

二、判断题

1. 焊条电弧焊焊接电流的调节，实质上是调节电源外特性。（　　）
2. 额定焊接电流不是最大焊接电流。（　　）
3. 将直流电变换成交流电称为逆变。（　　）
4. 逆变电源只能输出交流电。（　　）

三、简答题

1. 对弧焊电源的要求有哪几个方面？
2. 弧焊电源的分类有哪些？各自的特点是什么？
3. 解释 BX1-315，ZX7-400 的含义。
4. 简述弧焊逆变器的基本原理。

任务三　焊条电弧焊焊接材料

任务目标

知识目标	1. 掌握焊条的组成及作用。 2. 了解焊条的工艺性能。 3. 掌握焊条的分类和型号。 4. 掌握焊条的选用和管理。
能力目标	使学生可以根据不同母材，不同的工艺方法选用不同的焊条。
素质目标	培养学生理论指导实践的能力。

学习内容

一、焊条的组成及作用

焊条由焊芯和药皮组成，如图 2–14 所示。焊条前端药皮有 45° 左右的倒角，以便于引弧，在尾部有段裸焊芯，长 10 ~ 35 mm，便于焊钳夹持和导电。焊条长度一般在 250 ~ 450 mm 之间。焊条直径是以焊芯直径来表示的，常用的有 φ2 mm、φ2.5 mm、φ3.2 mm、φ4 mm、φ5 mm、φ6 mm 等几种规格。

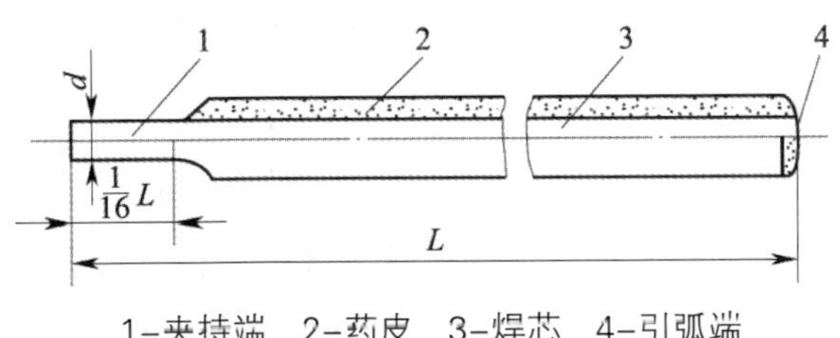

1–夹持端　2–药皮　3–焊芯　4–引弧端

图2–14　焊条的组成

1. 焊芯

（1）焊芯的作用　焊条中被药皮包覆的金属芯称为焊芯。焊芯一般是一根具有一定长度及直径的钢丝。焊接时，焊芯有两个作用：一是传导焊接电流，产生电弧把电能转换成热能；二是焊芯本身熔化作为填充金属与液体母材金属熔合形成焊缝。在焊条电弧焊时，焊芯金属占整个焊缝金属的 50% ~ 70%，所以焊芯的化学成分直接影响焊缝的质量。焊芯用的钢丝都是经特殊冶炼的，这种焊接专用钢丝用于制造焊条，就是焊芯，如果用于埋弧焊、电渣焊、气焊等作填充金属时，则称为焊丝。

（2）焊芯的牌号　碳素结构钢、合金结构钢焊芯（焊丝）符合国家标准《熔化焊用钢丝》（GB/T14957—1994）的规定，不锈钢焊芯（焊丝）符合行业黑色冶金标准《焊接用不锈钢丝》（YB/T5092—2016）的规定。焊芯（焊丝）的牌号编制方法为：字母“H”表示焊丝；“H”后的一位或两位数字表示含碳量；化学元素符号及其后的数字表示该元素的近似含量，当某合金元素的含量低于1%时，可省略数字，只记元素符号；在尾部标有“A”或“E”时，分别表示为“优质品”或“高级优质品”，表明S、P等杂质含量更低。焊芯（焊丝）的牌号举例如下：

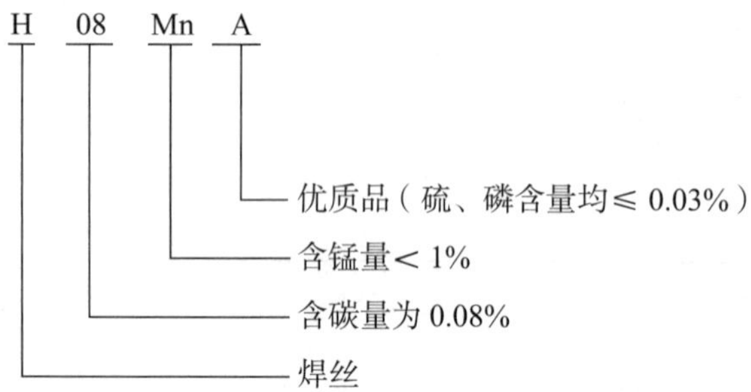

2. 药皮

压涂在焊芯表面上的涂料层称为药皮。焊条药皮在焊接过程中起着极为重要的作用，是决定焊缝金属质量的主要因素之一。生产实践证明，焊芯和药皮之间要有一个适当的比例，这个比例就是焊条药皮与焊芯（不包括夹持端）的质量比，称为药皮的质量系数，用K_b表示。K_b值一般在40% ~ 60%之间。

（1）焊条药皮的作用　①机械保护作用。利用焊条药皮熔化后产生的大量气体和形成的熔渣，起隔离空气的作用，防止空气中的氧、氮侵入，保护熔滴和熔池金属。②冶金处理渗合金作用。通过熔渣与熔化金属冶金反应，除去有害杂质（如氧、氢、硫、磷等）和添加有益元素，使焊缝获得符合要求的力学性能。③改善焊接工艺性能。焊接工艺性能是指焊条使用和操作时的性能，它包括稳弧性、脱渣性、全位置焊接性、焊缝成形、飞溅大小等。好的焊接工艺性能使电弧稳定燃烧、飞溅少、焊缝成形好、易脱渣，熔敷效率高，适用全位置焊接等。

（2）焊条药皮的组成　焊条药皮是由各种矿物类、铁合金和金属类、有机物类及化工产品等原料组成。药皮组成物的成分相当复杂，一种焊条药皮的配方，一般都由八九种以上的原料组成。焊条药皮组成物按其在焊接过程中的作用可分为稳弧剂、造渣剂、造气剂、脱氧剂、合金剂、稀释剂、黏结剂及增塑、增弹、增滑剂八大类，其成分及作用见表2-5。

表2-5 焊条药皮组成物的名称、成分及主要作用

名称	组成成分	主要作用
稳弧剂	碳酸钾、碳酸钠、钾硝石、水玻璃及大理石或石灰石、花岗石、钛白粉等	稳弧剂的主要作用是改善焊条引弧性能和提高焊接电弧稳定性
造渣剂	钛铁矿、赤铁矿、金红石、长石、大理石、花岗石、萤石、菱苦土、锰矿、钛白粉等	造渣剂的主要作用是能形成具有一定物理、化学性能的熔渣，产生良好的机械保护作用和冶金处理作用
造气剂	造气剂有无机物和有机物两类。无机物常用碳酸盐类矿物，如大理石、菱镁矿、白云石等；有机物常用木粉、纤维素、淀粉等	造气剂的主要作用是形成保护气氛，有效地保护焊缝金属，同时也有利于熔滴过渡
脱氧剂	锰铁、硅铁、钛铁等	脱氧剂的主要作用是对熔渣和焊缝金属脱氧
合金剂	铬、钼、锰、硅、钛，钨、钒的铁合金和金属铬、锰等纯金属	合金剂的主要作用是向焊缝金属中掺入必要的合金成分，以补偿已经烧损或蒸发的合金元素和补加特殊性能要求的合金元素
稀释剂	萤石、长石、钛铁矿、金红石、锰矿等	稀释剂的主要作用是降低焊接熔渣的黏度，增强熔渣的流动性
黏结剂	水玻璃或树胶类物质	黏结剂的主要作用是将药皮牢固地黏结在焊芯上
增塑、增弹、增滑剂	白泥、钛白粉增加塑性，云母增加弹性，滑石和纯碱增加滑性	增塑、增弹、增滑剂的主要作用是改善涂料的塑性、弹性和滑性，使之易于用机器压涂在焊芯上

（3）焊条药皮的类型　为了适应各种工作条件下材料的焊接，对于不同的焊芯和焊缝的要求，必须有一定特性的药皮。药皮材料中主要成分不同，焊条药皮的类型也不同，其操作工艺性能和其他性能及特点也不同。如焊芯牌号相同，涂的药皮类型不同，则焊条的性能也不同。根据国家标准，常用的几种药皮类型的主要成分、性能特点及适用范围见表 2-6。

表2-6 常用药皮类型的主要成分、性能特点及适用范围

药皮类型	药皮主要成分	性能特点	适用范围
钛铁矿型	30% 以上的钛铁矿	熔渣流动性良好，电弧吹力较大，熔深较深，熔渣覆盖良好，脱渣容易，飞溅一般，焊波整齐。焊接电流为交流或直流正、反接、适用于全位置焊接	用于焊接较重要的碳钢及强度等级较低的低合金钢结构。常用焊条型号为 E4301、E5001

（续表）

药皮类型	药皮主要成分	性能特点	适用范围
钛钙型	30% 以上的氧化钛和 20% 以下的钙或镁的碳酸盐矿	熔渣流动性良好，脱渣容易，电弧稳定，熔深适中，飞溅少，焊波整齐，成形美观。焊接电流为交流或直流正、反接，适用于全位置焊接	主要用于焊接较重要的碳钢结构及强度等级较低的低合金钢。常用焊条型号为 E4303、E5003
高纤素钠型	大量的有机物及氧化钛	焊接时有机物分解，产生大量气体，熔化速度快，电弧稳定，熔渣少，飞溅一般。焊接电流为直流反接，适用于全位置焊接	主要用于焊接一般低碳钢结构，也可打底焊及立向下焊。常用焊条型号为 E4310、E5010
高钛钠型	35% 以上的氧化钛及少量的纤维素、锰铁、硅酸盐和钠水玻璃等	电弧稳定，再引弧容易。脱渣容易，焊波整齐，成形美观，焊接电流为交流或直流正接	主要用于焊接一般的碳钢结构，特别适合于薄板结构，也可用于盖面焊。常用焊条型号为 E4310
低氢钠型	碳酸盐矿和萤石	焊接工艺性能一般，熔渣流动性好，焊波较粗，熔深中等，脱渣性较好，可全位置焊接，焊接电流为直流反接。焊接时要求焊条干燥，并采用短弧。该类焊条的熔敷金属具有良好的抗裂性能和力学性能	主要用于焊接重要的碳钢及低合金钢结构。常用焊条型号为 E4315、E5015
低氢钾型	在低氢钠型焊条药皮的基础上添加了稳弧剂，如钾水玻璃等	电弧稳定，工艺性能、焊接位置与低氢钠型焊条相似，焊接电流为交流或直流反接。该类焊条的熔敷金属具有良好的抗裂性能和力学性能	主要用于焊接重要的碳钢结构，也可焊接相适应的低合金钢结构。常用焊条型号为 E4316、E5016
氧化铁型	大量氧化铁及较多的锰铁	焊条熔化速度快，焊接生产率高，电弧燃烧稳定，再引弧容易，熔深较大，脱渣性好，焊缝金属抗裂性好。但飞溅稍大，不宜焊薄板，只适宜平焊及平角焊，焊接电流为交流或直流	主要用于焊接重要的低碳钢及强度等级较低的低合钢结构。常用焊条型号为 E4320、E4322

二、焊条的工艺性能

焊条的工艺性能是指焊条在焊接操作时的性能，是衡量焊条质量的重要标志之一。焊条的工艺性能主要包括焊接电弧的稳定性、焊缝成形性、对各种位置焊接的适应性、脱渣性、飞溅程度等。

1. 焊接电弧的稳定性

焊接电弧的稳定性是指保持电弧持续而稳定燃烧的能力。电弧稳定性与很多因素有关，焊条药皮的组成是其中的主要因素。焊条药皮中加入少量的低电离电物质，即可有效提高电弧稳定性。酸性焊条药皮中含有钾、钠等低电离物质，因此，用交、直流电源焊接时电弧都稳定燃烧。而低氢钠型焊条药皮中含有较多的氟石，使电弧稳定性降低，所以必须采用直流电源，若在低氢钠型药皮中加碳酸钾、钾水玻璃等稳弧剂后，则为低氢钠钾型药皮，可采用交流或直流电源。

2. 焊缝成形性

良好的焊缝成形应该是表面波纹细致、美观，几何形状正确，焊缝余高适中，焊缝与母材间过平滑，且无咬边等缺欠，焊缝成形性与熔渣的物理性能有关，熔渣的熔点和黏度太高或太低，都会使焊缝成形性变坏。熔渣的表面张力对焊缝成形也有影响，表面张力越小，对焊缝的覆盖就越好。

3. 全位置焊接性

全位置焊接性是指对平焊、横焊、立焊、仰焊等各种位置的适应性。几乎所有的焊条都能适用于平焊。但有些焊条进行横焊、立焊或仰焊时有困难，主要是重力的作用使熔池金属和熔渣下流，并因妨碍熔滴过渡而不宜形成正常的焊缝。钛钙型、低氢钠型药皮焊条全位置焊接性好，氧化铁型药皮焊条只适宜平焊及平角焊。

4. 脱渣性

脱渣性是指焊接熔渣从焊缝表面脱落的难易程度。脱渣性差不仅会显著降低生产率，而且还易造成夹渣缺欠。熔渣的膨胀系数也表明熔渣从焊缝表面脱落的难易程度。焊缝金属与熔渣的膨胀系数之差越来越大，脱渣越容易。钛型焊条熔渣与低碳钢焊缝的膨胀系数相差最大，脱渣性较好；而低氢型焊条熔渣与焊缝金属膨胀系数相差最小，脱渣性较差。

5. 飞溅

飞溅是指在熔焊过程中液体金属颗粒向周围飞散的现象。飞溅太多会影响焊接过程的稳定性，增加金属的损失等。钛钙型焊条电弧燃烧稳定，熔滴以细微颗粒过渡为主，飞溅较小。低氢钠型焊条电弧的稳定性差，熔滴以大颗粒短路过渡为主，飞溅较大。低氢钠型焊条焊接时正接比反接飞溅大。

三、焊条的分类

1. 焊条的分类方法

焊条的分类方法及类别名称见表 2–7。

表2-7　焊条的分类方法及类别名称

分类方法	类别名称
按药皮成分分类	不定型
	氧化钛型
	钛钙型
	钛铁矿型
	氧化铁型
	纤维素型
	低氢钾型
	低氢钠型
	石墨型
	盐基型
按熔渣特性分类	酸性焊条
	碱性焊条
按焊条用途分类	结构钢焊条（碳钢焊条和低合金钢焊条）
	钼和铬钼耐热钢焊条
	不锈钢焊条
	堆焊焊条
	低温钢焊条
	铸铁焊条
	铜及铜合金焊条
	铝及铝合金焊条
	镍及镍合金焊条
	特殊用途焊条
按焊条性能分类	超低氢焊条
	低尘、低毒焊条
	底层焊条
	铁粉高效焊条
	抗潮焊条
	水下焊条
	重力焊条
	躺焊焊条

2. 酸性焊条和碱性焊条

按焊条药皮熔化后的熔渣特性分类：焊条可分为酸性焊条和碱性焊条两大类。焊条药皮熔化后的熔渣主要由酸性氧化物组成的焊条称为酸性焊条，钛铁矿型、钛钙型、纤维素型（如高纤维素钾型）、氧化钛型（如高钛钠型）及氧化铁型药皮类型的焊条为酸性焊条。焊条药皮熔化后的熔渣主要由碱性氧化物组成的焊条称为碱性焊条，低氢钠型和低氢钾型药皮类型的焊条为碱性焊条。碱性焊条的力学性能、抗裂纹性能优于酸性焊条，而酸性焊条的工艺性能优于碱性焊条。酸性焊条和碱性焊条的性能对比见表 2–8。

表2–8　酸性焊条和碱性焊条的性能对比

序号	酸性焊条	碱性焊条
1	对水、铁锈的敏感性不大，使用前须经75℃ ~ 150℃烘干，保温 1 ~ 2 h	对水、铁锈的敏感性较大，使用前须经350℃ ~ 400℃烘干，保温 1 ~ 2 h
2	电弧稳定，可用交流或直流施焊	须用直流反接施焊，当药皮中加稳弧剂后，可交、直流两用
3	焊接电流较大	焊接电流比同规格的酸性焊条小 10% ~ 15%
4	可长弧操作	须短弧操作，否则易引起气孔
5	合金元素过渡效果差	合金元素过渡效果好
6	熔深较浅，焊缝成形较好	熔深较深，焊缝成形一般
7	熔渣呈玻璃状，脱渣较方便	熔渣呈结晶状，脱渣不及酸性焊条方便
8	焊缝的常、低温冲击韧度一般	焊缝的常、低温冲击韧度高
9	焊缝的抗裂性较差	焊缝的抗裂性好
10	焊缝的含氢量较高，影响塑性	焊缝的含氢量低
11	焊接时烟尘较少	焊接时烟尘稍多

四、焊条型号及牌号

焊条型号是指国家标准规定的各类焊条的代号，牌号则是焊条制造厂对作为产品出厂的焊条规定的代号。虽然焊条牌号不是国家标准，但考虑到多年使用已成习惯，现在生产中仍得到了广泛应用。

1. 碳钢焊条和低合金钢焊条型号

焊条型号是焊条的代号，按照《碳钢焊条》（GB/T5117　1995）和《低合金钢焊条》（GB/T5118—1995）规定，碳钢焊条和低合金钢焊条型号是根据熔敷金属的力学性能、药皮性能、焊接位置和电流种类来划分的。

（1）字母“E”表示焊条；前两位数字表示熔敷金属抗拉强度的最小值，单位为 ×10 MPa；第三位数字表示焊条的焊接位置，“0”及“1”表示焊条适于全位置焊接，“2”表示焊条只适用于平焊及平角焊，“4”表示焊条适用于向下立焊；第三位数字和第四位数字组合时，表示焊接电流种类及药皮种类，见表 2–9。

表2-9 碳钢和低合金钢焊条型号的第三、四位数字组合的含义

<table>
<tr><th>焊条型号</th><th>药皮类型</th><th>焊接位置</th><th>电流种类</th></tr>
<tr><td>E××00</td><td>特殊型</td><td rowspan="13">平、立、横、仰</td><td rowspan="3">交流或直流正、反接</td></tr>
<tr><td>E××01</td><td>钛铁矿型</td></tr>
<tr><td>E××03</td><td>钛钙型</td></tr>
<tr><td>E××10</td><td>高纤维素钠型</td><td>直流反接</td></tr>
<tr><td>E××11</td><td>高纤维素钾型</td><td>交流或直流反接</td></tr>
<tr><td>E××12</td><td>高钛钠型</td><td>交流或直流正接</td></tr>
<tr><td>E××13</td><td>高钛钾型</td><td rowspan="2">交流或直流正、反接</td></tr>
<tr><td>E××14</td><td>铁粉钛型</td></tr>
<tr><td>E××15</td><td>低氢钠型</td><td>直流反接</td></tr>
<tr><td>E××16</td><td>低氢钾型</td><td rowspan="2">交流或直流反接</td></tr>
<tr><td>E××18</td><td>铁粉低氢型</td></tr>
<tr><td>E××20</td><td rowspan="2">氧化铁型</td><td rowspan="6">平焊、平角焊</td><td>交流或直流正接</td></tr>
<tr><td>E××22</td><td rowspan="3">交流或直流正、反接</td></tr>
<tr><td>E××23</td><td>铁粉钛钙型</td></tr>
<tr><td>E××24</td><td>铁粉钛型</td></tr>
<tr><td>E××27</td><td>铁粉氧化铁型</td><td>交流或直流正接</td></tr>
<tr><td>E××28</td><td rowspan="2">铁粉低氢型</td><td rowspan="2">交流或直流反接</td></tr>
<tr><td>E××48</td><td>平、横、仰、立向下</td></tr>
</table>

（2）低合金钢焊条还附有后缀字母为熔敷金属的化学成分分类代号（表2-10），并以短划“-”与前面数字分开；若还有附加化学成分时，附加化学成分直接用元素符号表示，并以短划“-”与前面后缀字母分开。

表2-10 低合金钢焊条熔敷金属的化学成分分类代号

化学成分分类	代号
碳钼钢焊条	E××××-A1
铬钼钢焊条	E××××-B1 ~ B5
镍钢焊条	E××××-C1 ~ C3
镍钼钢焊条	E××××-NM
锰钼钢焊条	E××××-D1 ~ D3
其他低合金钢焊条	E××××-C、M、M1、W

焊条型号举例如下：

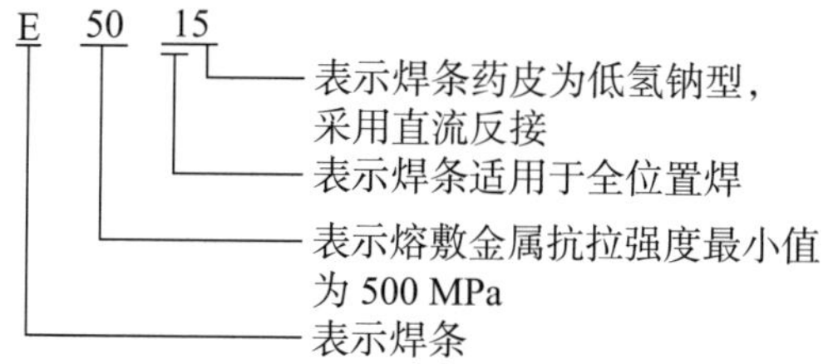

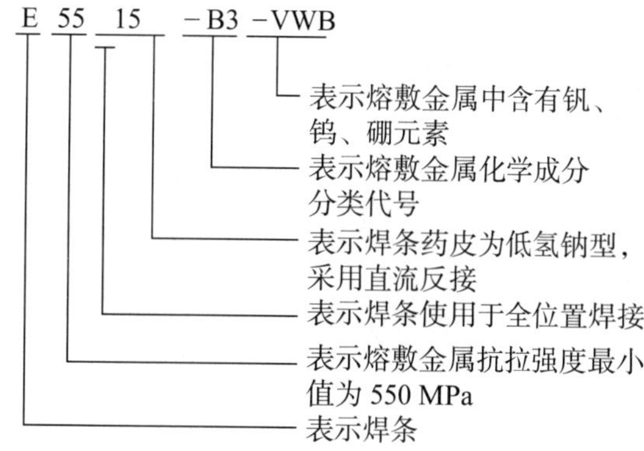

2. 不锈钢焊条型号

按国家标准《不锈钢焊条》（GB/T983—2012）规定，不锈钢焊条型号是根据熔敷金属的化学成分、药皮类型、焊接位置和电流种类来划分的。

字母“E”表示焊条；“E”后面的数字表示熔敷金属化学成分分类代号，如有特殊要求的化学成分，用元素符号表示，放在数字后面；数字后的字母“L”表示碳含量较低，“H”表示碳含量较高，“R”表示硫、磷、硅含量较低；短划“−”后面的两位数字表示焊接药皮的类型、焊接位置及焊接电流种类，见表 2−11。

表2−11 焊接电流、药皮的类型和焊接位置

焊条型号	焊接电流	焊接位置	药皮类型
E×××（×）−15	直流反接	全位置	碱性药皮
E×××（×）−25		平焊、横焊	
E×××（×）−16	交流或直流反接	全位置	碱性药皮或钛型、钛钙型
E×××（×）−17			
E×××（×）−26		平焊、横焊	

焊条型号举例如下：

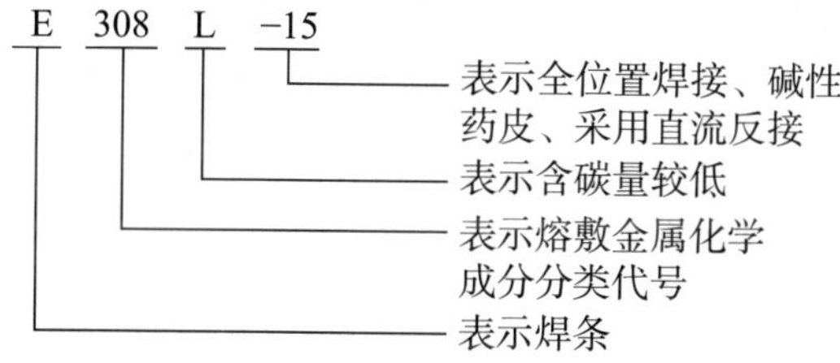

3. 焊条牌号

按照《焊接材料产品样本》规定，焊条牌号由汉字（或汉语拼音字母）和三位数字组成。汉字（或汉语拼音字母）表示按用途分的焊条各大类，前两位数字表示各大类中的若干小类，第三位数字表示药皮类型和电流种类。焊条牌号中表示各大类的汉字（或汉语拼音字母）含义见表 2-12，牌号中第三位数字的含义见表 2-13。

表2-12　焊条牌号中各大类名称（或汉语拼音字母）

焊条类别		大类的汉字（或汉语拼音字母）	焊条类别	大类的汉字（或汉语拼音字母）
结构钢焊条	碳钢焊条	结（J）	低温钢焊条	温（W）
	低合金钢焊条		铸铁焊条	铸（Z）
钼和铬钼耐热钢焊条		热（R）	铜及铜合金焊条	铜（T）
不锈钢焊条	铬不锈钢焊条	铬（G）	铝及铝合金焊条	铝（L）
	铬镍不锈钢焊条	奥（A）	镍及镍合金焊条	镍（Ni）
堆焊焊条		堆（D）	特殊用途焊条	特殊（TS）

表2-13　焊条牌号中第三位数字的含义

焊条牌号	药皮类型	电流种类	焊条牌号	药皮类型	电流种类
××0	不定型	不规定	××5	纤维素型	交、直流
××1	氧化钛型	交直流	××6	低氢钾型	交、直流
××2	钛钙型	交直流	××7	低氢钠型	直流
××3	钛铁矿型	交直流	××8	石墨型	交、直流
××4	氧化铁型	交直流	××9	盐基型	直流

（1）结构钢焊条牌号　焊条“结（J）”表示结构钢焊条；第一、二位数字表示熔敷金属抗拉强度等级；第三位数字表示药皮类型和电流种类。例如，结 422（J422）表示熔敷金属抗拉强度最小值为 420 MPa，药皮类型为钛钙型，交、直流两用的结构钢焊条。

（2）钼和铬钼耐热钢焊条牌号　汉字“热（R）”表示钼和铬钼耐热钢焊条；第一位数字表示熔敷金属主要化学成分等级，见表 2-14；第二位数字表示同一熔敷金属主要化学成分组成等级中的不同编号，按 0、1 至 9 顺序排列；第三位数字表示药皮类型和电流种类。例如，热 307（R307）表示熔敷金属含铬量为 1%/ 含钼量为 0.5%，编号为 0，药皮类型为低氢钠型，直流反接的钼和铬钼耐热钢焊条。

表2-14　钼和铬钼耐热钢焊条牌号第一位数字的含义

焊条牌号	焊缝金属主要化学成分等级 / %	
	铬	钼
热 1×× （R1××）	–	0.5
热 2×× （R2××）	0.5	0.5
热 3×× （R3××）	1	0.5
热 4×× （R4××）	2.5	1
热 5×× （R5××）	5	0.5
热 6×× （R6××）	7	1
热 7×× （R7××）	9	1
热 8×× （R8××）	11	1

（3）不锈钢焊条牌号　不锈钢焊条包括铬不锈钢焊条和铬镍不锈钢焊条，汉字“铬（G）”表示铬不锈钢焊条，“奥（A）”表示铬镍不锈钢焊条；第一位数字表示熔敷金属主要化学成分等级，见表 2-15；第二位数字表示同一熔敷金属主要化学成分组成等级中的不同编号，按 0、1 至 9 顺序排列；第三位数字表示药皮类型和电流种类。例如，铬 202（G202）表示熔敷金属含铬量为 13%，编号为 0，药皮类型为钛钙型，交、直流两用的铬不锈钢焊条。奥 137（A137）表示熔敷金属含铬量为 18%、含镍量为 9%，编号为 3，药皮类型为低氢钠型，直流反接的铬镍奥氏体型不锈钢焊条。

表 2-15　不锈钢焊条牌号第一位数字的含义

焊条牌号	焊缝金属主要化学成分等级 / %	
	铬	钼
铬 2××（G2××）	13	–
铬 3××（G3××）	17	–
奥 0××（A0××）	18（超低碳）	9
奥 1××（A1××）	18	9
奥 2××（A2××）	18	12
奥 3××（A3××）	25	13
奥 4××（A4××）	25	20
奥 5××（A5××）	16	25
奥 6××（A6××）	15	35
奥 7××（A7××）	铬锰氩不锈钢	–

（4）低温钢焊条牌号　汉字“温（W）”表示低温钢焊条；第一、二位数字表示低温钢焊条工作温度等级，第三位数字表示药皮类型和电流种类。例如，温 707（W707）表示工作温度等级为 −70℃，药皮类型为低氢钠型，直流反接的低温钢焊条。

4. 焊条型号与牌号的对照

（1）常用碳钢焊条的型号与牌号对照（表 2−16）

（2）常用低合金钢焊条的型号与牌号对照（表 2−17）

（3）常用不锈钢焊条的型号与牌号对照（表 2−18）

表2−16　常用碳钢焊条型号与牌号对照表

序号	型号	牌号	药皮类型	电源种类	主要用途	焊接位置
1	E4303	J422	钛钙型	交流或直流	焊接较重要的低碳钢结构和同等强度的普通低碳钢	平、立、仰、横
2	E4311	J425	高纤维素钾型	交流或直流	焊接低碳钢结构的立向下底层焊接	平、立、仰、横
3	E4316	J426	低氢钾型	交流或直流反接	焊接重要的低碳钢及某些低合金钢结构	平、立、仰、横
4	E4315	J427	低氢钠型	直流反接	焊接重要的低碳钢及某些低合金钢结构	平、立、仰、横
5	E5003	J502	钛钙型	交流或直流	焊接相同强度等级的低合金钢一般结构	平、立、仰、横
6	E5016	J506	低氢钾型	交流或直流反接	焊接中碳钢及重要低合金钢结构钢，如 Q345 等	平、立、仰、横
7	E5015	J507	低氢钠型	有流反接	焊接中碳钢及重要低合金钢结构钢，如 Q345 等	平、立、仰、横

表2−17　常用低合金钢焊条型号与牌号对照表

序号	型号	牌号	序号	型号	牌号
1	E5015−G	J507 MoNb J507 NiCu	8	E5503−B1 E5515−B1	R202 R207
2	E5515−G	J557 J557 Mo J557 MoV	9	B5503−B2 B5515−B2	R302 R307
3	E6015−G	J607 Ni	10	E5515−B3−VWB	R347
4	E6015−D1	J607	11	E6015−B3	R407

（续表）

序号	型号	牌号	序号	型号	牌号
5	E7015−D2	J707	12	E5 MoV−15	R507
6	E8515−C	J857	13	E5515−C1	W707 Ni
7	E5015−A1	R107	14	E5515−C2	w907 Ni

表2−18　常用不锈钢焊条型号与牌号对照表

序号	型号（新）	型号（旧）	牌号	序号	型号（新）	型号（旧）	牌号
1	E410−16	E1−13−16	G202	8	E309−15	E1−23−13−15	A307
2	E410−15	E1−13−15	G207	9	E310−16	E2−26−21−16	A402
3	E410−15	E1−15−15	G217	10	E310−15	E2−26−21−15	A407
4	E308L−16	E00−19−10−16	A002	11	E347−16	E0−19−10 Nb−16	A132
5	E308−16	E0−19−10−16	A102	12	E347−15	E0−19−10 Nb−15	A137
6	E308−15	E0−19−10−15	A107	13	E315−16	E0−18−12 Mo2−16	A202
7	E309−16	E1−23−13−16	A302	14	E315−15	E0−18−12 Mo2−15	A207

五、焊条的选用及管理

1. 焊条的选用原则

（1）低碳钢、中碳钢及低合金钢按焊件的抗拉强度来选用相应强度的焊条，使熔敷金属的抗拉强度与焊件的抗拉强度相等或相近，该原则称为“等强原则”。如焊接 Q235−A 时，由于其抗拉强度在 420 MPa 左右，故选用熔敷金属抗拉强度最小值为 430 MPa 的 E4303（结 422）、E4316（结 426）、E4315（结 427）。结构复杂、刚度大的焊件，可以考虑选用比母材强度低一级的焊条。

（2）对于不锈钢、耐热钢、堆焊等焊件选用焊条时，应从保证焊接接头的特殊性能出发，要求焊缝金属化学成分与母材相同或相近。如焊接 06Cr19Ni10 不锈钢时，由于其铬、镍量分别约为 18%、9%，为了使焊缝与焊件具有相同的耐腐蚀性，必须要求焊缝金属化学成分与母材相同或相近，所以选用与铬、镍量相近的 E308−16（A102）或 E308−15（A107）焊条焊接。

（3）对于强度不同的低碳钢之间、低合金高强钢之间及它们之间的异种钢焊接，要求焊缝或接头的强度、塑性和韧性都不能低于母材中的最低值，故一般根据强度等级较低的钢材来选用相应的焊条。如焊接 Q235−A 与 Q345 异种钢时，按 Q235−A 来选用抗拉强度为 420 MPa 左右的 E4303（结 422）、E4316（结 426）、E4315（结 427）。对于碳钢、低合金钢与奥氏体钢异种钢焊接应选用铬、镍量较高的奥氏体钢焊条。

（4）重要焊缝选用碱性焊条。所谓重要焊缝，是指受压元件（如锅炉、压力容器）的焊缝，承受震动载荷或冲击载荷的焊缝，对强度、塑性、韧性要求较高的焊缝，焊件形状复杂、结构刚度大的焊缝等，对于这些焊缝要选用力学性能好、抗裂性能强的碱性焊条。如焊接 20 钢时，按等强原则选用 E4303（结 422）、E4316（结 426）、E4315（结 427）焊条都符合要求；若焊接抗拉强度相等的压力容器用钢、锅炉用钢 Q245R（20R、20g）时，则须选用同强度的碱性焊条 E4316（结 426）、E4315（结 427）。

（5）在满足性能的前提下尽量选用酸性焊条。因为酸性焊条的工艺性能优于碱性焊条，即酸性焊条对铁锈、油污等不敏感；析出有害气体少；稳弧性好，可交、直流两用；脱渣性好；焊缝成形美观等。总之，在酸性焊条和碱性焊条均能满足性能要求的前提下，应尽量选用工艺性能较好的酸性焊条。

2. 焊条的管理

焊条（包括其他焊接材料）的管理包括验收、烘干、保管、领用等方面，其控制程序如图 2-15 所示。

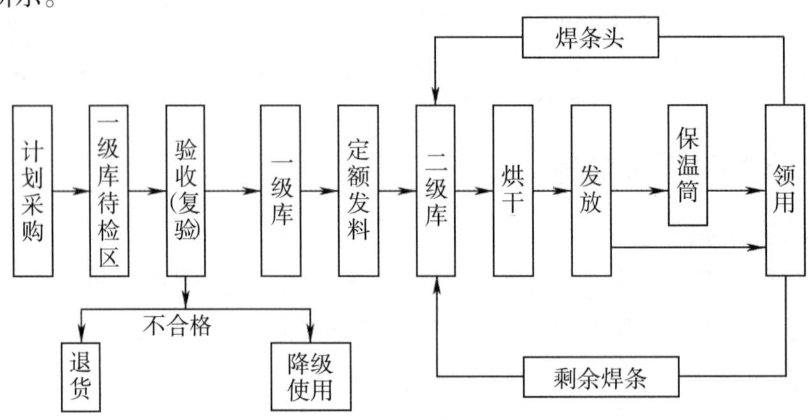

图2-15　焊条管理控制程序

（1）焊条验收　对于制造锅炉、压力容器等重要焊件的焊条，焊前必须进行验收，也称复验。复验前要对焊条的质量说明书进行审查，正确、齐全、符合要求者可复验。复验时，应对每批焊条编个“复验编号”，按照其标准和技术条件进行外观、理化试验等检验，复验合格后，焊条方可入一级库，否则应退货或降级使用。另外，为了防止焊条在使用过程中混用、错用，同时也便于为万一出现的焊接质量问题分析找出原因，焊条的“复验编号”不但要登记在一级库、二级库的台账上，而且在烘烤记录单、发放领料单，甚至焊接施工卡上也要登记，从而保证焊条使用时的追踪性。

（2）焊条保管、领用、发放　焊条实行三级管理：一级库管理、二级库管理、焊工焊接时管理。一级、二级库内的焊条要按其型号、牌号、规格分门别类堆放，放在离地面、墙面 300 mm 以上的木架上。一级库内应配有空调和去湿机，保证室温在 5℃ ~ 25℃之间，相对湿度低于 60%。二级库应配有焊条烘烤设备，焊工施焊时也需要妥善保管好焊条，焊条要放入保温筒内，随用随取，不可随意乱丢、乱放。焊条领用发放要建立严格的限额领料制度，“焊接材料领料单”应由焊工填写，二级库保管人员凭焊接工艺要求和焊接领料单发放，并审核其型号、牌号、规格是否相符，同时还要按发放焊条根数收回焊条头。

（3）焊条烘干　焊条烘干的温度、时间应严格按标准要求进行，并做好温度、时间记录，烘干温度不宜过高或过低。温度过高会使焊条中一些成分发生氧化，过早分解，从而失去保护等作用；温度过低，焊条中的水分就不能完全蒸发掉，焊接时可能形成气孔，产生裂纹等缺欠。

此外，还要注意温度、时间配合问题。据有关资料介绍，烘干温度和时间相比，温度较为重要，如果烘干温度过低，即使延长烘干时间，其烘烤效果也不佳。一般酸性焊条烘干温度为 75℃ ~ 150℃，保温时间为 1 ~ 2 h；碱性焊条在空气中极易吸潮且药皮中没有有机物，因此，烘干温度应较酸性焊条要高，为 350℃ ~ 450℃，保温时间为 1 ~ 2 h。焊条累计烘干次数一般不宜超过三次。

焊条红外线烘烤箱如图 2–16 所示。

图2–16　焊条红外线烘烤箱

练一练

一、填空题

1. 焊条由 ________ 和 ________ 组成。

2. 焊芯有两个作用：一是 ________，二是焊芯本身熔化作为 ________。

3. 焊条的工艺性能主要包括焊接电弧的稳定性、________、对各种位置焊接的适应性、________、飞溅程度等。

4. 按焊条药皮熔化后的熔渣特性分类：焊条可分为 ________ 和 ________ 两大类。

5. 重要焊缝选用 ________ 焊条。

二、判断题

1. 低氢钠型和低氢钾型药皮类型的焊条为碱性焊条。(　　)

2. 碱性焊条的力学性能、抗裂纹性能优于酸性焊条，而酸性焊条的工艺能优于碱性焊条。(　　)

3. 低碳钢、中碳钢及低合金钢按焊件的抗拉强度来选用较高强度的焊条。(　　)

4. 对于不锈钢、耐热钢、堆焊等焊件选用焊条时，应从保证焊接接头的特殊性能出发，要求焊缝金属的化学成分与母材相同或相近。(　　)

5. 在满足性能的前提下尽量选用酸性焊条。(　　)

三、简答题

1. 简述焊条药皮的作用。

2. 写出下列焊条型号和牌号表示的含义。

E4303

E5015

A137

3. 简述酸性焊条和碱性焊条的烘干温度和时间。

任务四　焊条电弧焊工艺参数

任务目标

知识目标	掌握焊接工艺参数的选择。
能力目标	结合生产实习，能根据实际焊接质量要求选择焊接工艺参数。
素质目标	培养学生理论实践相结合的能力。

学习内容

一、焊条电弧焊焊接工艺参数

焊接工艺参数是指焊接时为保证焊接质量而选定的各物理量的总称。

焊条电弧焊的焊接参数主要包括焊条直径、焊接电流、焊接速度、焊接层数等。焊接参数选择的正确与否，直接影响焊缝的形状、尺寸、焊接质量和生产率，因此，选择合适的焊接参数是焊接生产中十分重要的一个环节。

1. 焊条直径

生产中，为了提高生产率，应尽可能选用较大直径的焊条，但是用直径过大的焊条焊接，会造成未焊透或焊缝成型不良，因此，必须正确选择焊条的直径。焊条直径大小的选择与下列因素有关：

（1）焊件的厚度　厚度较大的焊件应选用直径较大的焊条；反之，薄焊件的焊接则应选用小直径的焊条。焊条直径与焊件厚度之间的关系见表 2-19。

表2-19　焊条直径与焊件厚度的关系

焊件厚度	≤ 1.5	2	3	4 ~ 5	6 ~ 12	≥ 12
焊条直径	1.5	2	3.2	3.2 ~ 4	4 ~ 5	4 ~ 6

（2）焊缝位置　在板厚相同的条件下，焊接平焊缝的焊条直径应比其他位置的大一些，立焊用焊条直径最大不超过 5 mm，仰焊、横焊不超过 4 mm，这样可形成较小的熔池，减少熔化金属的下淌。

（3）焊接层次　在进行多层焊时，如果第一层焊缝所采用的焊条直径过大，会造成因电弧过长而不能焊透。因此，为了防止根部焊不透，对多层焊的第一层焊道应采用直径较小的焊条进行焊接，以后各层可以根据焊接厚度，选用较大直径的焊条。

（4）接头形式　搭接接头、T 形接头因不存在全焊透问题，所以应选用较大的焊条直径以提高生产率。

2. 电源种类和极性

（1）电源种类　采用交流电源焊接时，电弧稳定性差；采用直流电源焊接时，电弧稳定，飞溅少，但电弧磁偏吹较交流电源严重。低氢钠型焊条稳弧性差，通常必须采用直流电源。用小电流焊接薄板时，也常用直流电源，因为引弧比较容易，电弧比较稳定。

（2）极性　极性是指在直流电弧焊时焊件的极性。焊件与电源输出端正、负极的接法有正接和反接两种。所谓正接，就是焊件接电源正极、电极接负极的接线法，正接也称为正极性；反接就是焊件接电源负极、电极接正极的接线法，反接也称为反极性，如图 2-17 所示。对于交流电源来说，由于极性是交变的，所以不存在正接和反接。

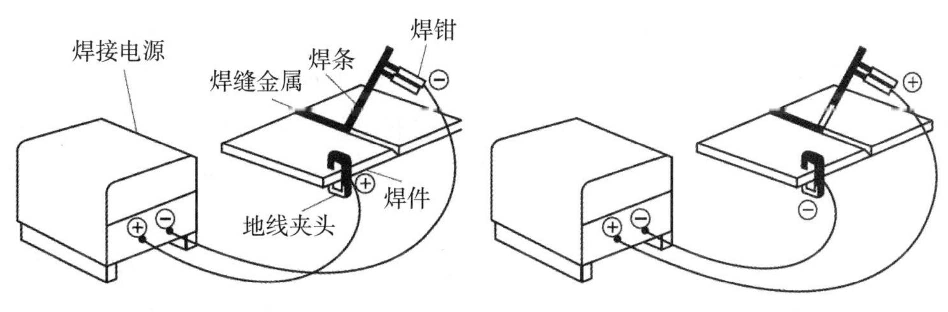

（a）直流电弧焊的正接　　（b）直流电弧焊的反接

图2-17　直流电弧焊的正接和反接

3. 焊接电流

焊接时，流经焊接回路的电流称为焊接电流，焊接电流的大小直接影响焊接质量和焊接生产率。

增大焊接电流能提高生产率，但电流过大易造成焊缝咬边、烧穿等缺欠，同时增加了金属飞溅，也会使接头的组织产生过热而发生变化；而电流过小易造成夹渣、未焊透等缺欠，降低焊接接头的力学性能，所以应正确选择焊接电流。焊接时，决定电流强度的因素很多，如焊条类型、焊条直径、焊件厚度、接头形式、焊缝位置和层数等，其中主要影响因素是焊条直径、焊缝位置、焊条类型、焊接层次。

（1）焊条直径　焊条直径越大，熔化焊条所需要的电弧热量越多，焊接电流也越大。碳钢酸性焊条的焊接电流大小与焊条直径的关系，一般可根据下面经验公式来选择

$$I_h = (35 \sim 55)\, d$$

式中　I_h——焊接电流（A）；d——焊条直径（mm）。

（2）焊缝位置　在相同焊条直径的条件下，焊接平焊缝时，由于运条和控制熔池中的熔化金属都比较容易，因此可以选择较大的电流进行焊接。但在其他位置焊接时，为了避免熔化金属从熔池中流出，要使熔池尽可能小些。通常，立焊、横焊的焊接电流比平焊的焊接电流小 15% ~ 20%。

（3）焊条类型　当其他条件相同时，碱性焊条使用的焊接电流应比酸性焊条小 10% ~ 15%，否则焊缝中易形成气孔。不锈钢焊条使用的焊接电流应比碳钢焊条小 15% ~ 20%。

（4）焊接层次　焊接打底层，特别是单面焊双面成形时，为保证背面焊缝质量，常使用较小的焊接电流；焊接填充层时，为提高效率，保证融合良好，常使用较大的焊接电流；焊接盖面层时，为防止咬边和保证焊缝成形，使用的焊接电流应比焊接填充层稍小些。

4. 电弧电压

焊条电弧焊的电弧电压主要由电弧长度来决定。电弧长，电弧电压高；电弧短，电弧电压低。焊接时，电弧电压由焊工根据具体情况灵活掌握。

在焊接过程中，电弧不宜过长，因为电弧过长会出现下列几种不良现象：①电弧燃烧不稳定，易摆动，电弧热能分散，飞溅增多，造成金属和电能的浪费。②焊缝厚度小，容易产生咬边、未焊透、焊缝表面高低不平、焊波不均匀等缺欠。③对熔化金属的保护差，空气中的氧、氮等有害气体容易侵入，使焊缝产生气孔的可能性增加，焊缝金属的力学性能降低。

因此，在焊接时使用短弧焊接，相应的电弧电压为 16 ~ 25 V。在立焊、仰焊时弧长应比平焊时更短一些，以利于熔滴过度，防止熔化金属下淌。碱性焊条焊接时应比酸性焊条弧长短些，以利于电弧的稳定和防止气孔。所谓短弧，一般认为弧长是焊条直径的 0.5 ~ 1.0 倍。

5. 焊接速度

单位时间内完成的焊缝长度称为焊接速度。焊接速度应该均匀、适当，既要保证焊透又要保证不烧穿，同时还要使焊缝宽度和高度符合图样设计要求。

如果焊接速度过慢，使高温停留时间增长，热影响区宽度增加，焊接接头的晶粒变粗，力学性能降低，同时使变形量增大。当焊接较薄焊件时，则易烧穿。如果焊接速度过快，熔池温度不够，易造成未焊透、未熔合、焊缝成形不良等缺欠。

焊接速度直接影响焊接生产率，所以，应该在保证焊缝质量的基础上，采用较大的焊条直径和焊接电流，同时根据具体情况适当加快焊接速度，以保证在获得焊缝的高低和宽窄一致的条件下，提高焊接生产率。

6. 焊接层数

在焊接中厚板时，一般要开坡口并采用多层多道焊，如图 2−18 所示。对于低碳钢和强度等级低的普通低碳钢的多层多道焊，每道焊道厚度不宜过大，因为过大时对焊缝金属的塑性不利，因此，对质量要求较高的焊缝，每层的厚度最好不要大于 4 ~ 5 mm。同样，每层焊道厚度不宜过小，过小时焊接层数增多不利于提高劳动生产率。根据实践经验，每层的厚度等于焊条直径的 0.8 ~ 1.2 倍时，生产率较高，并且比较容易保证质量和便于操作。

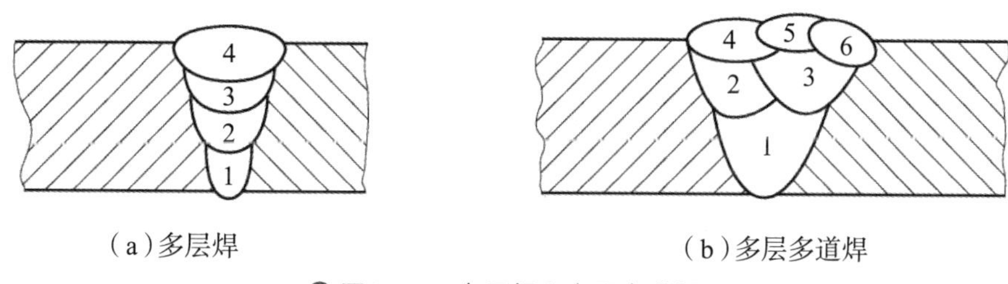

（a）多层焊　　（b）多层多道焊

图2−18　多层焊和多层多道焊

二、V 形坡口板对接平焊工艺参数选择

1. 焊前准备

图 2−19 为 V 形坡口板对接平焊焊件图，技术要求焊缝为单面焊双面成型。

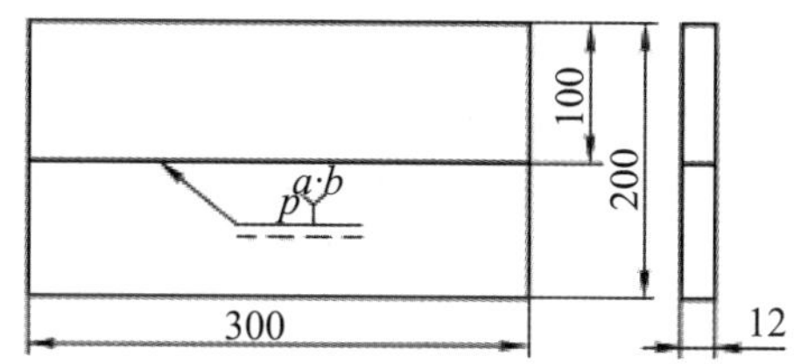

图2−19　V形坡口板对接平焊焊件图

试件材料为 20 钢或 Q345 钢，试件尺寸为 300 mm × 100 mm × 12 mm，两块，60°　V

形坡口。根据焊条选用原则：单面焊双面成型一般用于重要焊缝，焊条应选碱性焊条；根据低碳钢、中碳钢及低合金钢按焊件的抗拉强度来选用相应强度的焊条。根据以上两点，焊接材料选用 E4315 型或 E5015 型焊条。焊条直径根据焊接层次选用 Φ 3.2、Φ 4.0 两种。焊前烘焙，烘焙温度为 350℃ ~ 400℃，并恒温 2 h，随用随取。焊机选用直流焊机 ZX5-400 型焊机或 ZX7-400 型焊机，直流反接。

2. 焊接工艺参数

V 形坡口板对接平焊焊接参数见表 2-20，焊接层次如图 2-20 所示。

表2-20　V形坡口板对接平焊焊接参数

焊接层次	焊条直径/mm	焊接电流/A	电弧电压/V
打底层　第一层（1）	3.2	75 ~ 110	22 ~ 24
填充层　第二层（2）	4.0	170 ~ 180	22 ~ 24
填充层　第三层（3）	4.0	160 ~ 180	22 ~ 24
盖面层　第四层（4）	4.0	160 ~ 170	22 ~ 24

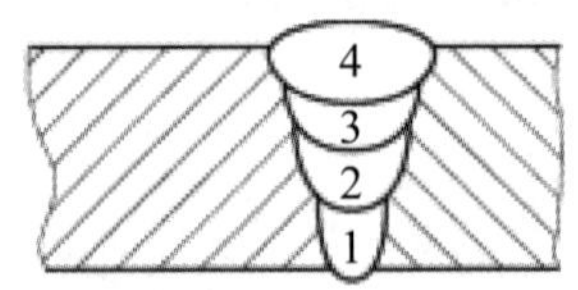

图2-20　焊接层次

练一练

一、填空题

1. 焊条电弧焊的焊接参数主要包括 ______、______、______、______ 等。

2. 仰焊、横焊最大直径不超过 ______ mm，这样可形成较小的熔池，减少熔化金属的下淌。

3. 通常，立焊、横焊的焊接电流比平焊的焊接电流小 ______。

4. 焊接时，决定电流强度的因素很多，其中主要影响因素是 ______、______、______、______。

5. 对质量要求较高的焊缝，每层的厚度最好不要大于 ______ mm。

二、判断题

1. 厚度较大的焊件应选用直径较大的焊条；反之，薄焊件的焊接则应选用小直径的焊条。(　　)

2. 对于交流电源来说，由于极性是交变的，所以不存在正接和反接。(　　)

3. 碱性焊条一般采用直流焊接电源。(　　)

4. 焊接速度直接影响焊接生产率，所以，应该在保证焊缝质量的基础上，采用较大的焊条直径和焊接电流。(　　)

5. 短弧一般认为是焊条直径的 0.5 ~ 1.0 倍。(　　)

三、简答题

1. 什么叫正接？什么叫反接？

2. 在焊接过程中，电弧过长会出现哪几种不良现象？

单元三
焊接接头的基本知识

知识目标	1. 掌握焊接接头的类型特点及应用。 2. 掌握焊缝符号的基本组成及含义。 3. 掌握焊接工艺方法代号的含义。
能力目标	1. 使学生能熟练掌握焊接符号的含义。 2. 正确识读焊接图样。
素质目标	具备焊接识图能力，提高工作水平。

任务一 焊接接头与焊缝基本知识

任务目标

知识目标	1. 掌握焊接坡口的类型与尺寸。 2. 掌握焊接接头的类型及特点。 3. 掌握焊缝的形式及形状尺寸。 4. 掌握焊缝位置的含义。
能力目标	使学生能熟练识读焊接接头的有关知识，正确识读焊缝图样。
素质目标	培养学生对焊接专业的兴趣，激发学生对焊接技能的求知欲。

学习内容

用焊接方法连接的接头称为焊接接头，它主要起连接和传递力的作用，焊接接头由焊缝、熔合区和热影响区三部分组成，如图 3-1 所示。

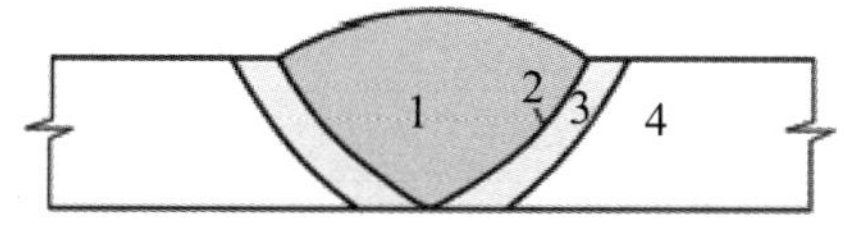

1- 焊缝　2- 熔合区　3- 热影响区　4- 母材

图3-1　焊接接头组成示意图

在实际的焊接过程中，为了保证焊接质量，经常在待焊部位加工坡口。本任务主要介绍坡口的有关知识、焊接接头的类型及特点、焊缝的形式及形状尺寸和焊接位置四个知识点。

一、焊接坡口类型和尺寸

根据设计和工艺需要，在焊件的待焊部位加工并装配成一定几何形状的沟槽叫作坡口。开坡口的目的是为了保证电弧能深入接头根部，使接头根部焊透，以及便于清渣获得较好的焊缝成形，而且坡口还能调节焊缝金属中母材金属与填充金属比例的作用。

1. 坡口的类型

焊接接头的坡口根据其形状不同可分为基本型、组合型和特殊型三类，见表 3-1。

表3-1　焊接接头坡口分类及特点

类型	特点	图示
基本型	形状简单，易于加工，应用普遍。主要有 I 形坡口、V 形坡口、单边 V 形坡口、U 形坡口、J 形坡口五种	I 形坡口　V 形坡口　单边 V 形坡口　U 形坡口　J 形坡口
组合型	由两种或两种以上的基本形坡口组合而成，如 Y 形坡口、双 Y 形坡口、带钝边 U 形坡口、双单边 V 形坡口，带钝边单边 V 形坡口	Y 形坡口　双 Y 形坡口　带钝边 U 形坡口　双单边 V 形坡口　带钝边单边 V 形坡口
特殊型	既不属于基本型，也不属于组合型的坡口，如卷边坡口、垫板坡口、锁边坡口、塞焊坡口、槽焊坡口	卷边坡口　带垫板坡口　锁边坡口　塞焊、槽边坡口

2. 坡口尺寸及符号

（1）坡口角度和坡口面角度　两坡口面之间的夹角叫坡口角度，用 α 表示；待加工坡口的端面与坡口面之间的夹角叫坡口面角度，用 β 表示。坡口面是指待焊件上的坡口表面，如

图 3-2 所示。

（2）根部间隙　焊前在接头根部之间预留的空隙叫根部间隙，又叫装配间隙，用 b 表示，如图 3-3 所示。其作用在于打底焊时保证根部焊透。

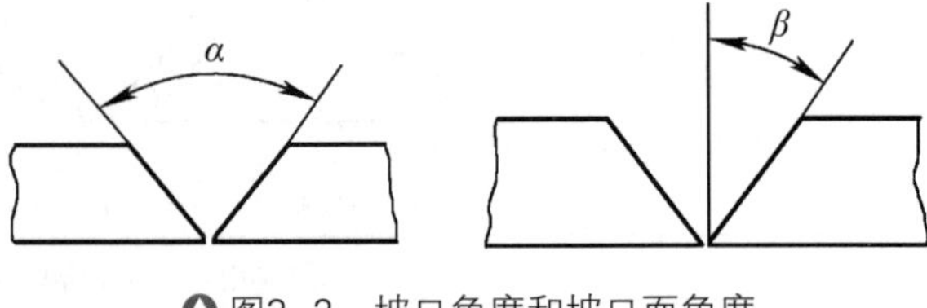

图3-2　坡口角度和坡口面角度

（3）钝边　在对焊件开坡口时，沿焊件接头坡口根部端面的直边部分叫钝边，钝边的长度叫钝边高度，用 p 表示，如图 3-3 所示。钝边的作用是防止根部烧穿。

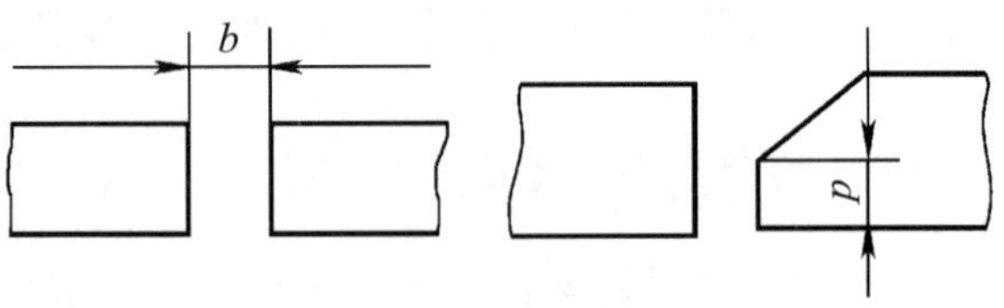

图3-3　根部间隙和钝边高度

（4）根部半径　在 J 形、U 形坡口底部的圆角的半径叫根部半径，用 R 表示，如图 3-4 所示。其作用是增大坡口根部的空间，以便焊透根部。

（5）坡口深度　焊件上开坡口部分的高度叫坡口深度，用 H 表示，如图 3-4 所示。

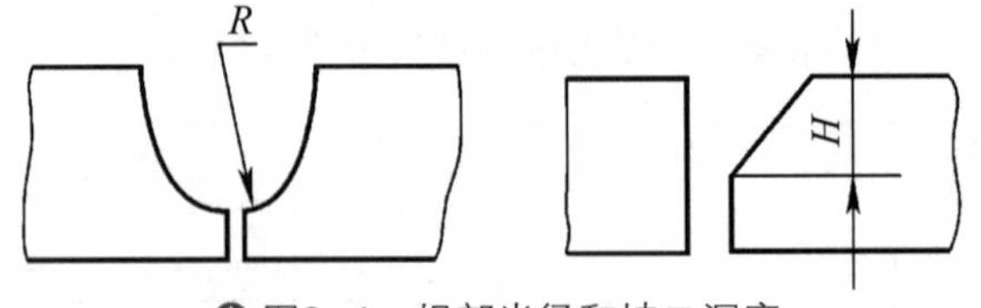

图3-4　根部半径和坡口深度

3. 坡口的选择原则

（1）保证焊接质量　满足焊接质量要求是选择坡口形状及尺寸首先需要考虑的原则，也是选择坡口的最基本要求。

（2）便于焊接施工　对于不能翻转或内径较小的容器，为避免大量的仰焊工作和便于采用单面焊双面成形的工艺方法，宜采用 V 形或 U 形坡口。

（3）坡口加工简单　由于 V 形坡口是加工最简单的一种坡口，因此，能采用 V 形坡口或双 V 形坡口就不宜采用 U 形或双 U 形坡口等加工工艺较复杂的坡口类型。

（4）坡口的断面面积应尽可能小　这样可以降低焊接材料的消耗，减少焊接工作量。

（5）便于控制焊接变形　不适当的坡口形状容易产生较大的焊接变形，采用双 V 形坡口可以减小焊缝金属量约一半，且焊接接头变形较小。

二、焊接接头的类型及特点

焊接中，由于焊件的厚度、结构及使用条件的不同，其接头形式也不同，一般可以归纳为对接接头、T 型接头、角接接头、搭接接头和端接接头 5 种基本类型。其类型、特点、应用和图示见表 3-2。

表3-2　焊接接头的类型、特点及应用

接头类型	特点	应用	图示
对接接头	对接接头是两焊件表面构成大于或等于135°、小于或等于180°夹角的接头。对接接头从受力的角度看是比较理想的接头形式，受力状况好、应力集中程度较小、材料消耗较少。但对焊件边缘加工及装配要求较高	对接接头是各种焊接结构中采用最多的一类接头形式。一般钢板厚度在6 mm以下，不开坡口（I形坡口）；钢板厚度若大于6 mm，则必须开坡口。对接接头常用的坡口形式有V形、Y形、双Y形、U形等	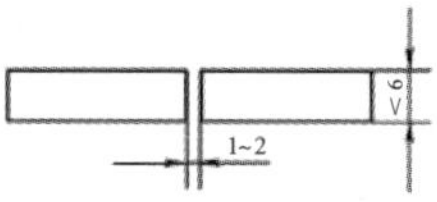 I形坡口 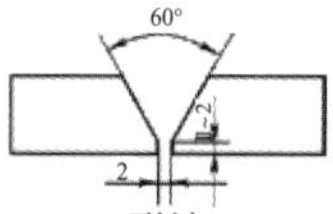　Y形坡口 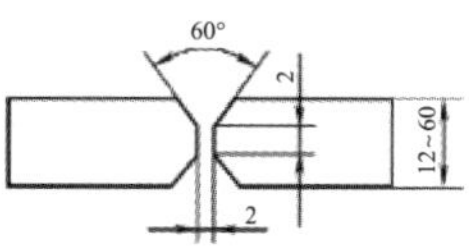　双Y形坡口 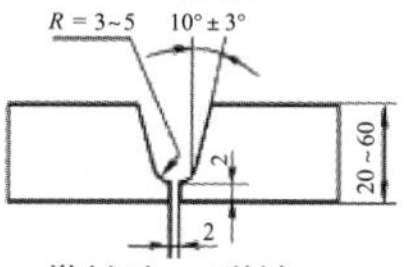　带钝边U形坡口
T形接头	T形接头是一个焊件的端面与另一个焊件表面构成直角或近似直角的接头。T形接头是一种典型的电弧焊接头，能承受各个方向的力和力矩	T形接头是各类箱形结构中最常见的结构形式。在一般情况下，T形接头可不开坡口，若焊缝要求承受载荷时，应选用带钝边双J形等坡口形式，使接头焊透，以保证接头强度	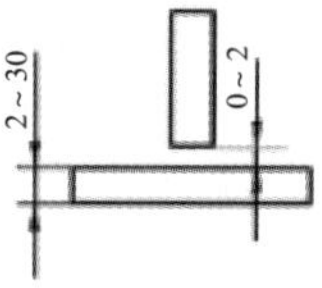 I形坡口 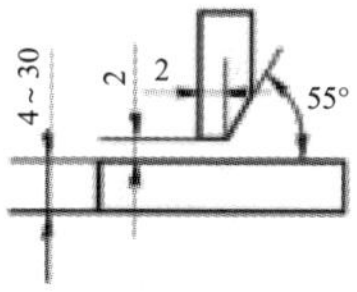　带钝边单边V形坡口 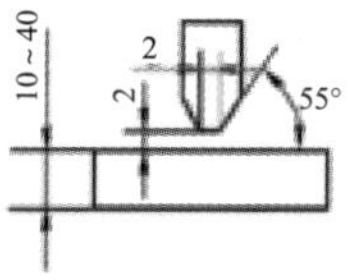　带钝边双边V形坡口 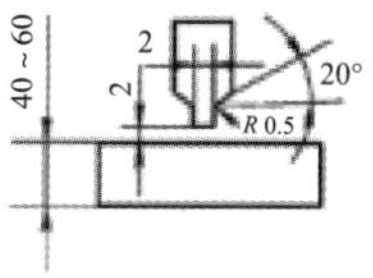　带钝边双J形坡口
角接接头	角接接头是两焊件端部构成大于30°、小于135°夹角的接头。角接接头承载能力差，特别是当接头承载弯曲力时，焊根易出现应力集中而造成根部开裂	角接接头一般用于不重要的焊接结构中。角接接头一般不开坡口，如需要也可根据焊件厚度井带钝边单边V形坡口、Y形坡口及带钝边双单边V形坡口等	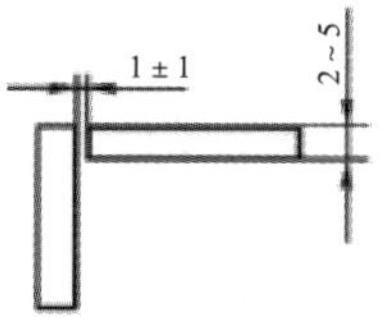 I形坡口 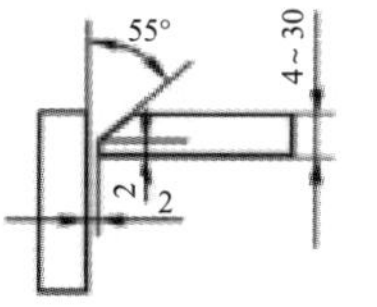　带钝边单边V形坡口 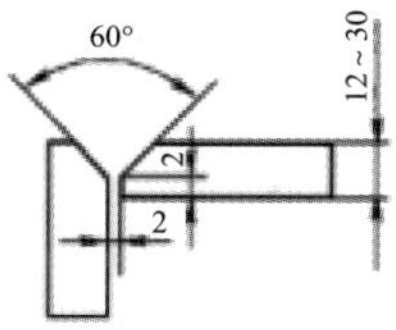　Y形坡口 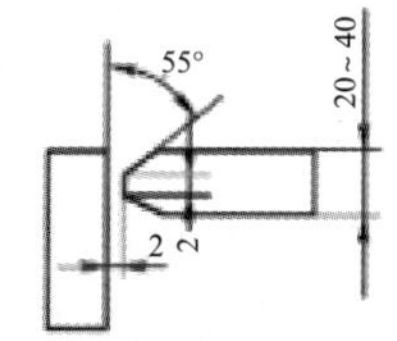　带钝边双单边V形坡口

（续表）

接头类型	特点	应用	图示
搭接接头	搭接接头是两焊件部分重叠构成的接头。搭接接头应力分布不均匀，疲劳强度较低，不是理想的接头形式，但其焊前准备和装配较简单	搭接接头有不开坡口、塞焊缝和槽焊缝等形式。不开坡口的搭接接头一般用于厚度 12 mm 以下的钢板，其重叠部分为 3 ~ 5 倍板厚，常用在不重要的结构中。当结构重叠部分的面积较大时，常选用圆孔塞焊缝和长孔槽焊缝的接头形式	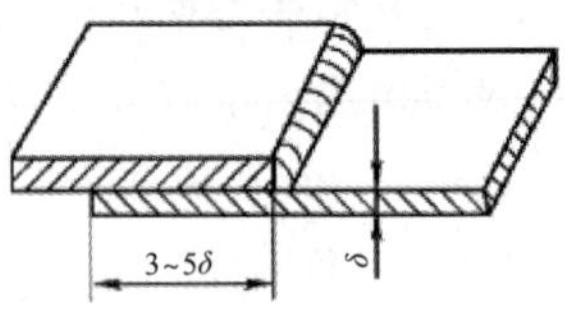 3~5δ δ 不开坡口 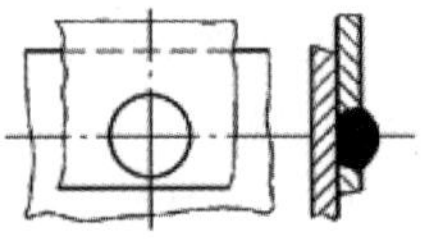 塞焊缝 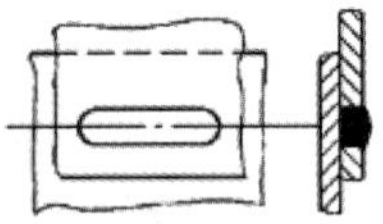 槽焊缝
端接接头	端接接头是两焊件重叠放置或两焊件之间的夹角不大于 30°，在端部进行连接的接头	端接接头通常只用于密封	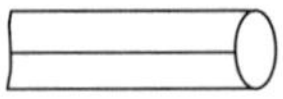 两焊件重叠放置的端接 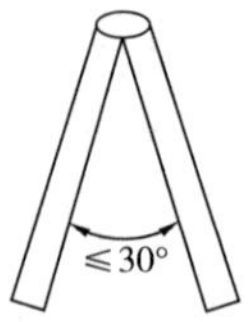 ≤30° 两焊件夹角≤30° 的端接

三、焊缝形式及形状尺寸

焊件经焊接后所形成的结合部分叫作焊缝。

1. 焊缝形式

（1）按焊缝结合形式分类　可分为对接焊缝、角焊缝、塞焊缝、槽焊缝和端接焊缝 5 种。

（2）按施焊时焊缝在空间所处位置分类　可分为平焊缝、立焊缝、横焊缝及仰焊缝 4 种形式。

（3）按焊缝断续情况分类　可分为连续焊缝、断续焊缝和定位焊缝三种形式。连续焊接的焊缝为连续焊缝；具有一定间隔的焊缝为断续焊缝；焊前为装配和固定构件而焊接的短焊缝为定位焊缝。断续角焊缝又可分为交错断续角焊缝和并列断续角焊缝，如图 3-5 所示。

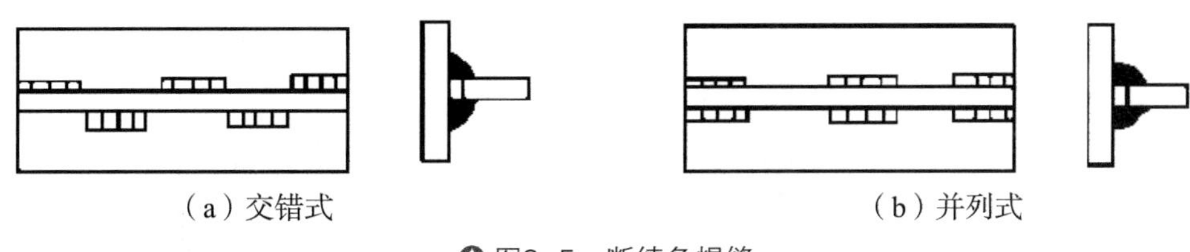

图3-5　断续角焊缝

2. 焊缝的形状尺寸

（1）焊缝宽度　焊缝表面与母材的交界处叫作焊趾，焊缝表面两焊趾之间的距离叫作焊缝宽度，如图 3-6 所示。

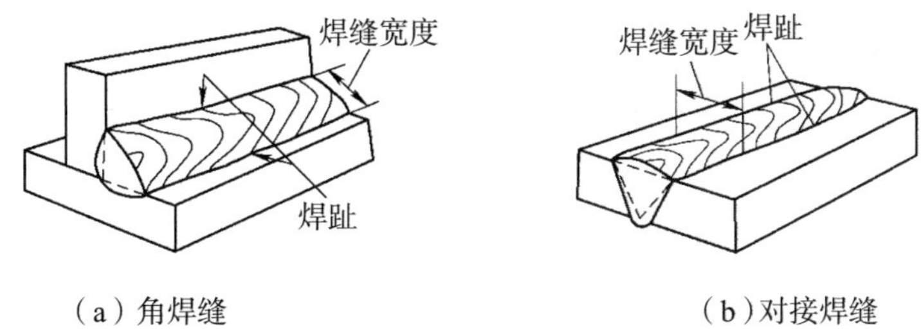

图3-6　焊缝宽度

（2）余高　超出母材表面连线上面的那部分焊缝金属的最大高度叫作余高，如图 3-7 所示。

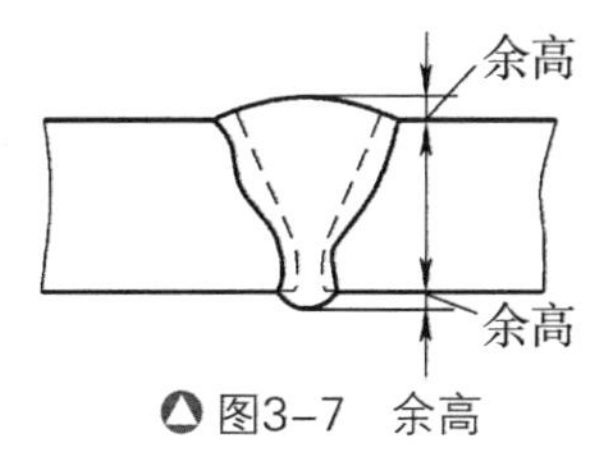

图3-7　余高

（3）熔深　在焊接接头横截面上，母材或前道焊缝熔化的深度叫作熔深，如图 3-8 所示。

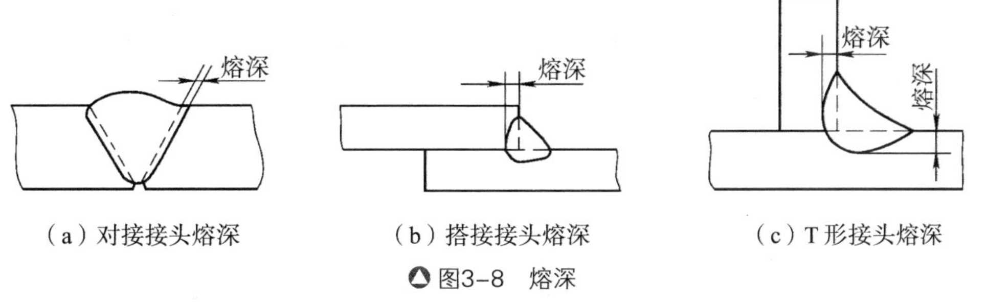

图3-8　熔深

（4）焊缝厚度　在焊缝横截面中，从焊缝正面到焊缝背面的距离叫作焊缝厚度，如图 3-9 所示。焊缝的计算厚度是设计焊缝时使用的焊缝厚度。对接焊缝焊透时，焊缝的计算厚度等于焊件的厚度；角焊缝时，焊缝的计算厚度等于在角焊缝横截面内画出的最大等腰直角三角形中从直角的顶到斜边的垂线长度，如图 3-9 所示。

（5）焊脚　在角焊缝的横截面中，从一个直角面上的焊趾到另一个直角面表面的最小距离叫作焊脚。在角焊缝的横截面中画出的最大等腰直角三角形中直角边的长度叫作焊脚尺寸，如图 3-9 所示。

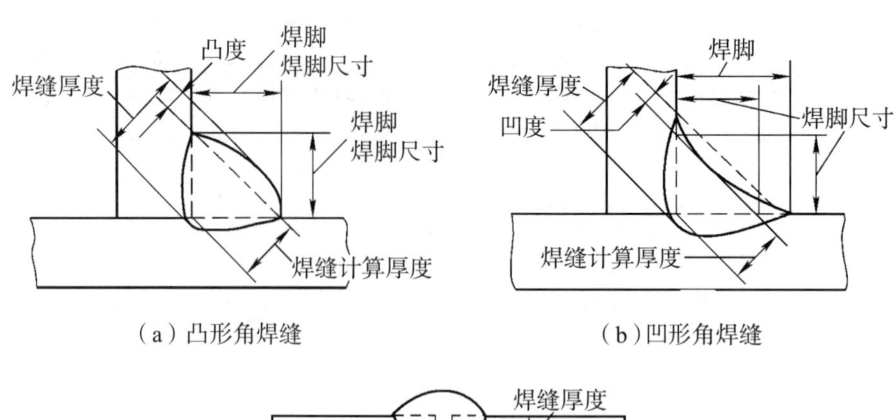

（a）凸形角焊缝　　（b）凹形角焊缝

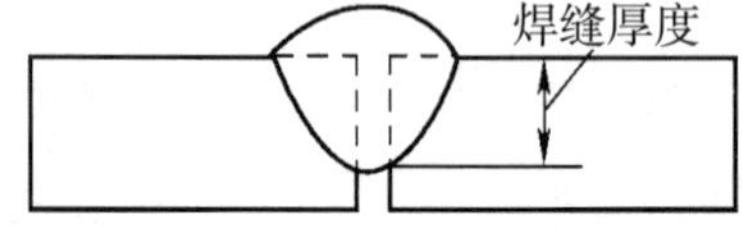

（c）对接焊缝的焊缝厚度

图3-9　焊缝厚度及焊脚

（6）焊缝成形系数　熔焊时，在单道焊缝横截面上焊缝宽度（c）与焊缝计算厚度（H）的比值叫作焊缝成形系数，如图3-10所示。焊缝成形系数的大小对焊缝的质量有着较大影响。焊缝成形系数过小，焊缝窄而深，容易产生气孔和裂纹；焊缝成形系数过大，焊缝宽而浅，容易焊不透。因此，焊缝成形系数应该控制在合理的范围内。

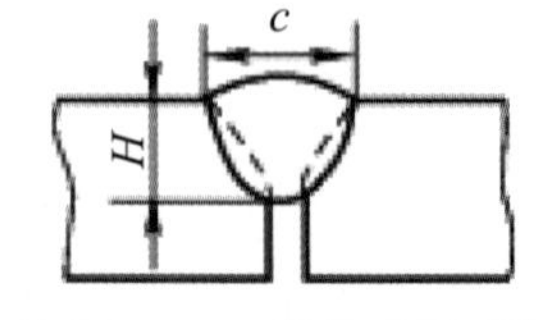

图3-10　焊缝成形系数

四、焊接位置

熔焊时，焊件接缝所处的空间位置叫作焊接位置，焊接位置有平焊、立焊、横焊和仰焊位置。此外，角焊位置有平角焊、立角焊、仰角焊。各种焊接位置如图3-11所示。焊接位置在梁焊接中的应用如图3-12所示。

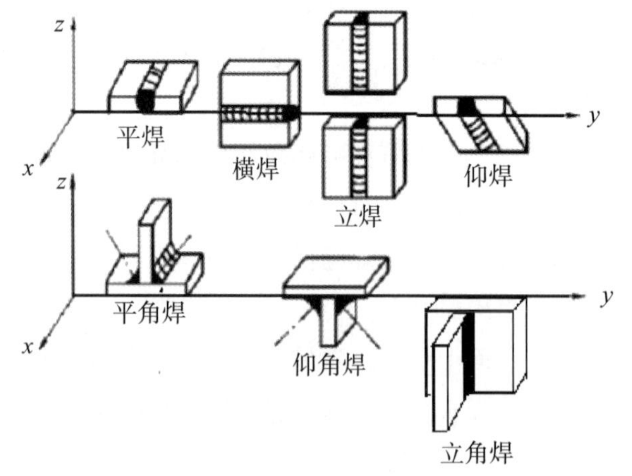

图3-11　各种焊接位置

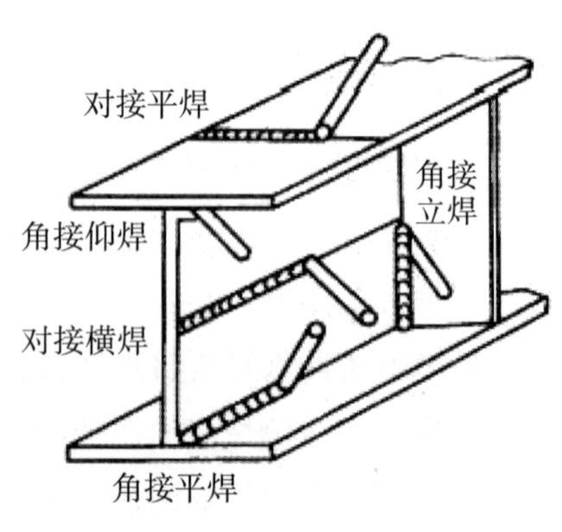

图3-12　梁的焊接

练一练

一、填空题

1. 焊接接头由 ________、________ 和 ________ 三部分组成。

2. 常用的坡口形式主要有 ________、________、________、________、________ 五种。

3. 接头按焊缝结合形式分类有 ________、________、________、________、________ 等五种。

4. 两坡口面之间的夹角叫 ________，用 ________ 表示；待加工坡口的端面与坡口面之间的夹角叫 ________，用 ________ 表示。

5. 在角焊缝的横截面中，从一个直角面上的焊趾到另一个直角面表面的最小距离叫作 ________________。

二、判断题

1. 熔焊时，在单道焊缝横截面上焊缝宽度（c）与焊缝计算厚度（H）的比值叫作焊缝成形系数。（　　）

2. 在角焊缝的横截面中画出的最大等腰直角三角形中直角边的长度叫作焊脚尺寸。（　　）

3. 焊接接头的坡口根据其形状不同可分为基本型、组合型和特殊型三类。（　　）

4. 钝边的作用是防止根部烧穿。（　　）

5. 开坡口的目的是为了保证焊透。（　　）

三、简答题

1. 在图 3-13 中分别画出焊脚和焊脚尺寸。

2. 图 3-14 为一焊接接头的坡口形式，试求 A 面和 B 面的坡口面角度和坡口角度。

图3-13

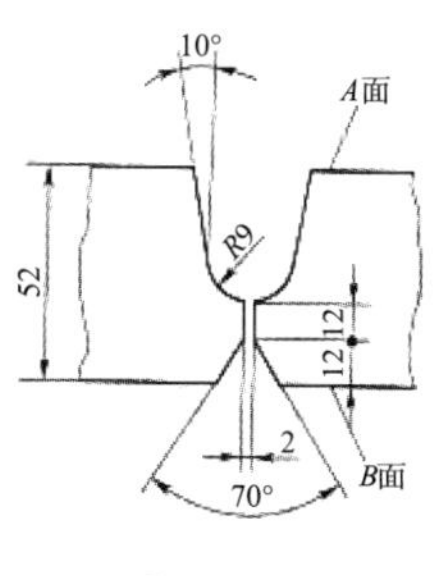

图3-14

任务二 焊缝符号及相关工艺方法代号

任务目标

知识目标	1. 掌握焊缝符号的组成。 2. 重点掌握焊缝基本符号的含义和图示。 3. 掌握相关工艺方法代号。
能力目标	使学生能熟练认读焊缝符号的含义、尺寸大小、加工方法等。培养学生熟练查阅标准、手册等资料的能力。
素质目标	培养学生的交流与表达能力，以及科学严谨的工作作风。

学习内容

在焊接装配图中，焊接要求通常是采用焊缝符号和焊接方法代号来表示，所以说，焊接符号和焊接代号是一种工程语言。在我国，焊缝符号及相关工艺方法代号分别由国家标准《焊缝符号表示法》（GB/T324—2008）和《焊接及相关工艺方法代号》（GB/T5185—2005）统一规定。

一、焊缝符号

焊缝在图样上一般采用焊缝符号来表示，焊缝符号可以表示出焊接位置、焊缝横截面形状（坡口形状）及坡口尺寸、焊缝表面形状特征、焊缝尺寸或其他要求。

完整的焊缝符号一般由基本符号和指引线组成，必要时还可以加上补充符号、焊缝尺寸符号及数据等。为了简化，在图样上标注焊缝时通常只采用基本符号和指引线，其他内容一般在有关文件（如焊接工艺规程等）中明确。

1. 焊缝基本符号及其组合

（1）焊缝基本符号　基本符号是表示焊缝横截面的基本形式或特征，国家标准（GB/T324—2008）规定的焊缝基本符号见表 3-3。

表3-3　焊缝基本符号

序号	名称	示意图	符号
1	卷边焊缝（卷边完全熔化）		
2	I 形焊缝		
3	V 形焊缝		
4	单边 V 形焊缝		
5	带钝边 V 形焊缝	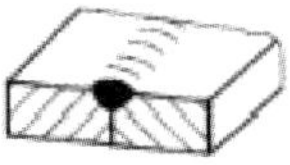	
6	带钝边单边 V 形焊缝		
7	带钝边 U 形焊缝	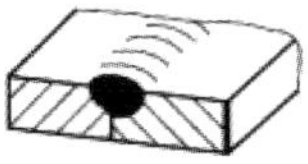	
8	带钝边 J 形焊缝	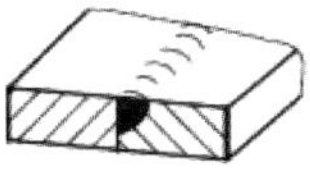	
9	封底焊缝	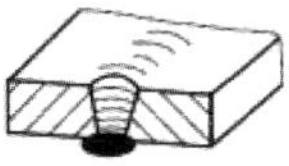	
10	角焊缝	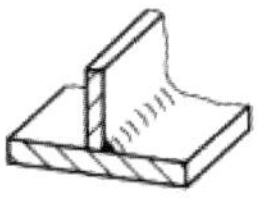	
11	塞焊缝或槽焊缝		
12	点焊缝	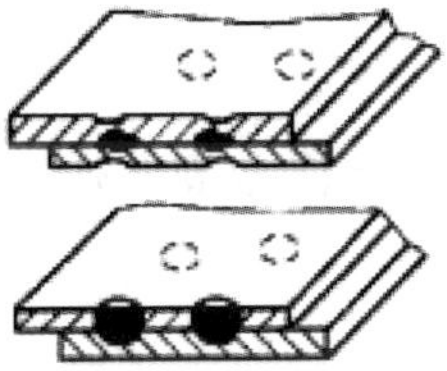	

（续表）

序号	名称	示意图	符号
13	缝焊缝	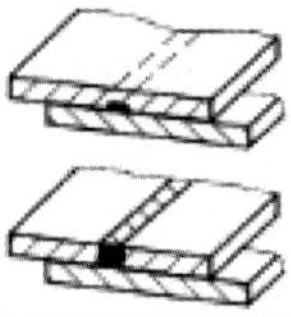	
14	陡边 V 形焊缝		
15	陡边单 V 形焊缝	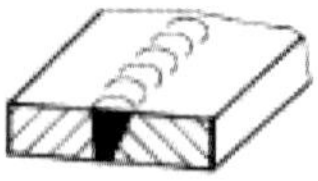	
16	端焊缝		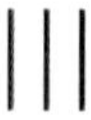
17	堆焊缝		
18	平面连接（钎焊）焊缝	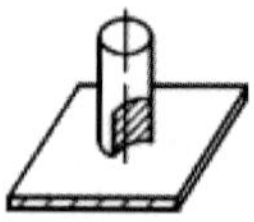 	
19	斜面连接（钎焊）焊缝	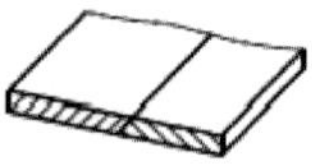	
20	折叠连接（钎焊）焊缝	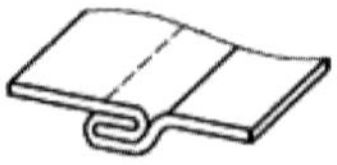	

（2）基本符号的组合　标注双面焊焊缝或接头时，基本符号可以组合使用。焊缝基本符号组合见表 3−4。

表3-4　焊缝基本符号的组合

序号	名称	示意图	符号
1	双面 V 形焊缝（X 焊缝）		
2	双面单 V 形焊缝（K 焊缝）		
3	带钝边的双面 V 形焊缝		
4	带钝边的双面单 V 形焊缝		
5	双面 U 形焊缝		

2. 补充符号

补充符号是为了补充说明焊缝的某些特征（诸如表面形状、衬垫、焊缝分布、施焊地点等），国家标准（GB/T324—2008）规定的焊缝补充符号见表 3-5。

表3-5　焊缝补充符号

序号	名称	示意图	符号
1	平面		焊缝表面通常经过加工后平整
2	凹面		焊缝表面凹陷
3	凸面		焊缝表面凸起
4	圆滑过度		焊趾处过渡圆滑
5	永久衬垫	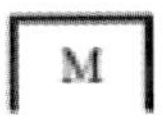 M	衬垫永久保留

（续表）

序号	名称	示意图	符号
6	临时衬垫	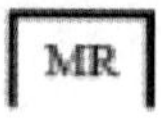 MR	衬垫在焊接完成后拆除
7	三面焊缝		三面带有焊缝
8	周围焊缝		沿着工件周边施焊的焊缝 标注位置为基准线与箭头线的交点处
9	现场焊缝		在现场焊接的焊缝
10	尾部		可以表示所需的信息

补充符号的应用示例见表 3-6。

表3-6　补充符号应用示例

序号	名称	示意图	符号
1	平齐的 V 形焊缝		
2	凸起的双面 V 形焊缝	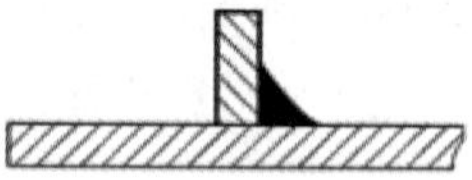	
3	凹陷的角焊缝		
4	平齐的 V 形焊缝和封底焊缝	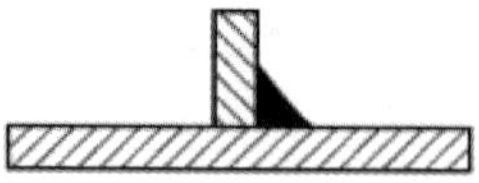	
5	表面过度平滑的角焊缝		

3. 尺寸符号

焊缝尺寸符号是表示焊接坡口和焊缝尺寸的符号，国家标准（GB/T324—2008）规定的尺寸符号见表 3-7。

表3-7　焊缝尺寸符号

符号	名称	示意图	符号	名称	示意图
δ	工件厚度	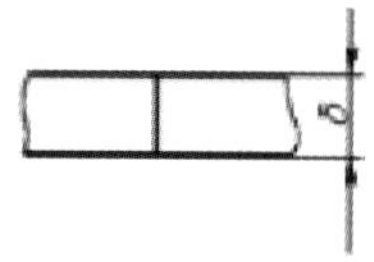	c	焊缝宽度	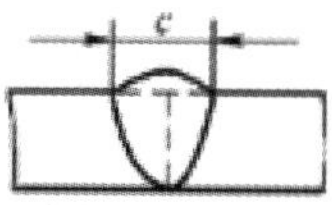
α	坡口角度	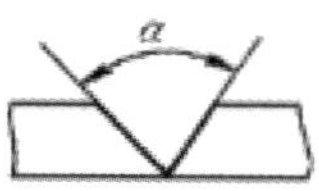	K	焊脚	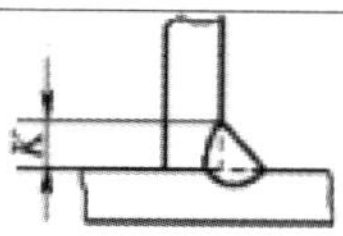
β	坡口面角度	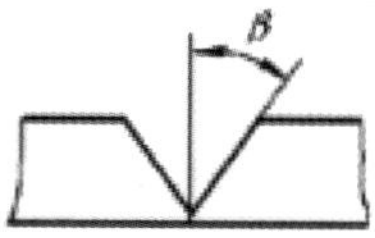	d	点焊：熔核直径 塞焊：孔径	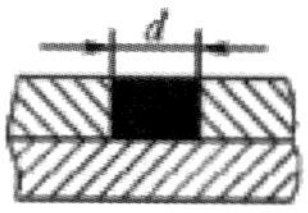
b	根部间隙	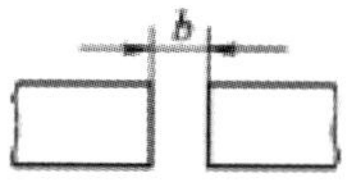	n	焊缝段数	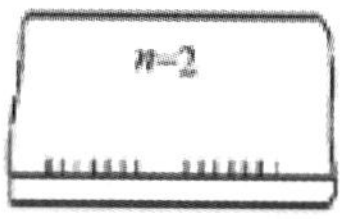 n=2
P	钝边	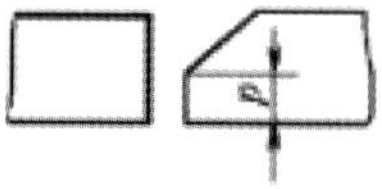	l	焊缝长度	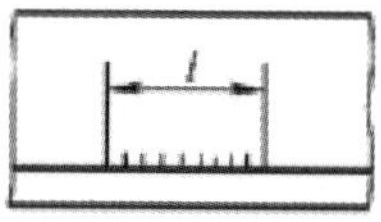
R	根部半径	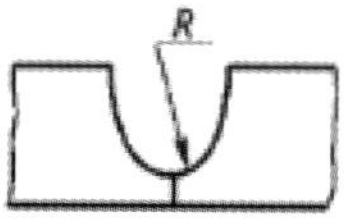	e	焊缝间距	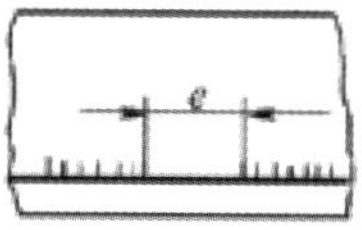
H	坡口深度	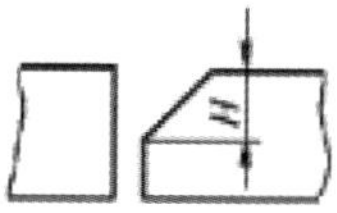	N	相同焊缝数量	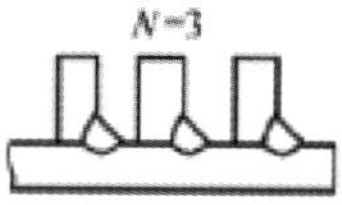 N=3
S	焊缝有效厚度	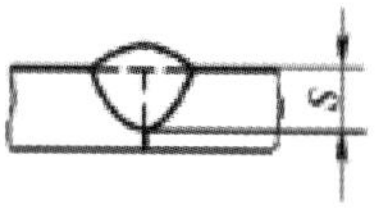	h	余高	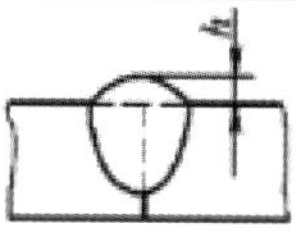

4. 指引线

指引线一般由带有箭头的指引线（简称箭头线）和两条基准线（一条为实线，另一条为虚线）两部分组成，如图 3-15 所示。有时在基准线实线末端加一尾部符号，做其他说明（如焊接方法、相同焊缝条数等）。

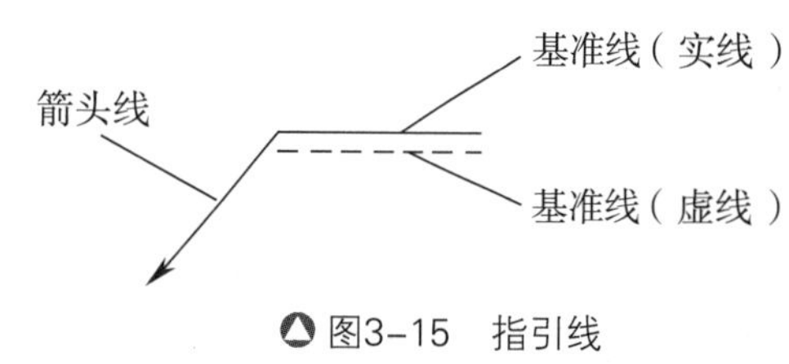

图3-15　指引线

（1）箭头线　箭头直接指向的接头侧为“接头的箭头侧”，与之相对的则为“接头的非箭头侧”，图 3-16 所示的接头的“箭头侧”和“非箭头侧”示例。箭头线相对于焊缝的位置一般没有特殊要求，箭头线可以标在有焊缝的一侧，也可标在没有焊缝的一侧。

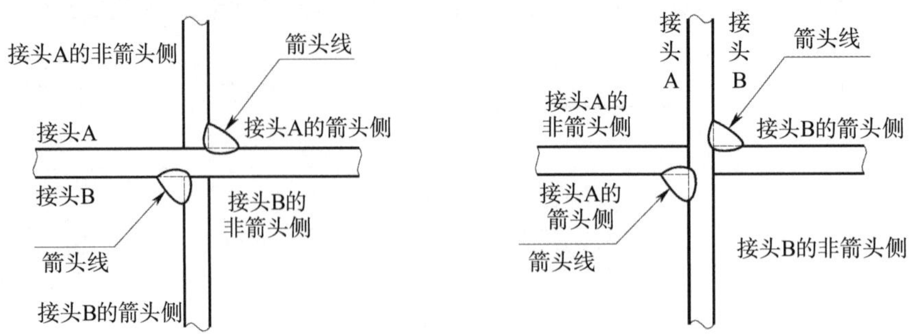

图3-16 接头的“箭头侧”和“非箭头侧”示例

（2）基准线 基准线的虚线可以画在基准线的实线下侧或上侧。基准线一般应与图样的底边相平行，但在特殊情况下，也可以与底边相垂直。

5. 焊缝符号的标注

（1）基本符号在基准线上的标注 ①如果焊缝在箭头侧，则将基本符号标在基准线的实线侧，如图 3-17（a）所示；②如果焊缝在接头的非箭头侧（即不可见焊缝），则将基本符号标在基准线的虚线侧，如图 3-17（b）所示；③标对称焊缝及双面焊缝时，可省略虚线基准线，如图 3-17（c）所示。

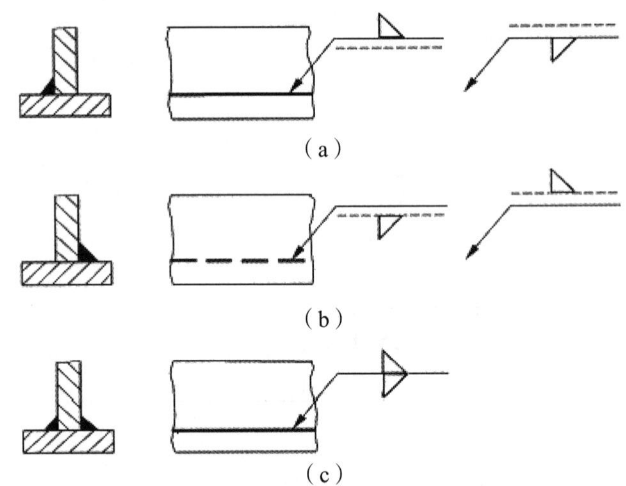

图3-17 基本符号在基准线的标注位置

（2）补充符号的标注原则 ①平面符号、凹面符号、凸面符号、圆滑过渡符号标注在基本符号的上方；②永久衬垫和临时衬垫符号标注在基本符号的下方；③三面焊缝符号、周围焊缝符号和现场符号标注在基本符号左侧；④尾部符号标于箭头线的尾部，并且以 90° 开口对称于基准线。

（3）尺寸符号的标注原则（图 3-18） ①焊缝横截面上的尺寸标在基本符号的左侧；

②焊缝长度方向的尺寸标在基本符号的右侧；③坡口角度、坡口面角度、根部间隙等尺寸标在基本符号的上侧；④相同焊缝数量及焊接方法代号标在尾部；⑤当需要标注的尺寸较多又不易分辨时，可在尺寸数据前面增加相应的尺寸符号；⑥ 当箭头线方向改变时，上述规则不变。

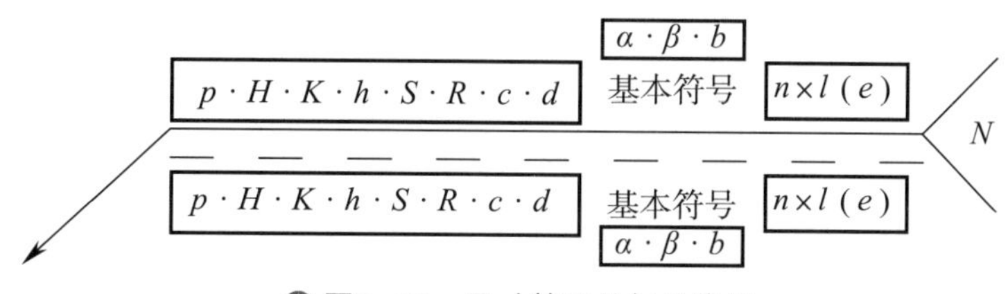

图3-18　尺寸符号的标注位置

（4）关于尺寸的其他规定　①确定焊缝位置的尺寸不在焊缝符号中标注，应将其标注在图样上；②在基本符号的右侧无任何尺寸标注且无其他说明时，意味着焊缝在工件的整个长度方向上是连续的；③在基本符号左侧无任何尺寸标注且无其他说明时，意味着对接焊缝应完全焊透；④塞焊缝、槽焊缝带有斜边时，应标注其底部的尺寸。

二、焊接及相关工艺方法代号

在焊接结构图上，为了简化焊接方法的标注和说明，国家标准《焊接及相关工艺方法代号》（GB/T5185—2005）规定了用阿拉伯数字表示金属焊接及相关工艺方法的代号。

焊接及相关工艺方法一般采用三位数代号表示，其中，第一位数字表示工艺方法大类，第二位数字表示工艺方法分类，第三位数字表示某种工艺方法。常用焊接及相关工艺方法代号见表 3-8。

表3-8　常用焊接及相关工艺方法的代号

大类代号	焊接方法	代号	焊接方法
1	电弧焊	111	焊条电弧焊
		12	埋弧焊
		121	单丝埋弧焊
		123	多丝埋弧焊
		13	熔化极气体保护电弧焊
		131	熔化极惰性气体保护电弧焊（MIG）
		135	熔化极非惰性气体保护电弧焊（MAG）
		136	非惰性气体保护的药芯焊丝电弧焊
1	电弧焊	14	非熔化极气体保护电弧焊
			钨极惰性气体保护电弧焊（TIG）
		15	等离子弧焊
2	电阻焊	21	点焊
		22	缝焊
		23	凸焊
		24	闪光焊
		25	电阻对焊

（续表）

大类代号	焊接方法	代号	焊接方法	大类代号	焊接方法	代号	焊接方法
3	气焊	31	氧燃气焊	7	切割与气割	81	火焰切割
		311	氧乙炔焊			84	激光切割
		312	氧丙烷焊			83	等离子弧切割
4	压力焊	42	摩擦焊			87	电弧气刨
		45	扩散焊	8	硬钎焊、软钎焊及钎接焊	912	火焰硬钎焊
5	高能束焊	51	电子束焊			94	软钎焊
		52	激光焊				
6	其他焊接方法	72	电渣焊				
		73	气电立焊				
		78	螺柱焊				

焊接及相关工艺方法代号标注在基准线实线末端的尾部符号中，“111”表示使用“焊条电弧焊”的焊接方法。示例如图 3-19 所示。

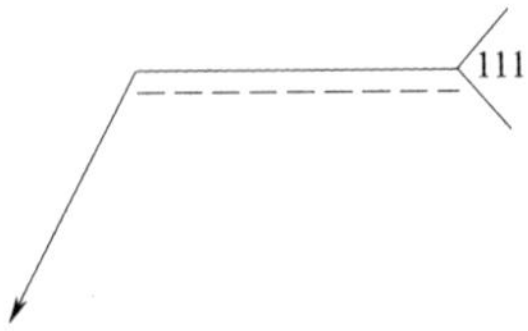

图3-19

三、焊缝标注识读

焊缝标注典型示例见表 3-9。

表3-9　焊缝标注示例

焊缝形式	焊缝示意图	标注方法	焊缝符号意义
对接焊缝	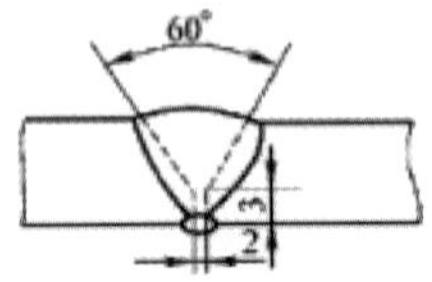	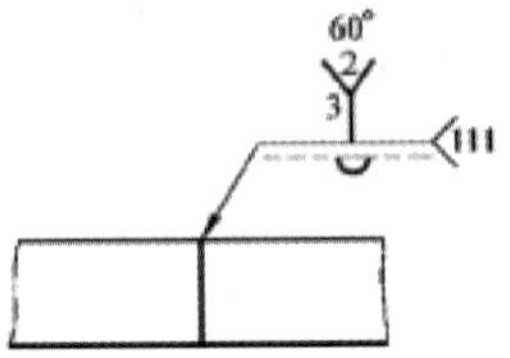	坡口角度为 60°、根部间隙为 2 mm、钝边为 3 mm 且封底的 V 形焊缝，焊接方法为焊条电弧焊
角焊缝	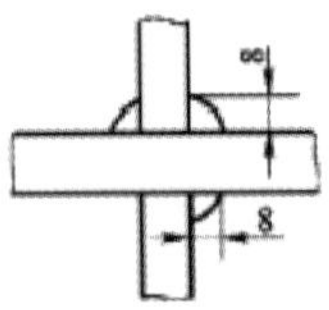	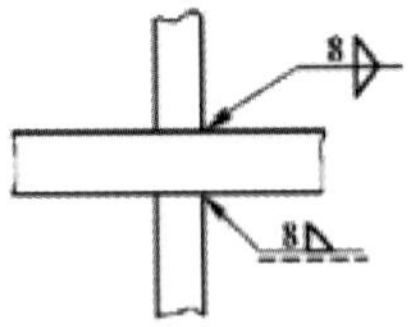	上面为焊脚 为 8 mm 的双面角焊缝，下面为焊脚为 8 mm 的单面角焊缝
对接焊缝与角焊缝的组合焊缝	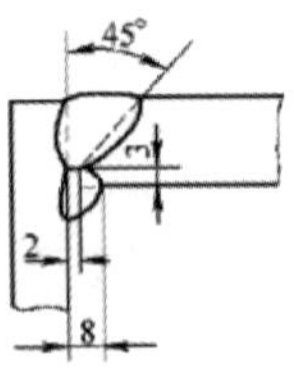	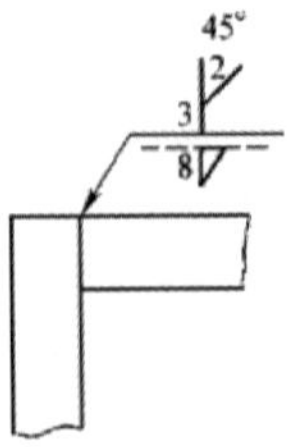	表示双面焊缝，上面为坡口面角度为 45°、钝边为 3 mm、根部间隙为 2 mm 的单边 V 形对接焊缝，下面是焊脚为 8 mm 的角焊缝

（续表）

焊缝形式	焊缝示意图	标注方法	焊缝符号意义
角焊缝			表示 35 段、焊脚为 5 mm、间距为 30 mm、每段长为 50 mm 的交错断续角焊缝

【例 3-1】 图 3-20 所示为 T 型接头双面角焊缝，焊脚尺寸为 4 mm，在现场装配时进行焊接，试将其标注。

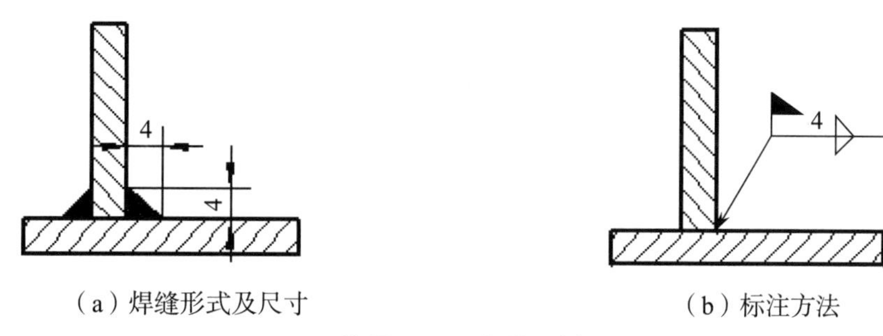

（a）焊缝形式及尺寸　　（b）标注方法

图3-20　标注示例

【例 3-2】指出图 3-21 所示焊缝标注的含义。

（a）　　（b）

图3-21　标注的含义

含义为：

图（a）表示焊脚尺寸为 4 mm 的周围角焊缝，焊接方法为焊条电弧焊。

图（b）表示坡口角度为 50°，根部间隙为 3 mm，钝边为 1 mm 的周围 Y 形焊缝，焊接方法为二氧化碳气体保护焊。

【例 3-3】分析图 3-22 所示轴承挂架焊接装配图。

由装配图可知，此轴承挂架由立板、肋板、横板、圆筒四部分组成。

符号 中，○表示环绕 Φ40 mm 圆筒周围焊接，4◺表示角焊缝焊脚尺寸为 4 mm。

符号 表示肋板与横板、肋板与圆筒之间的焊接为双面角焊缝，焊脚尺寸为 5 mm。

符号 表示肋板两侧为角焊缝，焊脚尺寸为 4 mm。

在局部放大图中，符号 是对接焊缝与角焊缝的组合焊缝，箭头侧为 45° 单边 V 形对接焊缝，非箭头侧为焊脚尺寸为 4 mm 的角焊缝。

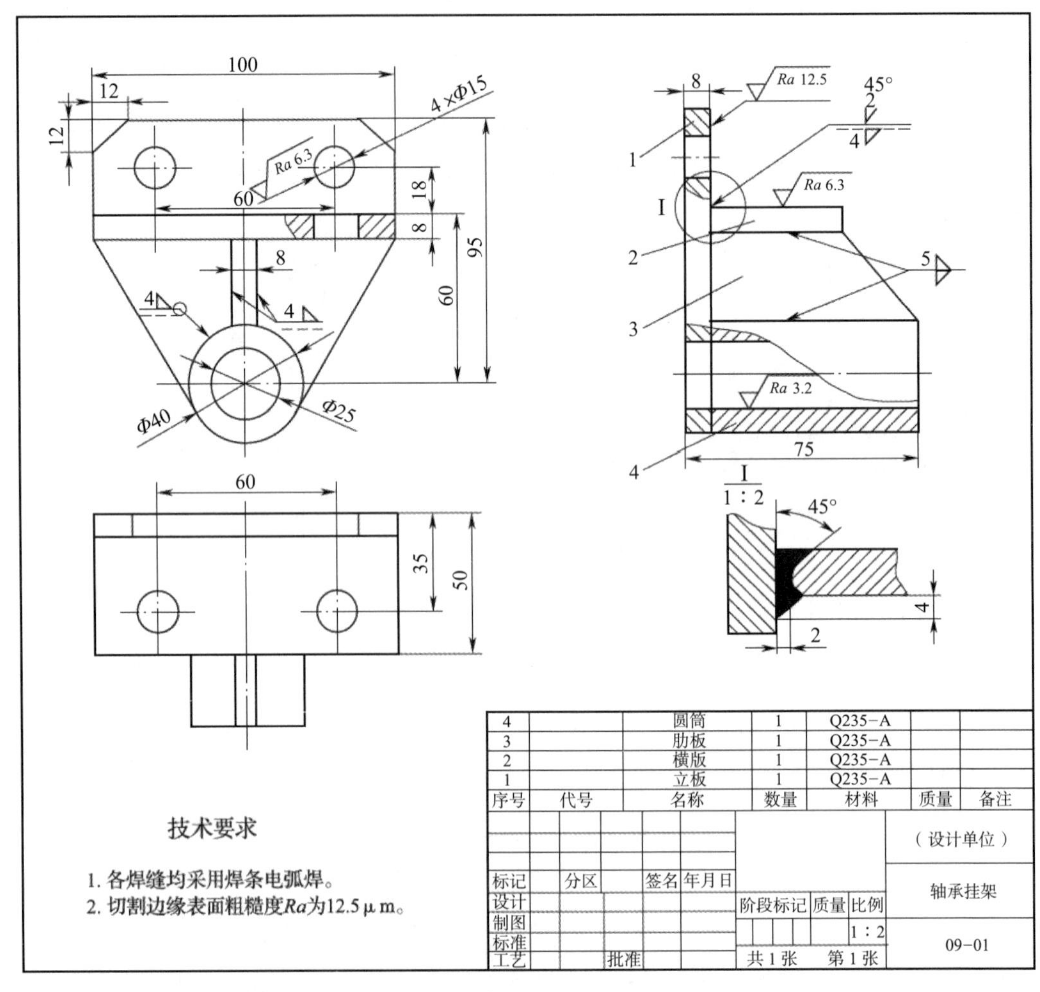

图3-22 轴承挂架焊接装配图

练一练

一、填空题

1. 焊缝符号主要由 ________、________、________、________ 组成。

2. 基本符号是表示焊缝横截面 ________。

3. 补充符号是为了补充说明焊缝的某些特征，如 ________、________、________、________ 等。

4. 焊缝尺寸符号是表示 ________ 和 ________ 的符号。

5. 如果焊缝在箭头侧，则将基本符号标在基准线的 ________ 侧。

二、判断题

1. 基本符号是表示焊缝横截面形状的符号，它采用近似于焊缝截面形状的符号来表示。(　　)

2. 基准线的虚线可以画在基准线的实线下侧或上侧。基准线一般应与图样的底边相平行，但在特殊情况下，也可以与底边相垂直。(　　)

3. 平面符号、凹面符号、凸面符号、圆滑过渡符号标注在基本符号的上方。(　　)

4. 如果焊缝在接头的非箭头侧（即不可见焊缝），则将基本符号标在基准线的虚线侧。(　　)

5. 指引线包括箭头线和基准线。(　　)

三、简答题

1. 基本符号的标注

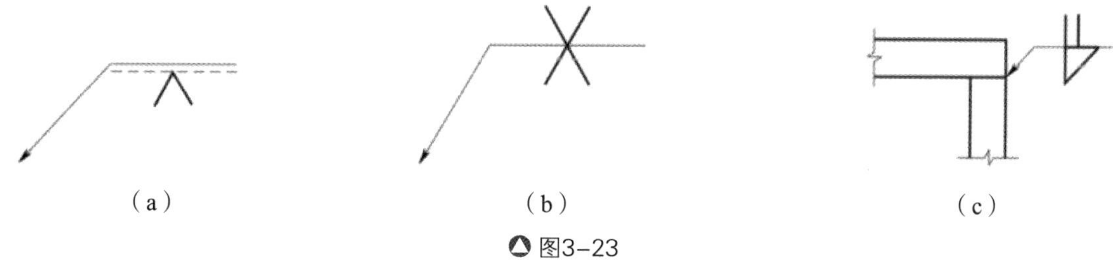

图3-23

如图 3-23（a）所示，当焊缝在接头的非箭头侧时，基本符号标注在 ________。

图 3-23（b）所示为对称焊缝时基本符号的标注位置，为 ________ 标注。

图 3-23（c）所示为双面焊缝时基本符号的标注位置，为 ________ 标注。

2. 说明图 3-24 所示的焊缝符号标注的含义。

图3-24

单元四 金属熔焊过程

单元目标

知识目标	1. 了解焊接热源的种类。 2. 掌握熔滴的过渡形式。 3. 掌握熔滴过渡时受到的作用力。 4. 了解焊缝的结晶过程及偏析。 5. 掌握热影响区的组成。 6. 掌握焊接化学冶金过程中产生的有害因素及防止措施。
能力目标	1. 掌握金属熔焊过程中的影响因素。 2. 掌握焊接化学冶金的相关知识。
素质目标	通过对金属熔焊基本知识的学习，了解影响金属熔焊过程的因素，从而掌握如何去控制金属的熔焊过程。

任务一 焊条、焊丝及母材的熔化

任务目标

知识目标	1. 了解焊接热源的种类。 2. 掌握熔滴的过渡形式。 3. 掌握熔滴过渡时的作用力。
能力目标	领会和运用各种作用力对焊接的影响。
素质目标	善于思考，理论和实践相结合。

学习内容

一、焊接热源

要实现金属的焊接，必须提供其需要的能量，也即需要有一个焊接热源。对于熔焊，常用的焊接热源主要有以下几种：

1. 电弧热

利用气体介质在放电过程中所产生的热能作为焊接热源，这是目前应用最广泛的焊接热源，如焊条电弧焊、埋弧自动焊、气体保护焊等。

2. 电阻热

利用电流通过导体时产生的电阻热作为焊接热源，如电阻焊、电渣焊等。

3. 化学热

利用可燃气体或铝、镁热剂燃烧所产生的热量作为焊接热源，如气焊、热剂焊等。

4. 高频热源

利用高频感应产生的二次电流作为焊接热源，其实质属于电阻热的另一种形式，如高频焊。

5. 摩擦热

利用由机械摩擦而产生的热能作为焊接热源，如摩擦焊。

6. 等离子弧

利用等离子弧作为焊接热源，如等离子弧焊。

7. 电子束

利用加速和聚焦的电子束轰击焊件产生的热能作为焊接热源，如电子束焊。

8. 激光焊

利用聚焦的能量高度集中的激光束作为焊接热源，如激光焊。

焊接热源所产生的热量并不是全部用来加热和熔化焊条、焊丝及母材的，有一部分热量损失于周围介质和飞溅等。

二、焊条、焊丝的加热及熔化

1. 焊条、焊丝的加热

熔化极电弧焊加热并熔化焊条、焊丝的热源主要是电弧热和电阻热。

（1）电阻加热　当电流通过焊条或焊丝时，将产生电阻热，电阻热的大小取决于焊条或焊丝的电阻率、直径、伸出长度、电流强度。焊条或焊丝的电阻率越大、直径越小、伸出长度越长、电流强度越大，则产生的电阻热越大。但电阻热过大会产生使焊条药皮失去应有的作用、焊丝崩断等不利影响，控制措施有：限制焊条或焊丝的伸出长度；限制焊接电流等。

（2）电弧加热　真正使焊条、焊丝熔化的是电弧热。尽管电弧热只有一小部分用来熔化焊材，但它却是熔化焊材的主要热量，而电阻热仅起辅助作用。

2. 焊条、焊丝的熔化

焊条、焊丝的熔化是焊接的重要过程，其熔化速度是反映焊接生产率的重要因素。通过研究焊接过程发现，焊材金属的熔化是以周期性的滴状形式进行的，这说明焊材的熔化是不均匀的。

三、焊条、焊丝金属向母材的过渡

在电弧焊时，焊条或焊丝熔化后在端部形成的向熔池过渡的液态金属滴称为熔滴。熔滴通过电弧空间向熔池转移的过程称为熔滴过渡。熔滴过渡对焊接过程的稳定性、焊缝成形、飞溅及接头的质量都有很大的影响。

1. 熔滴的过渡形式

熔滴的过渡形式主要有滴状过渡、短路过渡和喷射过渡和三种，如图 4−1 所示

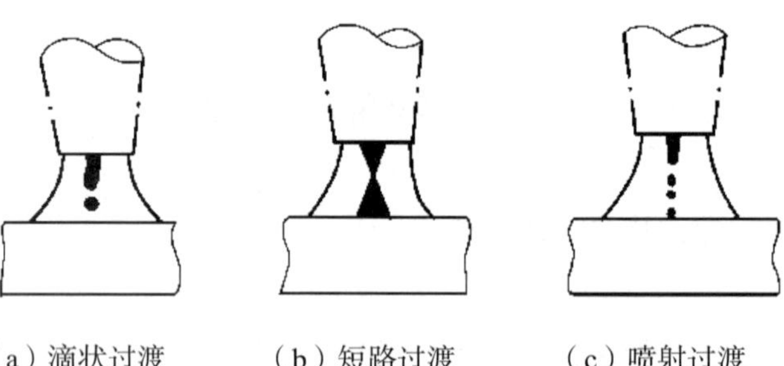

（a）滴状过渡　　（b）短路过渡　　（c）喷射过渡

图4−1　熔滴的过渡形式示意图

（1）滴状过渡　可分为粗滴过渡和细滴过渡两种。熔滴呈粗大颗粒状向熔池自由过渡的形式称为粗滴过渡。当电流偏小时，熔滴在表面张力的作用下可以保持在焊条或焊丝端部自由长大，直至熔滴下落的力大于表面张力时脱离焊条或焊丝端部落入熔池，此时熔滴较大，电弧不稳，呈粗滴过渡，一般不采用。随着电流的增大，熔滴反而变细，过渡频率提高，电弧变得稳定、飞溅减少，呈细滴过渡。大电流焊条电弧焊和埋弧焊常采用此过渡形式，适于厚板的焊接。

（2）短路过渡　就是焊条或焊丝端部的熔滴与熔池短路接触，由于强烈过热和磁收缩作用使其爆断，直接向熔池过渡的形式。小电流焊条电弧焊和 CO_2 气体保护焊用短弧焊时，一般采用此过渡形式，适于薄板的焊接。

（3）喷射过渡　熔滴呈细小颗粒并以喷射状态快速通过电弧空间向熔池过渡的形式。

喷射过渡的特点是熔滴细、过渡频率高，熔滴沿焊丝轴向以高速向熔池过渡，飞溅小、熔深大、过程稳定、焊缝成形美观、生产率高等。一般熔化极氩弧焊和混合气体保护焊采用此过渡形式，适于中厚板的焊接。

2. 熔滴过渡时的作用力及其作用

（1）重力　金属熔滴在重力的作用下都具有下垂的倾向。在平焊时，由于重力的作用方向与熔滴的过渡方向一致，是促进熔滴过渡的。但是在其他焊接位置时，对熔滴的过渡都起阻碍作用，是不利于熔滴过渡的，如图 4–2 所示。

（2）表面张力　表面张力是使熔滴保持在焊条或焊丝端部的作用力。在平焊时，由于表面张力的作用是使熔滴保持在焊条或焊丝的端部，阻碍了熔滴向熔池滴落，是不利于熔滴过渡的。而在其他位置时，一是熔池金属在表面张力作用下不易滴落；二是焊条或焊丝端部的熔滴与熔池金属接触时，在表面张力作用下被拉入熔池，这都是有利于熔滴过渡的。如图 4–2 所示。

（3）电磁收缩力　在电弧空间中连续不断向熔池过渡的熔滴可以看成许多平行的通电导体，他们之间产生的相互吸引的力即电磁收缩力，如图 4–3 所示。电磁收缩力的作用是使熔滴从焊条或焊丝的端部脱离，所以，电磁收缩力在任何焊接位置都是促进熔滴过渡的。

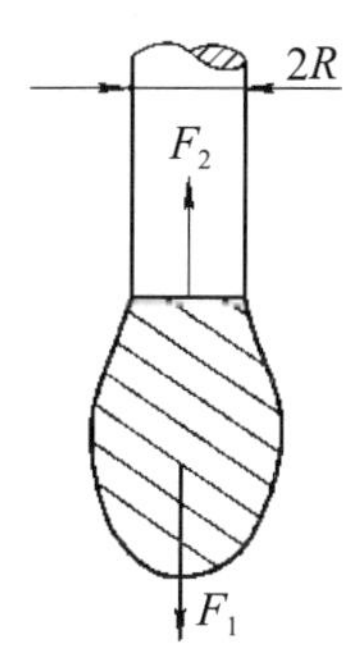

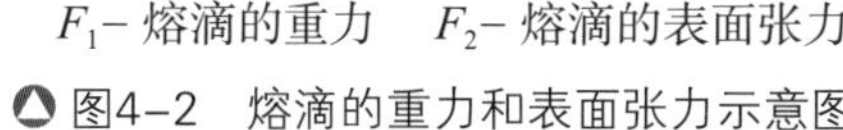

图4–2　熔滴的重力和表面张力示意图

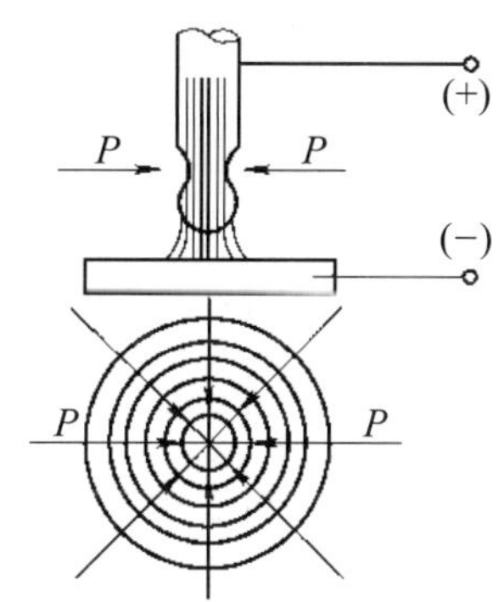

P—电磁收缩力

图 4–3　电磁力在熔滴上的收缩作用

（4）电弧气体的吹力　焊条末端形成的“套筒”（图 4–4）。内有许多冶金反应产生的气体，这些气体在高温状态下体积膨胀促使着熔滴向前运动。所以，任何焊接位置电弧气体的吹力都是促进熔滴过渡的。

（5）斑点压力　电弧中的带电微粒在电场的作用下分别向阳极和阴极运动，撞击在两极的斑点上而产生的机械压力称为斑点压力。由于斑点压力的作用方向与熔滴的过渡方向相反，所以，任何焊件位置斑点压力都是阻碍熔滴过渡的，如图 4–5 所示。

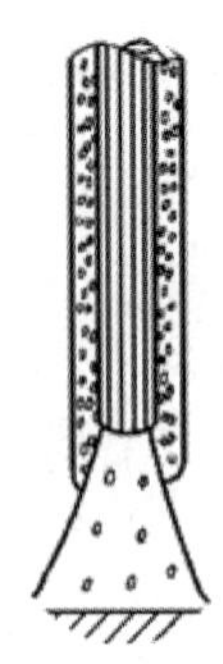

图4-4　焊条药皮形成套筒

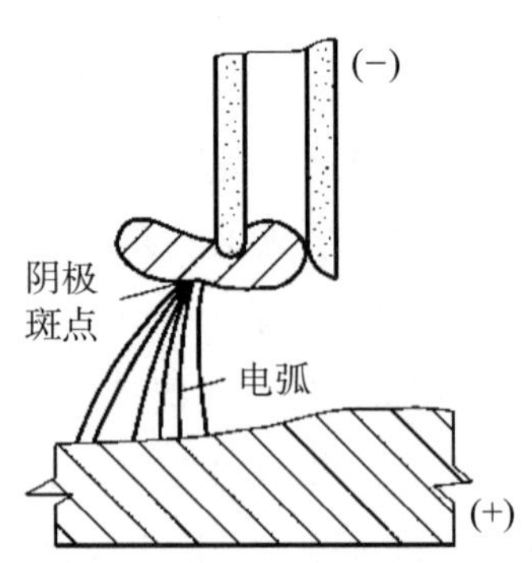

图4-5　斑点压力阻碍熔滴过渡

四、母材的熔化

熔焊时，在焊接热源作用下，焊件上形成的具有一定几何形状的液态金属部分就是熔池。在焊接时，熔池随热源的向前移动而运动。熔池的形状像一个不标准的半椭球，其大小及存在时间对焊缝的性能都有很大影响，如图 4-6 所示。一般情况下，随着电流的增加，熔池的最大深度 H_{max} 增大，熔池的最大宽度 B_{max} 相对减小；而随着电弧电压的升高，H_{max} 减小，B_{max} 增加。

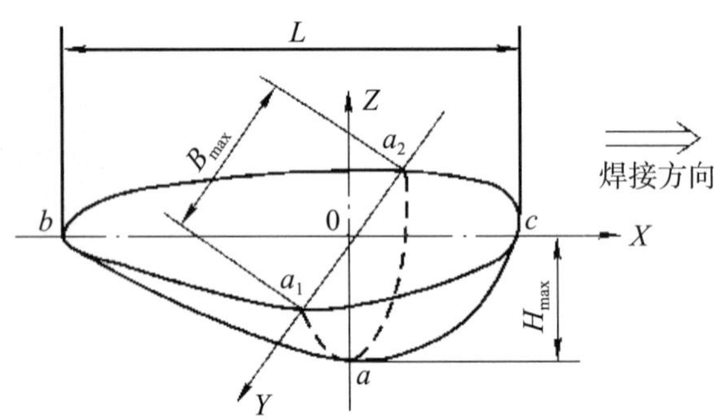

图4-6　焊接熔池形状的示意图

练一练

一、填空题

1. 不同的焊接方法的热源不同，电弧焊是利用 ______________ 作为热源的，气焊是利用 ______________ 作为热源的，电渣焊是利用 ______________ 作为热源的，等离子弧焊是利用 ______________ 作为热源的。

2. 熔滴的过渡形式主要有 ______________、______________ 和 ______________ 三种。
3. 平焊时，促进熔滴过渡的力有 ______________、______________ 和 ______________。
4. 在任何位置都是阻碍熔滴过渡的力是 ______________。
5. 仰焊时，促进熔滴过渡的力有 ______________、______________、______________。

二、判断题

1. 电弧焊时，电弧产生的热量全部被用来加热焊材和母材。(　　)
2. 任何焊接位置，电磁收缩力都是促进熔滴过渡的。(　　)
3. 电弧气体的吹力总是有利于熔滴金属的过渡的。(　　)
4. 电弧电压的变化会改变熔滴过渡形式的变化。(　　)
5. 焊丝的伸出长度越长，则电阻热越小。(　　)

三、简答题

1. 熔滴的过渡形式有哪些？
2. 熔滴过渡时的作用力有哪些？

任务二　焊接化学冶金过程

任务目标

知识目标	1. 了解焊接化学冶金过程的特点。 2. 掌握冶金过程中产生的气体对焊缝金属的有害作用。 3. 掌握合金化的目的。
能力目标	理解焊接工艺措施的意义。
素质目标	强化记忆，善于归纳总结。

学习内容

焊接化学冶金过程是指焊接区中各种物质（熔化金属、熔渣、气体）之间在高温下相互作用的过程。焊接化学冶金的首要任务是对焊接区金属进行保护，防止空气的有害作用；

其次是通过熔化金属、气体、熔渣之间的冶金反应来消除焊缝金属中的有害杂质，增加焊缝金属中某些有益的合金元素，从而保证焊缝金属的各种性能。

一、焊接化学冶金过程的特点

焊接化学冶金过程实质上是金属在焊接条件下再熔炼的过程，但焊接化学冶金过程与整体的炼钢过程又有很大的不同，它是局部的加热，所以了解焊接化学冶金过程是必要的。焊接化学冶金过程具有以下特点：

1. 温度高，温度梯度大

焊接电弧的温度很高，在 6 000℃ ~ 8 000℃，冶金反应过程非常剧烈，使金属剧烈蒸发，电弧周围的气体大量分解，分解后的原子或离子很容易溶解在液态金属中形成气孔。另外，熔池的温差比较大，熔池的平均温度在 2 000℃以上，其中心和边缘形成的温度梯度大，使焊件产生较大的应力并引起变形，甚至产生裂纹。

2. 熔池体积小且存在时间短

熔池的体积极小，从加热形成到冷却凝固速度非常快，一般只有几秒的时间，冶金反应过程很难充分进行完成，易形成偏析及其他焊接缺陷。

3. 熔池金属不断更新

由于焊接热源的不断移动，熔池亦随之而移动，参加冶金反应的物质也不断发生变化，这样就增加了冶金反应的复杂性。

4. 反应时搅拌剧烈，金属接触面大

焊接时，向熔池过渡的金属颗粒与气体及熔渣的接触面大，虽有利于冶金反应快速进行，但也增大了气体侵入的概率，易导致气孔产生；在各种作用力的搅拌下，反应剧烈加快了反应速度，有助于气体的逸出。

由于焊接化学冶金过程具有上述特点，冶金反应往往不能充分进行，而且，比炼钢冶金过程复杂和强烈得多。

二、有害元素对焊缝金属的作用

焊缝金属中的有害元素主要有氧、氢、氮、硫、磷，这些有害元素对焊缝金属的质量影响非常大，因此必须严格控制其含量。

1. 氧对焊缝金属的作用

（1）氧的来源　焊接区的氧气主要来自电弧中的氧化性气体（如 CO_2、O_2、H_2O 等）、空气中氧的侵入、焊剂和药皮中的高价氧化物，以及焊件表面的铁锈、水分等的分解产物。氧在电弧高温作用下分解为原子，原子状态的氧非常活泼，能使铁和其他元素氧化，其中氧化生成的 FeO 能溶解于液态金属，所以氧在焊缝金属中主要以 FeO 形式存在。同时，焊缝中的 FeO 还会使其他元素进一步氧化。

（2）氧对焊接质量的影响　①使合金元素大量烧损，从而降低焊缝的强度、塑性、硬度和冲击韧性，特别是对冲击韧性影响明显；②降低焊缝金属的物理和化学性能，如导电性、导磁性和抗腐蚀性能；③易与碳、氢反应生成气体形成气孔；④加速反应过程使飞溅增多并影响焊接过程的稳定。

（3）控制氧的措施　①加强保护，如采用短弧焊、选用合适的气体流量等，防止空气侵入，还可以在惰性气体保护或真空保护下焊接；②清理焊件及焊丝表面的水分、油污、锈迹，按规定温度烘干焊剂、焊条等焊接材料；③在焊材中加入锰、硅、钛、铝等脱氧剂对焊缝金属进行脱氧。

（4）焊缝金属的脱氧　焊接时，除采取措施防止熔化金属氧化外，设法在焊丝、药皮、熔剂中加入一些合金元素（锰、硅、钛、铝等），去除或减少进入熔池中的氧，是保证焊接质量的关键，这个过程称为焊缝金属的脱氧。

2. 氢对焊缝金属的作用

（1）氢的来源　焊接区的氢主要来自受潮的药皮或焊剂中的水分、焊条药皮或焊剂中的有机物、空气中的水分、焊件表面的铁锈、油脂及油漆等。

（2）氢对焊接质量的影响　①氢在金属中的溶解度随温度的降低而急剧降低，使其来不及逸出而形成气孔；②产生白点和氢脆，严重降低焊缝金属的塑性；③氢是产生冷裂纹的因素之一，残留在焊缝金属中的氢，当含量过高时易产生冷裂纹。

（3）控制氢的措施　①焊前清理干净焊件及焊丝表面的铁锈、油污、水分等污物；②焊前按规定温度烘干焊剂、焊条，对气体保护焊的保护气体进行去水、干燥处理；③尽量选用低氢型焊条，焊接时采用直流反接，短弧操作；④焊后消氢处理，即焊后立即将焊件加热到 250℃ ~ 350℃，保温 2 ~ 6 h，使焊缝中的扩散氢加速逸出，降低焊缝和热影响区中的氢含量。

3. 氮对焊缝金属的影响

（1）氮的来源　焊接区的氮主要来自周围的空气。氮在铁中的溶解度随温度的升高而增大。

（2）氮对焊接质量的影响　①氮与氢一样，随温度的降低在金属中的溶解度急剧降低，来不及逸出时形成气孔；②氮与铁形成的化合物，使焊缝的硬度和强度提高，塑韧性降低，从而影响其力学性能；③氮能促使焊缝金属产生时效脆化，从而使其强度增大、塑韧性降低。

（3）控制氮的措施　①加强对焊接区液态金属的保护，防止空气中氮的侵入，是控制焊缝中氮含量的主要措施；②采取正确的焊接工艺措施，如尽量采用短弧焊接，因为电弧越长，氮侵入熔池越多，焊缝中氮的含量越高。

4. 硫和磷对焊缝金属的影响

（1）硫和磷的来源　焊缝中的硫、磷主要来自母材、焊丝、药皮、焊剂等材料，硫在焊缝中主要以 FeS 和 MnS 的形式存在。由于 MnS 在液态铁中的溶解度极小，且易排除入渣，即使不能排走而留在焊缝中，也呈球状分布，对焊缝质量影响不大，所以，焊缝中以 FeS 形式最为有害。磷在焊缝中主要以 Fe_2P 和 Fe_3P 的形式存在。

（2）硫和磷的危害　硫和磷是焊缝中的有害杂质。硫和磷与铁形成的化合物属于低熔点共晶物（表 4–1），在结晶过程中聚集在晶界上，易产生热裂纹。此外，硫还能引起偏析，降低焊缝金属的冲击韧性和耐腐蚀性能。

表4–1　硫化物共晶、磷化物共晶的熔点

共晶物	FeS +（α –Fe）	FeS + FeO	NiS + Ni	$Fe_3P + P$
熔点 /℃	985	940	644	1 050

（3）控制硫和磷的措施　①提高冶金质量，降低硫和磷的含量，采用高质量的材料；②采取脱硫和脱磷措施，可在材料中加入 Mn 或碱性氧化物来进行脱硫和脱磷。

四、焊缝金属的合金化

焊缝金属的合金化就是通过焊接材料将所需要的合金元素过渡到焊缝金属中去的冶金反应，也称为焊缝金属的渗合金。

1. 合金化的目的

（1）补偿焊接过程中由于合金元素氧化和蒸发等造成的损失，以保证焊缝金属的成分、组织和性能符合预定的要求。

（2）通过向焊缝金属中渗入母材中不含或少含的合金元素，以满足焊件对焊缝金属的特殊要求。

（3）消除焊接工艺缺欠，改善焊缝金属的组织和性能。

2. 合金化的方式

焊条电弧焊时，焊缝金属合金化的方式有两种：一种是通过焊芯（即利用合金钢焊芯）过渡；另一种是通过焊条药皮（即将合金成分加在药皮里）过渡。这两种方式还可以同时兼有。

练一练

一、填空题

1. 焊缝金属中的有害元素主要有 ________、________、________、________、________。

2. 氢对焊缝金属的危害有 ________、________、________。
3. 硫在焊缝金属中以 ________ 和 ________ 形式存在。
4. 氮的主要来源是 ________________。
5. 磷容易引起 ________________ 裂纹。

二、判断题

1. 焊接化学冶金过程实质上是金属在焊接条件下再熔炼的过程。（ ）
2. 焊接冶金反应能够充分进行。（ ）
3. 氧在焊缝金属中主要以 Fe_2O_3 形式存在。（ ）
4. 防止空气中氮的侵入是控制焊缝中氮含量的主要措施。（ ）
5. 硫和磷与铁形成的化合物属于低熔点共晶物。（ ）

三、简答题

1. 焊接冶金过程的特点有哪些？
2. 焊缝金属的合金化目的有哪些？
3. 焊缝金属的合金化方式有哪些？

任务三 焊缝结晶过程

任务目标

知识目标	1. 掌握金属在一次结晶过程中出现的偏析问题。 2. 掌握二次结晶过程的组织转变。
能力目标	1. 通过学习能在操作中避免偏析的产生。 2. 理解如何控制二次结晶过程来改变接头的组织和性能。
素质目标	培养研究型学习的能力。

学习内容

焊缝金属从熔池高温的液态金属冷却到常温的固体状态，经历了两次结晶过程，即从液相转变为固相的一次结晶和在固相焊缝金属中出现同素异构转变的二次结晶（或称重结晶）。焊缝结晶过程对焊缝金属的组织和性能有重大影响，焊接过程中的许多缺欠（如气孔、裂纹、夹杂、偏析等）大多是在熔池结晶时产生的。

一、焊缝金属的一次结晶

焊缝金属的一次结晶就是焊缝金属由液态转变为固态的凝固过程，包括晶核的产生和晶核的长大。

焊接时，随着电弧的转移，前一个熔池的温度逐渐降低。对于整个熔池来说，熔池边缘的温度最低，中心的温度最高。熔池在结晶时，由于熔合区是半熔区，液态金属以原有的固态金属晶粒为晶核逐渐长大，形成柱状结晶。如图 4-7 所示。当柱状结晶长大至互相接触时，焊缝的一次结晶过程结束。熔池的结晶过程如图 4-8 所示

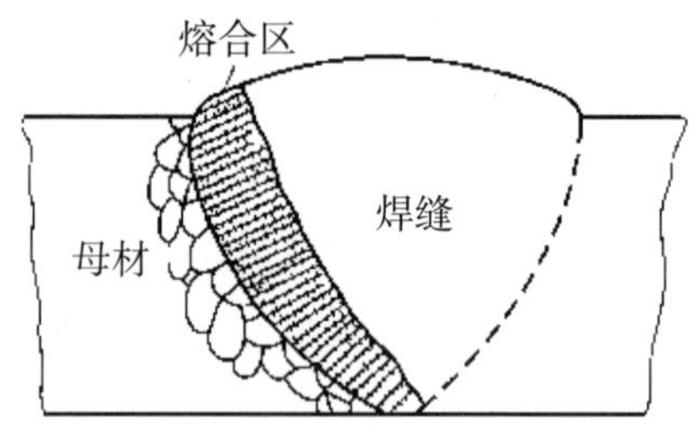

图4-7　熔合线上的晶核示意图

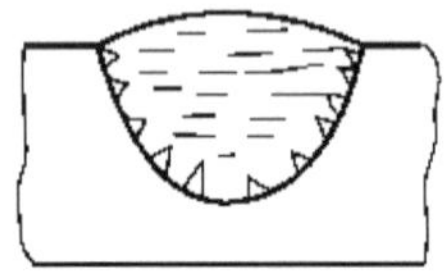

（a）开始结晶

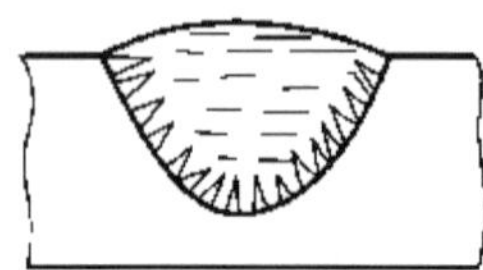

（b）晶体长大

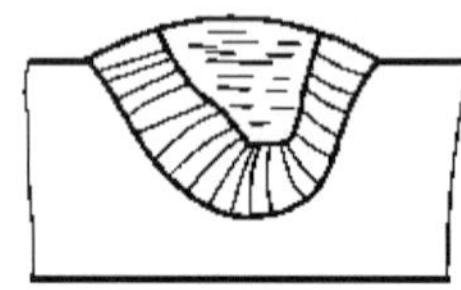

（c）柱状结晶

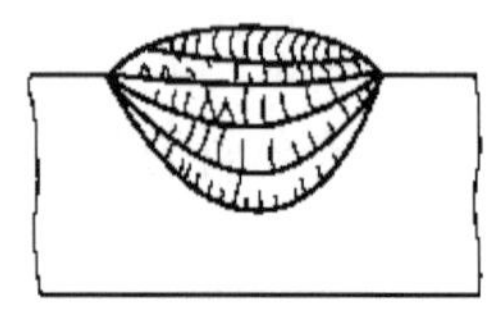

（d）结晶结束

图4-8　熔池的结晶过程示意图

焊缝金属一次结晶过程中形成的柱状晶不但降低焊缝的强度，而且会显著降低焊缝的韧性。此外，结晶形态对气孔、夹杂以及耐蚀性都有严重影响。我们可以通过控制凝固过程中的成核及其长大方式来改善一次结晶，其途径有：①控制焊接工艺参数；②变质处理，即向熔池中添加少量的合金元素，以改变组织类型，达到细化晶粒的方法；③振动结晶，即向焊丝或熔池强加低频机械振动、高频超声振动或电磁振动，打碎已成长的晶粒，强烈搅拌熔池金属，从而细化晶粒的方法。

二、焊缝结晶过程中的偏析

焊缝金属在一次结晶过程中出现的化学成分不均匀的现象称为偏析。偏析不仅导致性能的变化，同时还是产生裂纹、气孔、夹杂物等焊接缺欠的主要原因之一。

焊缝中的偏析主要有显微偏析、区域偏析和层状偏析三种类型。

1. 显微偏析

在一个柱状晶粒内部和晶粒之间出现的化学成分不均匀的现象称为显微偏析。显微偏析分为晶内偏析和晶间偏析。

柱状晶粒的生长方向有径向和轴向两个方向，如图 4-9 所示。随着结晶过程的进行，

合金元素和杂质被推向前方，导致在晶粒的边缘和晶界处合金元素和杂质的含量偏高，也即出现了晶内偏析和晶间偏析。

显微偏析产生程度取决于冷却速度，当冷却速度较慢时，合金元素和杂质有充分的时间扩散，显微偏析大大减轻；当冷却速度极快时，原来在液态时分布较均匀的合金元素与杂质被瞬间冷却下来，则出现显微偏析的可能性很小。

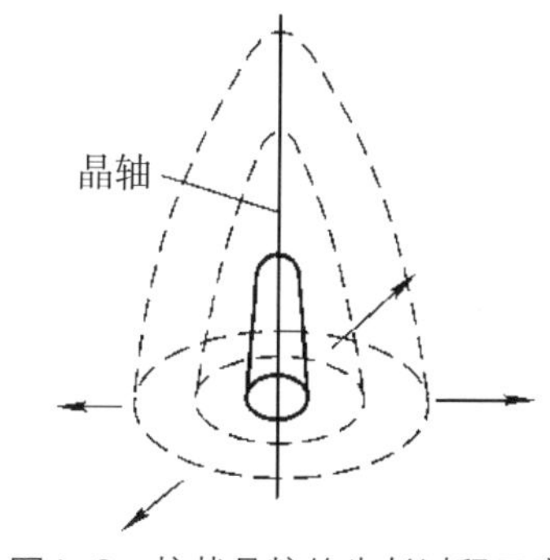

图4-9　柱状晶粒的生长过程示意图

2. 区域偏析

熔池结晶时，柱状晶粒不断长大和推移，把杂质推向熔池中心，这样就出现了区域偏析。

焊缝的成形系数的大小对区域偏析的产生有不同的影响。当焊缝成形系数较小时，焊缝窄而深，各柱状晶粒的交界在熔池的中心，杂质聚集在熔池中心，这时极易产生热裂纹。如图 4-10（a）所示。当焊缝成形系数较大时，焊缝宽而浅，杂质聚集在焊缝上部，出现热裂纹的概率就大大降低了，如图 4-10（b）所示。

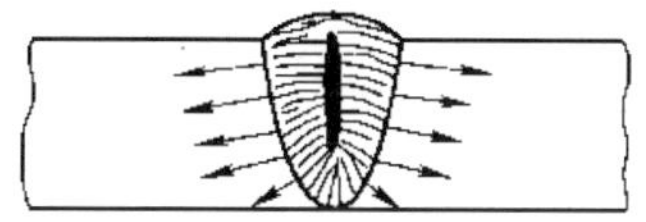

（a）成形系数小

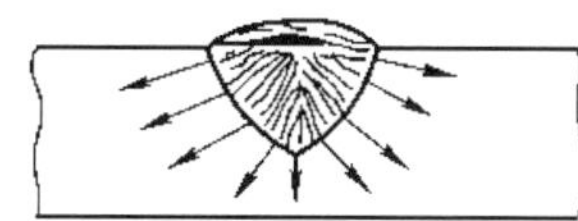

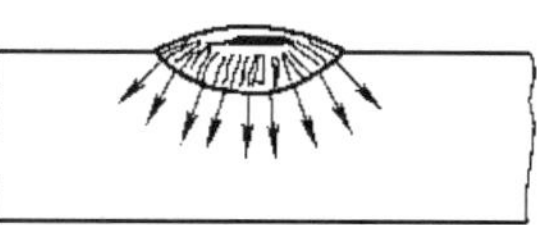

（b）成形系数大

图4-10　不同成形系数对偏析的影响示意图

3. 层状偏析

层状偏析是焊缝凝固时结晶过程的周期性变化而导致化学成分分布不均所造成的。

由于焊接区气流和熔滴金属具有脉动性，所以，无论是熔池金属的流动还是热量的提供和传递都具有脉动性质。同时，熔池结晶过程中放出的结晶潜热，造成结晶过程周期性停顿，使晶粒成长速度出现周期性加快和减慢，从而引起结晶前沿液体金属中杂质浓度的变化，这样就形成了层状偏析。层状偏析很容易造成气孔缺陷，如图 4-11 所示。

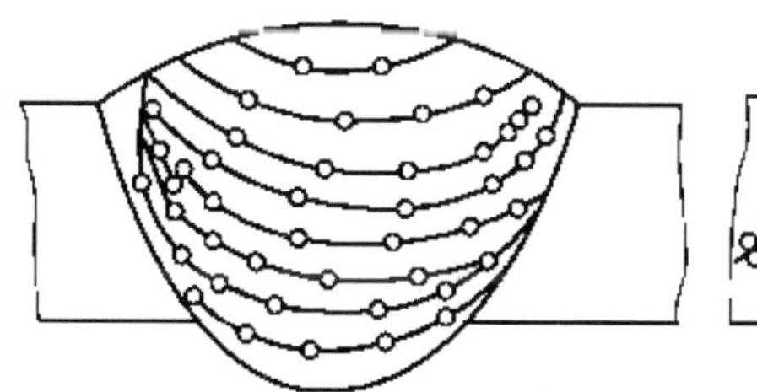

（a）焊缝横断面

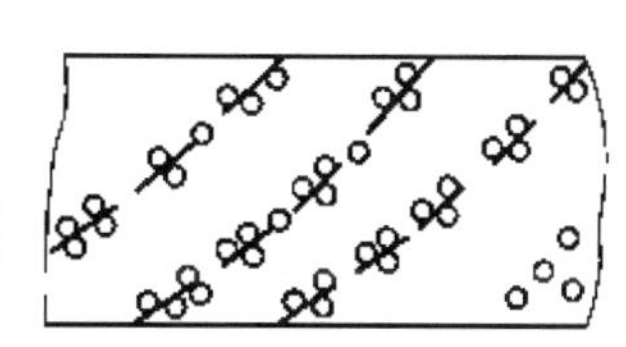

（b）焊缝纵断面

图4-11　层状偏析出现的气孔示意图

三、焊缝金属的二次结晶

一次结晶结束后，液态的熔池金属全部转变为固态的金属，形成了焊缝，从此温度点直至室温，焊缝金属要经过一系列的相变过程，这个相变过程就是焊缝金属的二次结晶。

对低碳钢而言，焊缝的常温组织，即二次结晶后的组织为铁素体 + 珠光体。低碳钢在非常缓慢的冷却条件下所得到的平衡组织中，珠光体的含量很少。焊接时，由于冷却速度较快，所以焊缝组织中珠光体的含量一般都比平衡组织中的含量大。冷却速度越快，珠光体的含量越多，焊缝的强度和硬度都随之增加，而塑韧性则随之降低。冷却速度对低碳钢的焊缝组织和硬度的影响见表 4−2。

表4−2　低碳钢焊缝冷却速度对组织及硬度的影响

冷却速度 /（℃/s）	焊缝组织质量分数 / %		焊缝金属的硬度 /（HV）
	铁素体	珠光体	
110	38	62	228
50	40	60	205
35	61	39	195
10	65	35	185
5	79	21	167
1	82	18	165

四、焊缝中的夹杂物

焊接时，由于熔池的结晶速度较快，由冶金反应产生的、焊后残留在焊缝中的非金属杂质，称为夹杂物。焊缝中的夹杂物主要有氧化物、硫化物和氮化物三种类型。氧化物夹杂主要是 SiO_2、MnO、TiO_2 和 Al_2O_3 等，它们会降低焊缝的力学性能，甚至引起热裂纹。硫化物夹杂主要是 FeS 和 MnS，特别是 FeS 易引起热裂纹。氮化物夹杂主要是 Fe_4N，当其含量较高时，会使焊缝的硬度提高、塑韧性急剧下降。

要防止焊缝中的夹杂物，首先是控制其来源，即严格控制焊材中的杂质含量；其次是正确选择焊材，以保证熔池能进行充分的脱氧与脱硫过程；再次是从工艺上创造夹杂物从熔池中上浮的条件。

促使夹杂物上浮的工艺措施有：①选择合适的焊接工艺参数，保证熔渣上浮所需的时间；②多层焊时，应注意清除前层焊缝的熔渣；③手工电弧焊时，应注意焊条应作适当摆动，以利于熔渣上浮；④操作时应注意保护熔池，以防止空气侵入液态金属。

练一练

一、填空题

1. 熔池的一次结晶包括 ___________ 和 ___________ 两个过程。

2. 偏析的类型有 ___________、___________ 和 ___________ 。

3. 焊缝中的夹杂物主要有 ___________、___________ 和 ___________。

4. 焊缝金属的结晶过程分为 ___________ 和 ___________。

5. 焊缝金属中的 ___________ 分布不均匀的现象称为偏析。

二、判断题

1. 焊缝金属一次结晶过程中形成的是柱状晶。(　　)

2. 当冷却速度较慢时，合金元素和杂质有充分的时间扩散，显微偏析越严重。(　　)

3. 层状偏析很容易造成气孔缺陷。(　　)

4. 低碳钢焊接中，冷却速度越快，焊缝中珠光体的含量越多。(　　)

5. 手工电弧焊时，焊条应作适当摆动，以利于熔渣上浮。(　　)

三、名词解释

1. 一次结晶

2. 二次结晶

3. 偏析

任务四　熔合区及焊接热影响区

任务目标

知识目标	1. 了解焊接热循环的特点及影响因素。 2. 掌握熔合区的组织和性能。 3. 掌握热影响区的组织和性能。
能力目标	通过学习本任务知识，学会在操作中减小焊接热源对焊接接头的质量的影响。
素质目标	培养理论和实践相结合的能力。

学习内容

在熔焊时，不仅焊缝在焊接热源的作用下发生从熔化到固态相变等一系列变化，而且焊缝两侧未熔化的母材也会因焊接热传递的影响而产生组织和性能的变化。此外，由母材到焊缝也存在着性能不同于焊缝，又不同于母材的过渡区，这些都会对焊接接头的性能产生较大影响。

一、焊接热循环

在焊接热源的作用下，焊件上某点的温度随时间变化的过程称为焊接热循环。焊接热循环是针对焊件上某个具体的点而言的。当热源向该点靠近时，该点的温度即随之升高直至达到最大值，随着热源的转移，温度又随之降低直至室温，这一过程可用一条曲线来表示，也即热循环曲线，如图 4-12 所示。在焊缝周围的各点，由于与热源的距离不同，则各点的热循环也是不同的。距离越近则达到的最高温度越高，反之则越低。

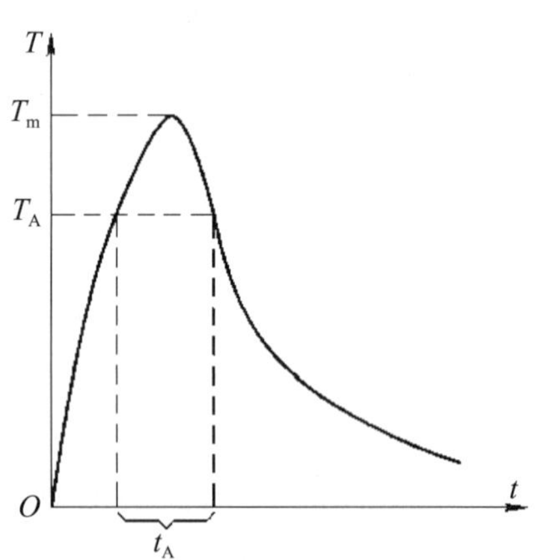

T_m– 加热的最高温度　T_A– 相变温度

t_A– 相变温度以上停留的时间

图4-12　焊接热循环曲线示意图

焊接热循环的主要特点是加热温度高、停留时间短、加热和冷却速度快。

焊接热循环的主要参数是加热速度、加热的最高温度（T_m）、在相变温度以上停留的时间（t_A）和冷却速度。影响焊接热循环的主要因素有焊接参数、焊接方法、预热和层（道）间温度、接头形式、母材的导热性等。

二、熔合区的组织和性能

熔合区是指在焊接接头中处于焊缝和热影响区之间的一个非常窄的区域，很难用肉眼看到，甚至在显微镜下也很难分辨，其宽度一般在几微米到几十微米。

熔合区的温度处于铁碳合金状态图中固相线和液相线之间。该区域的金属实际上处于半熔化状态，晶粒非常粗大，冷却后的组织为粗大的过热组织，其化学成分及组织都很不均匀，塑韧性非常差。所以，熔合区是整个焊接接头中性能最差的区域，一般焊接接头中出问题主要在熔合区，如裂纹等。

三、焊接热影响区的组织和性能

焊接热影响区是指在焊接过程中母材上受到温度影响（但未熔化）而发生组织和性能

变化的区域，该区域的组织和性能基本上反映了焊接接头的性能和质量。这里以不易淬火钢为例进行介绍。

不易淬火钢是指在焊后空冷条件下不易形成马氏体的钢种，如低碳钢、低合金高强钢等。这类钢的热影响区可分为四个区域，如图 4-13 所示。

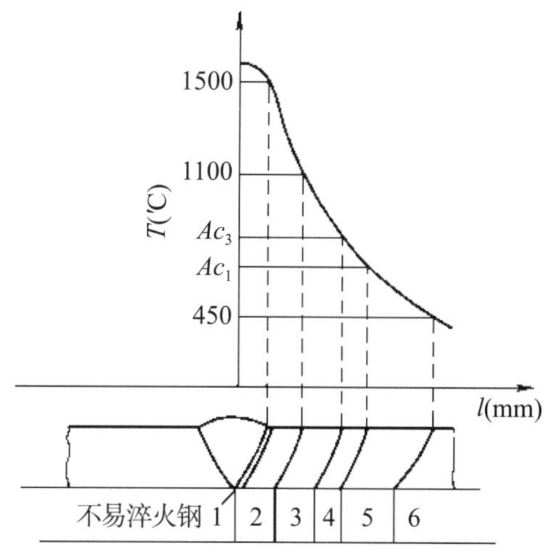

1- 熔合区　2- 过热区　3- 正火区
4- 不完全重结晶区　5- 再结晶区　6- 母材

图4-13　不易淬火钢焊接热影响区的分布示意图

1. 过热区

该区的加热温度范围在固相线以下到 1 100℃之间。由于该区加热温度较高，奥氏体晶粒严重长大，冷却后得到晶粒粗大的过热组织，甚至出现魏氏组织，所以该区又称粗晶区。过热区的塑性、韧性都很低，尤其是冲击韧性要比母材低 20% ~ 30%，该区易产生脆化和裂纹，是焊接热影响区中性能最差的区域。

2. 正火区

该区的加热温度范围在 Ac_3 ~ 1 100℃之间。加热时该区的铁素体和珠光体全部转变为奥氏体，由于温度不高，晶粒长大较慢，空冷后获得均匀而细小的铁素体和珠光体，相当于热处理时的正火组织，因此，该区也称为相变重结晶区或细晶区。其力学性能略高于母材，该区也是焊接热影响区中综合力学性能最好的区域。

3. 不完全重结晶区

该区的加热温度范围在 Ac_1 ~ Ac_3 之间。加热时，该区的部分铁素体和珠光体转变为奥氏体；冷却时，奥氏体转变为细小的铁素体和珠光体；而未溶入奥氏体的铁素体不发生转变，晶粒长大粗化，成为粗大的铁素体。所以，该区的金相组织是不均匀的，一部分是经过重结晶的晶粒细小的铁素体和珠光体，另一部分是粗大的铁素体，由于晶粒大小不均匀，导致了力学性能也不均匀。

4. 再结晶区

该区的加热温度在 Ac_1 ~ 450℃之间。对于焊前经过冷塑性变形（冷轧、冷成型）的母材，达到该温度区间时，将发生再结晶。经过再结晶，金属的塑韧性提高了，但强度却降低了。

焊接热影响区除了组织变化而引起性能变化外，其宽度对焊接接头中产生的应力和变形也有较大影响。一般来说，焊接热影响区越窄则焊接接头中的内应力就越大，出现裂纹的概率就越大；而热影响区越宽，则变形越大。因此，在保证焊接接头不出现裂纹的前提下，应尽量减小热影响区的宽度。

焊接热影响区宽度的大小与焊接方法、焊接工艺参数、焊件的尺寸和厚度、热处理的形式、接头形式等因素有关。采用小的焊接工艺参数，如降低焊接电流、加快焊接速度可以减小热影响区的宽度。不同的焊接方法，其热影响区的宽度也不相同，焊条电弧焊的热影响区总宽约为 6 mm，埋弧自动焊的热影响区总宽约为 2.5 mm，而气焊的热影响区总宽则为 27 mm 左右。

练一练

一、填空题

1. 焊接热循环的主要参数是 __________、__________、__________ 和 __________。

2. 不易淬火钢的焊接热影响区可分为 __________、__________、__________ 和 __________ 四个区域。

3. 熔合区是焊接接头中焊缝向热影响区 __________ 的区域，是焊接接头中性能 __________ 的区域。

4. 在焊接热源作用下，焊件上某点的 __________ 随 __________ 变化的过程称为焊接热循环。

5. 焊接热影响区宽度大小取决于 __________、__________、__________、__________、__________ 等因素。

二、判断题

1. 焊缝两侧距离相同的各点其焊接热循环是相同的。(　　)

2. 对于焊前未经塑性变形的母材，焊后热影响区中会出现再结晶区。(　　)

3. 低碳钢热影响区中加热温度为 Ac_1 ~ 1 000℃的区域叫正火区。(　　)

4. 焊条电弧焊时，选用优质焊条不但能提高焊缝金属质量，同时能改善热影响区的组织。(　　)

5. 低碳钢焊接接头正火区的组织在室温时为奥氏体加珠光体。(　　)

三、名词解释

1. 熔合区

2. 焊接热影响区

3. 焊接热循环

任务五　控制和改善焊接接头性能的方法

任务目标

知识目标	掌握控制和改善焊接接头性能的各种方法。
能力目标	通过学习能够在焊接过程中控制和改善焊接接头的性能。
素质目标	培养理论和实践相结合的能力。

学习内容

由于焊接接头的性能直接决定了其质量，所以，在整个焊接过程中要采取有效措施来控制和改善焊接接头的性能，以获得满足生产实际需要的高质量的焊接接头。其控制措施主要从以下几个方面来考虑：

一、材料的匹配

材料的匹配主要是指焊接材料的选用，不同的材料其匹配原则也是不同的。

对于低碳钢、低合金高强度结构钢、低温钢，由于其合金元素种类较少，其性能主要体现在力学性能上，所以，在选择焊接材料时要从其力学性能上来考虑与母材的相匹配。为了提高焊缝金属的塑韧性，还可以在焊材中加入钼、铌、钒、钛、铝等碳化物或氮化物形成元素，来细化焊缝组织。

对于耐热钢、不锈钢，由于其合金元素种类较多，其耐高温和耐腐蚀性能主要由不同的合金元素来实现，所以，在选择焊接材料时要考虑其化学成分与母材的相匹配。为提高奥氏体不锈钢的抗裂性能，常在焊材中加入铁素体形成元素形成双相组织，以防止热裂纹的产生。

二、控制熔合比

熔合比就是熔焊时被熔化的母材在焊缝金属中所占的百分比，如图 4-14 所示。熔合比的计算公式为：

$$r=F_m/(F_m+F_t)$$

式中　r——熔合比；

F_m——焊缝中熔化的母材金属的横截面积；

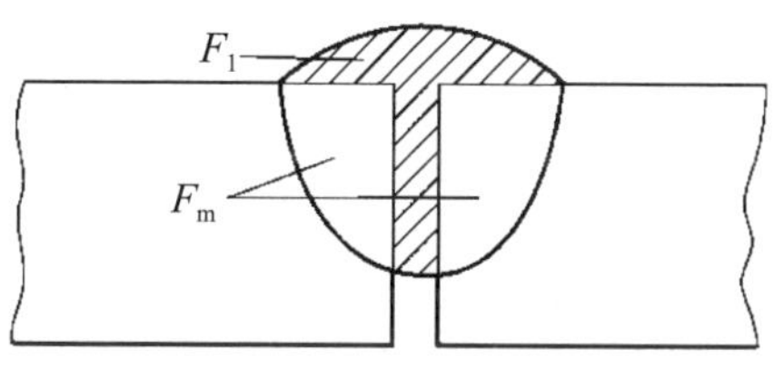

图4-14　熔合比示意图

F_t——焊缝中填充金属的横截面积。

影响熔合比的因素主要有坡口的形式和角度大小等。不开坡口时熔合比最大；坡口角度越大熔合比越小；U 型坡口比 V 型坡口的熔合比小。

三、焊接方法的选用

不同的焊接方法其工艺特点不同，对焊接接头的影响也是不同的。

1. 气焊

由于气焊的机械保护效果较差，热源温度也较低，故导致合金元素烧损较多及加热速度较慢，使得焊缝和热影响区易产生过热和过烧组织，晶粒粗大，热影响区较宽，所以焊接接头的性能较差。

2. 焊条电弧焊

焊条电弧焊的机械保护效果较好，合金元素烧损较少；其热输入较少，焊接热影响区较窄，所以焊接接头的性能较好。

3. 埋弧焊

埋弧焊的机械保护效果更好，合金元素烧损很少；而其热输入较多使焊缝和热影响区的组织较粗大，但总体上埋弧焊的焊接接头性能较好。

4. 手工钨极氩弧焊

由于手工钨极氩弧焊采用的是惰性气体保护，其保护效果非常好，合金元素几乎无烧损，且其电弧能量集中，热输入较少，焊缝和热影响区的组织较细，热影响区较窄，所以，手工钨极氩弧焊的焊接接头性能非常好。

5. CO_2 气体保护焊

由于 CO_2 气体保护焊采用的是氧化性气体保护，虽然使合金元素烧损较多，但焊缝中的含氢量较低，抗裂性能较好。CO_2 气体保护焊电弧的能量集中，热输入较小，热影响区较窄，所以焊接接头的性能也较好。

四、焊接热输入及焊接参数的选用

焊接热输入及焊接参数直接影响焊缝形状和焊接热循环的特征，从而影响焊接接头的组织和性能。

1. 焊接热输入对焊接接头性能的影响及控制

焊接热输入越大，则焊缝金属在高温段停留时间越长，焊接热影响区越宽，过热现象越严重，晶粒也越粗大，其塑韧性也会变差；而焊接热输入过小，则焊后冷却速度越快，焊缝中易产生脆硬的马氏体组织，导致塑韧性下降，甚至产生冷裂纹。

对于淬硬倾向较小的钢，采用大的热输入会使晶粒粗大，采用小的热输入时冷裂倾向也不大，故一般采用小的热输入来焊接。对于淬硬倾向较大的钢，采用过大的热输入会使晶粒粗大脆化，故一般采用预热措施配合小的热输入来焊接较合理。

2. 焊接参数对焊接接头性能的影响及控制

当采用小的焊接电流、较高的电弧电压焊接时，获得宽而浅的焊缝，结晶时低熔点的杂质被推向焊缝表面，可防止裂纹的产生；当采用大电流、低电弧电压焊接时，获得窄而深的焊缝，结晶时会产生偏析从而导致出现热裂纹。因此，在焊接时应正确地选用焊接参数。

五、焊接工艺措施

焊接工艺措施主要有预热、后热、焊后热处理等，这些工艺措施对焊接接头的性能也有很大的影响。此外，焊接操作技术也能影响接头的性能，如单道焊、多层多道焊、摆动焊等，一般多层多道焊比单道焊的性能好。因为多层多道焊的焊缝偏析比较分散，不会集中在焊缝中心线上，可以避免产生焊缝中心线裂纹，并且多层多道焊的后焊焊道对前一焊道和热影响区有附加热处理作用。

练一练

一、填空题

1. 对于低碳钢、低合金高强度结构钢、低温钢，在选择焊接材料时要从其 ________ 上来考虑与母材的相匹配。

2. 对于耐热钢、不锈钢，由于其合金元素种类较多，在选择焊接材料时要考虑其 ________ 与母材的相匹配

3. 熔焊时，被熔化的母材在焊缝金属中所占的百分比称为 ________。

4. 焊接接头性能最好的焊接方法是 ________。

5. 焊接工艺措施主要有 ________、________、________ 等。

二、判断题

1. 焊接热输入越大，焊接热影响区宽度越小。(　　)

2. 焊接时，焊接热影响区宽度越大越好。(　　)

3. 奥氏体不锈钢焊接时，形成双相组织可防止热裂纹产生。(　　)

4. 坡口角度越大，熔合比越小；不开坡口时，熔合比最大。(　　)

5. 一般多层多道焊比单道焊的性能好。(　　)

三、简答题

1. 控制和改善焊接接头性能的方法有哪些？

2. 焊接热输入对焊接接头的性能有什么影响？

3. 在生产中如何控制熔合比？

单元五 焊接缺欠及检验

知识目标	1. 了解各种焊接缺欠产生的原因。 2. 了解各种焊接缺欠的区别。 3. 掌握不同焊接缺欠的检验方法及在底片上的影像区别。 4. 掌握焊接检验的类型。 5. 了解焊缝返修的要求。
能力目标	1. 能识别各种焊接缺欠。 2. 能在焊接过程中控制并减少焊接缺欠的产生。
素质目标	重视理论知识学习，系统掌握焊接缺欠的基本知识及检验方法，为下一步在操作中能控制焊接缺欠打下良好基础。

焊接缺欠分析

任务目标

知识目标	1. 焊接缺欠的分类。 2. 焊接缺欠的危害。 3. 各种焊接缺欠的防止措施。
能力目标	1. 掌握焊接缺欠的类型。 2. 掌握各种焊接缺欠的防止措施。
素质目标	理论与实践相结合，提高焊接的技能。

学习内容

一、焊接缺欠的分类

焊接缺欠就是在焊接过程中产生的金属不连续、不致密或连接不良的现象。超过规定值的缺欠称为焊接缺陷。焊接缺欠分为外部缺欠和内部缺欠两大类。

1. 外部缺欠

外部缺欠位于焊缝外表面，用肉眼或低倍放大镜就可以发现，如焊缝形状尺寸不符合要求、咬边、焊瘤、烧穿、凹陷和弧坑、表面气孔、表面裂纹等。

2. 内部缺欠

内部缺欠位于焊缝内部，这类缺欠必须要用无损探伤或破坏性检验的方法来发现，如未焊透、未熔合、夹渣、内部气孔、内部裂纹等。

国家标准《金属熔化焊接头缺欠分类及说明》（GB/T6417.1—2005）规定，金属熔焊焊缝缺欠可分为六大类，即裂纹、孔穴（气孔和缩孔）、固体夹杂、未熔合及未焊透、形状和尺寸不良（如咬边、下塌、焊瘤等）及其他缺欠（如电弧擦伤、飞溅、表面撕裂等）。

二、焊接缺欠的危害

1. 引起应力集中

应力集中就是接头中截面发生突然变化，由于应力分布不均匀而使某点应力值比平均应力值大许多的现象。焊缝中的咬边、未焊透、气孔、夹杂、裂纹等缺欠都是产生应力集中的主要原因，他们不仅减小了焊缝的有效承载面积，削减了焊缝的强度，还在焊缝中造成了缺口，产生了很大的应力集中。当其值超过金属的抗拉强度时就会在缺口处开裂，造成严重的后果。

2. 造成脆断

通过对大量脆性断裂事故的分析发现，发生脆断的部位都是从焊接缺欠开始的，这是最危险的一种破坏形式。因为脆断没有塑性变形过程，都是突然发生的，所以其危害性非常大。因此，防止脆断的重要措施之一就是控制和避免焊接缺欠的产生。

在所有焊接缺欠中对焊接结构危害最大的是裂纹和未熔合。

三、焊接缺欠产生的原因及防止措施

1. 焊缝形状和尺寸不符合要求

焊缝形状和尺寸不符合要求是指焊缝外形高低不平、宽窄不均、波形粗劣；焊缝余高过高或过低；焊缝宽度过宽或过窄；角焊缝焊脚不均或表面形状过凸等，如图 5-1 所示。

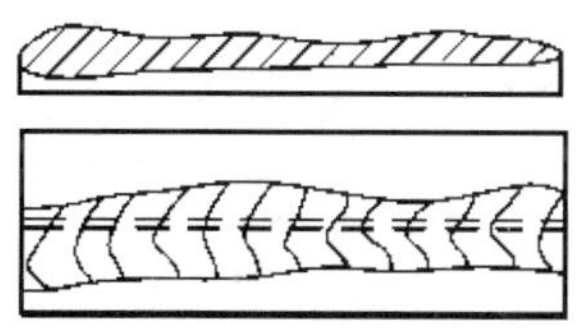

（a）焊缝高低不平、宽窄不均、波形粗劣

（b）焊缝低于母材

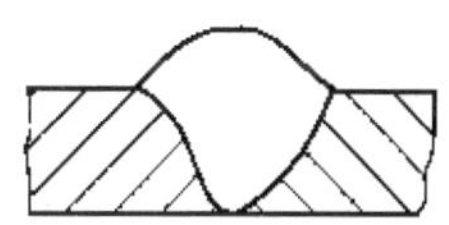

（c）余高过高

图5-1　焊缝形状和尺寸不符合要求

焊缝宽窄不均不仅造成焊缝成形不美观，还影响焊缝与母材的结合强度。焊缝余高太高，形成应力集中，而焊缝低于母材，就不能得到在足够的接头强度。

（1）产生原因　主要是焊接坡口角度不当或装配间隙不均；焊接电流过大或过小；焊接速度不均；运条方式或焊条角度不恰当；埋弧焊时主要是参数选择不当。

（2）防止措施　选择正确的坡口角度及装配间隙；选择合适的工艺参数；提高操作水平，选择合适的运条方式和速度，保持焊缝的均匀。

2. 咬边

咬边就是由于焊接参数选择不当或操作不当，在焊趾部位出现的不规则缺口，如图 5–2 所示。

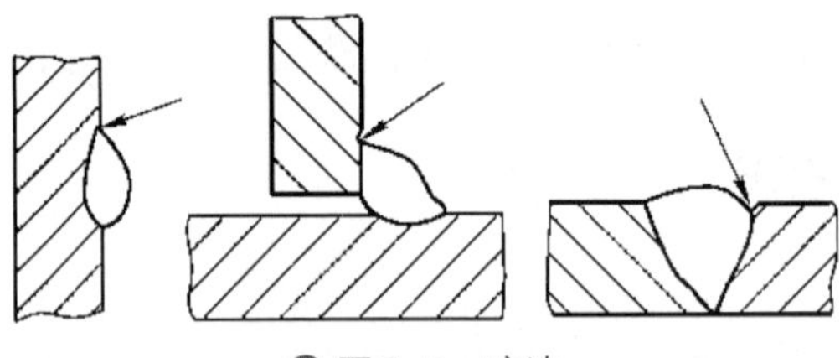

图5–2　咬边

咬边减少了焊缝的有效面积，降低了接头的强度；同时，在咬边处引起了应力集中，容易导致产生裂纹。

（1）产生原因　主要是焊接电流过大及运条速度不合适；角焊时焊条角度或电弧长度不合适；埋弧焊时焊接速度过快等。

（2）防止措施　选择适当的焊接电流及运条速度要均匀；角焊时保持适当的焊条角度及电弧长度；埋弧焊时正确选择工艺参数。

3. 焊瘤

焊瘤就是焊接过程中熔化金属流淌到焊缝之外未熔化的母材上而形成的金属瘤，如图 5–3 所示。

焊瘤不仅影响焊缝的成形，而且还可能在有焊瘤处产生夹渣和未焊透。

（1）产生原因　主要是由于焊接电流过大及焊接速度过慢，使熔池温度过高，液态金属在重力作用下形成的；操作不熟练或运条不当也易形成焊瘤。

（2）防止措施　提高操作技术水平；选择合适的工艺参数；采用短弧焊，运条方法要正确。

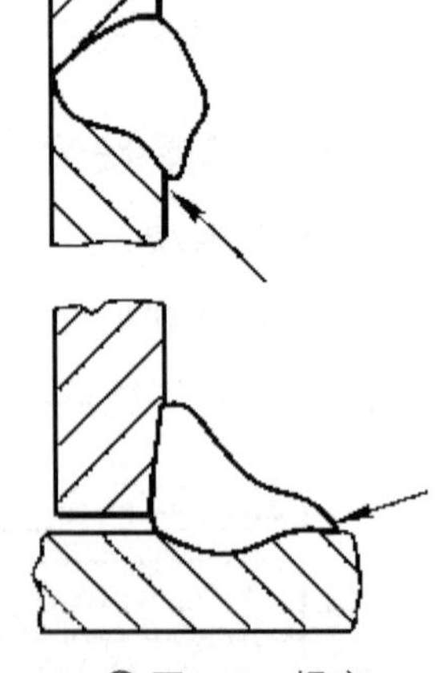

图5–3　焊瘤

4. 凹坑与弧坑

凹坑是焊后在焊缝表面或背面形成的低于母材表面的局部低洼部分，弧坑是在焊缝收尾处产生的下陷部分，如图 5–4 所示。

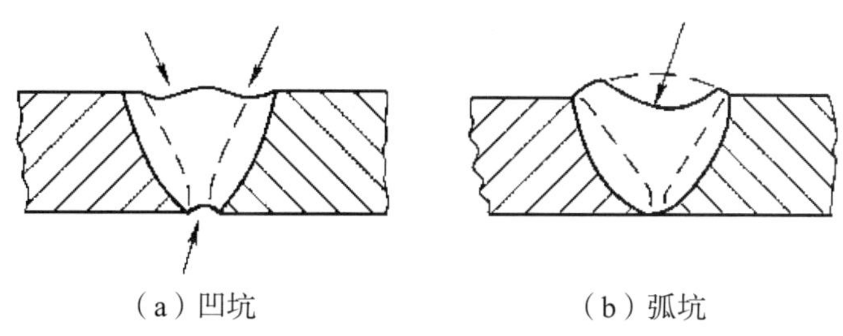
（a）凹坑　　（b）弧坑

图5-4　凹坑与弧坑示意图

凹坑与弧坑减小了焊缝的有效截面，削弱了焊缝的强度。另外，在弧坑中一般都伴随着裂纹和收缩孔。

（1）产生原因　主要是由于操作技术不熟练，电弧过长；焊接表面焊缝时，焊接电流过大，焊条未做适当摆动，熄弧过快；埋弧焊时，导电嘴压得过低，容易使焊缝表面形成凹陷等。

（2）防止措施　提高焊工的操作水平；采用正确的收弧方式；采用合适的工艺参数及焊条的摆动方式。

5. 下塌与烧穿

下塌是指熔焊时，由于焊接工艺不当，造成焊缝金属过量透过背面，从而使焊缝正面塌陷，背面凸起的现象，如图 5-5（a）所示。烧穿是指在焊接过程中，由于过烧使熔化金属自坡口背面流出而形成穿孔的现象，如图 5-5（b）所示。

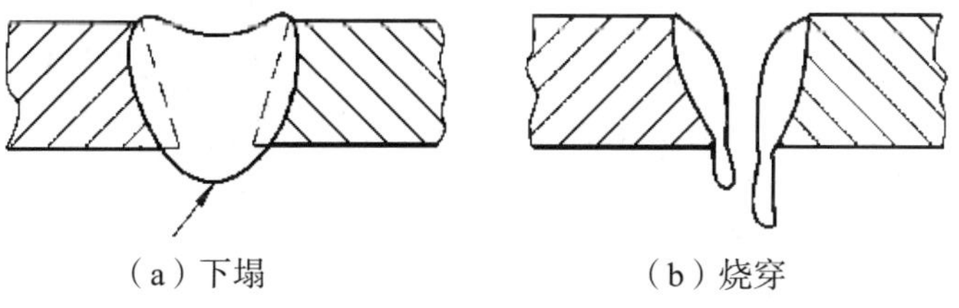
（a）下塌　　（b）烧穿

图5-5　下塌与烧穿示意图

下塌会削弱焊接接头的承载能力，而烧穿会使焊接接头失去承载能力。

（1）产生原因　主要是焊接电流过大，焊接速度过慢，使电弧在焊缝同一部位停留时间过长；装配间隙过大等都会产生这些缺陷。

（2）防止措施　正确选择焊接电流和焊接速度；减少熔池在高温停留的时间；采用合适的装配间隙。

6. 裂纹

裂纹就是在焊接应力及其他致脆因素的共同作用下，使接头中的金属原子结合力遭到破坏形成新界面所产生的缝隙。裂纹不仅会降低接头强度，而且还会引起严重的应力集中，使结构断裂破坏，所以裂纹是一种危害性最大的焊接缺欠。裂纹按其产生的温度和原因不同可分为热裂纹、冷裂纹和再热裂纹等，按其产生的部位不同可分为纵裂纹、横裂纹、焊根裂纹、弧坑裂纹、熔合线裂纹及热影响区裂纹等，如图 5-6 所示。

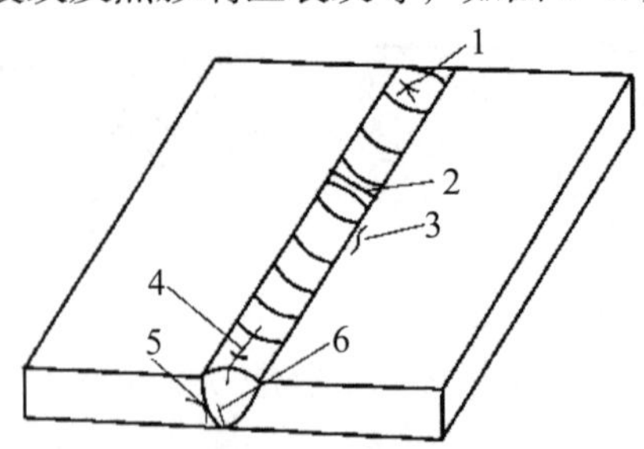

1—弧坑裂纹　2—横裂纹　3—热影响区裂纹　4—纵裂纹　5—熔合线裂纹　6—焊根裂纹

图5-6　各种部位的焊接裂纹

（1）热裂纹　在焊接过程中，焊缝和热影响区金属冷却到固相线附近的高温区产生的裂纹称为热裂纹。

①热裂纹产生的原因：由于熔池金属在结晶过程中存在偏析现象，偏析出的物质多为低熔点共晶和杂质。由于低熔点共晶的熔点低，往往是最后结晶，在晶界以“液态夹层”形式存在，这时焊接应力已增大，被拉开的“液态夹层”产生的间隙已没有足够的低熔点液态金属来填充，因而形成了裂纹，如图 5-7（b）所示。因此，热裂纹是焊接拉应力和低熔点共晶共同作用而形成的。

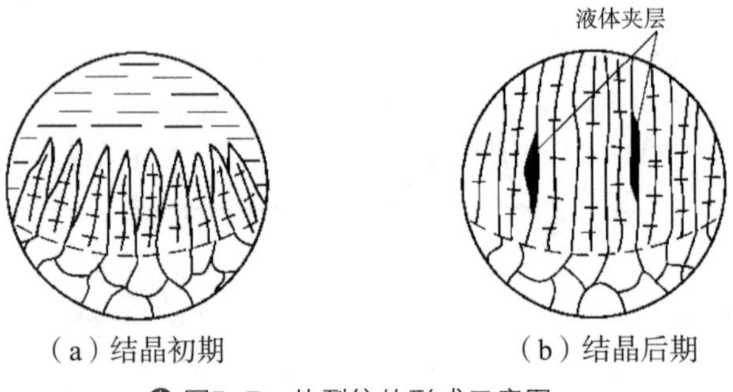

（a）结晶初期　　（b）结晶后期

图5-7　热裂纹的形成示意图

②热裂纹的特征：热裂纹多贯穿在焊缝表面，并且断口被氧化，呈氧化色；热裂纹大多产生在焊缝中，有时也出现在热影响区；热裂纹的微观特征一般是沿晶界开裂，故又称为晶间裂纹。

③热裂纹的防止措施：一是限制钢材和焊材中的硫、磷等元素含量。如焊丝中的硫、磷含量小于 0.03% ~ 0.04%，焊接高合金钢时必须控制在 0.03% 以下。二是降低含碳量。实践表明，当焊缝金属中的含碳量小于 0.15% 时产生裂纹的倾向很小。一般碳钢焊丝含碳量控制在 0.11% 以下。三是改善熔池金属的一次结晶。采用向焊缝中加入细化晶粒的元素，如钛、铝、硼等，进行变质处理。四是控制焊接参数。适当提高焊缝成形系数；采用多层多道焊等。五是采用碱性焊条和焊剂。由于碱性焊条和焊剂脱硫能力强，脱硫效果好，抗热裂性好，生产中对于热裂纹倾向较大的钢材，一般采用碱性焊条或焊剂进行焊接。六是

采用适当的断弧方式。主要是填满弧坑，可以较少弧坑裂纹。七是降低焊接应力。采取降低焊接应力的各种措施，如焊前预热、焊后缓冷等。

（2）冷裂纹　焊接接头冷却到较低温度（对钢来说，即在 *Ms* 温度以下）时产生的裂纹属于冷裂纹。

冷裂纹是在焊接后较低温度下产生的，可以在焊后立即出现，也可能经过一段时间才出现。这种滞后一段时间出现的冷裂纹称为延迟裂纹，它是冷裂纹中比较普遍的一种形态，这种形态比其他形态的裂纹更为严重。冷裂纹有焊道下冷裂纹、焊趾冷裂纹和焊根冷裂纹三种形式，如图 5-8 所示。

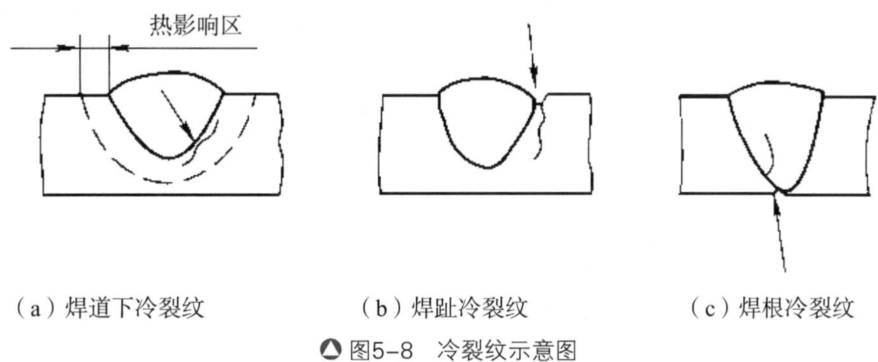

（a）焊道下冷裂纹　（b）焊趾冷裂纹　（c）焊根冷裂纹

图5-8　冷裂纹示意图

①冷裂纹产生的原因：冷裂纹主要发生在中碳钢、高碳钢、低合金或中合金高强度钢中，产生冷裂纹的主要原因有三个：钢的淬硬倾向、焊接应力、较多氢的存在和聚集。这三个因素共同存在时，就容易产生冷裂纹。一般钢的淬硬倾向越大、焊接应力越大、氢的聚集越多，越易产生冷裂纹。在许多情况下，氢是诱发冷裂纹的最活跃因素。

②冷裂纹的特征：冷裂纹的断裂表面没有氧化色彩，因为它是在低温下产生的（约为200℃～300℃）；冷裂纹多产生在热影响区或热影响区与焊缝交界的熔合线上，但也有可能产生在焊缝上；冷裂纹一般为穿晶裂纹，少数情况下也可能沿晶界发生。

③冷裂纹的防止措施：一是选用碱性低氢型焊条，可减少焊缝中的氢。二是焊条和焊剂应严格按规定进行烘干，随用随取。保护气体应控制其纯度，严格清理焊丝和工件坡口两侧的油污、铁锈、水分，注意环境湿度。三是改善焊缝金属的性能，加入某些合金元素以提高焊缝金属的塑性。四是正确选择焊接参数，采取预热、缓冷、后热以及焊后热处理等工艺措施。五是改善结构的应力状态，降低焊接应力等。

7. 气孔

在焊接时，冶金反应过程中产生的气体在熔池金属凝固之前未来得及逸出而在金属中形成的空穴叫作气孔。气孔的类型主要有氢气孔、氮气孔和一氧化碳气孔。气孔有球形、条虫状和针状等多种形态；有时是单个分布，有时是密集分布，有时是连续分布，如图 5-9 所示。

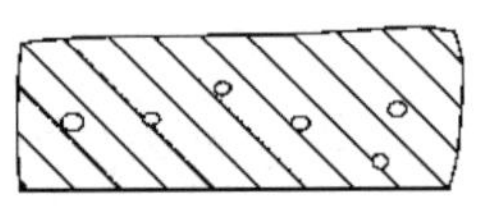

（a）连续气孔

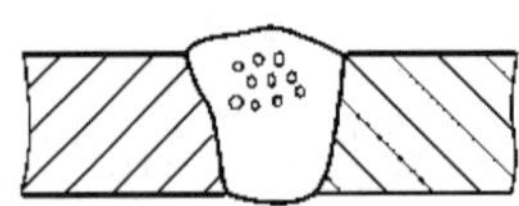

（b）密集气孔

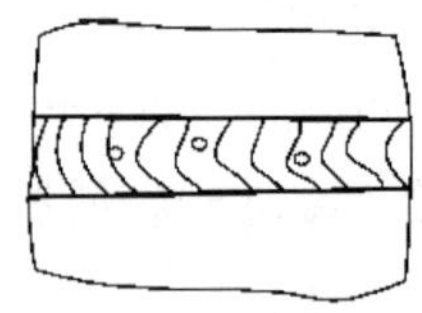

（c）外部气孔

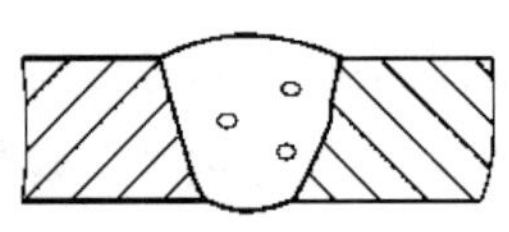

（d）内部气孔

图5-9　焊缝中的气孔

气孔的存在减小了焊缝的有效面积，造成了应力集中，降低焊缝金属的强度和塑性，尤其是大大降低了其冲击韧度和疲劳强度。

（1）气孔产生的原因　①在焊接时，高温熔池内存在着各种气体，一部分是能溶解于液态金属中的氢气和氮气；另一部分是冶金反应产生的不溶于液态金属的一氧化碳等。②在焊缝结晶时，由于焊接熔池结晶速度快，气泡来不及逸出而残留在焊缝中形成了气孔。

（2）防止气孔的措施　①焊前将焊丝和焊接坡口及其两侧 20 ~ 30 mm 范围内的焊件表面清理干净。②焊条和焊剂按规定进行烘干，不得使用药皮开裂、剥落、变质、偏心或焊芯锈蚀的焊条。③选择合适的焊接参数。④碱性焊条施焊时应采用短弧焊，并采用直流反接。⑤若发现焊条偏心，要及时调整焊条角度或更换焊条。

8. 夹渣

夹渣就是焊后残留在焊缝中的熔渣，如图 5-10 所示。

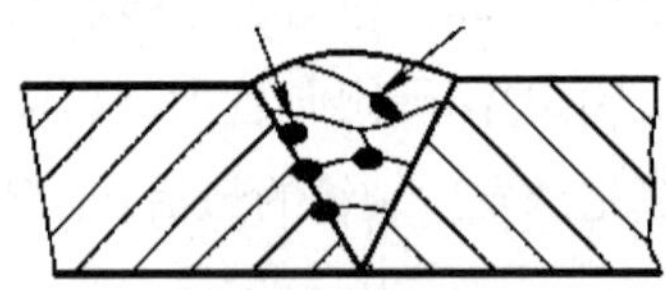

（a）单面焊缝

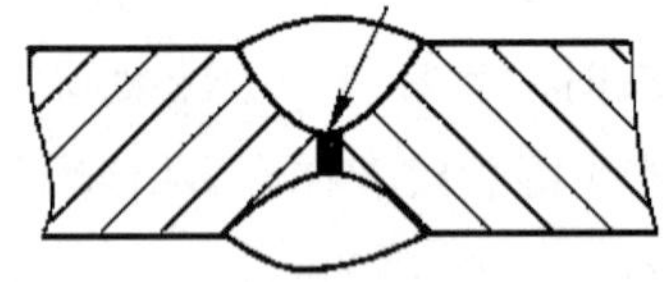

（b）双面焊缝

图5-10　夹渣示意图

夹渣削弱了焊缝的有效截面，降低了焊缝的力学性能，还会引起应力集中，易使焊接结构失去承载能力。

（1）产生原因　主要是层间清理或焊趾部位清理不彻底；焊接电流太小，焊接速度过快，使熔渣来不及浮出；焊条倾角或运条方式不恰当，阻碍熔渣的上浮，从而使熔渣与金属不易分离。

（2）防止措施　采用具有良好工艺性能的焊条；选择适当的焊接参数；焊前、焊间要做好清理工作，清除残留的锈皮和熔渣；操作过程中注意熔渣的流动方向，调整焊条角度和运条方法，特别是在采用酸性焊条时，必须使熔渣在熔池的后面，若熔渣流到熔池的前面，就很容易产生夹渣。

9. 未焊透

未焊透就是焊接时接头根部未完全熔透的现象，如图 5-11 所示。根据未焊透产生的部位不同可分为根部未焊透、中间未焊透等。

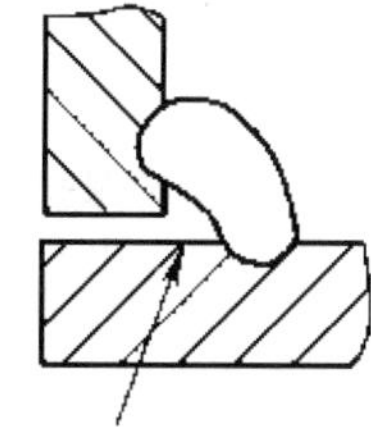
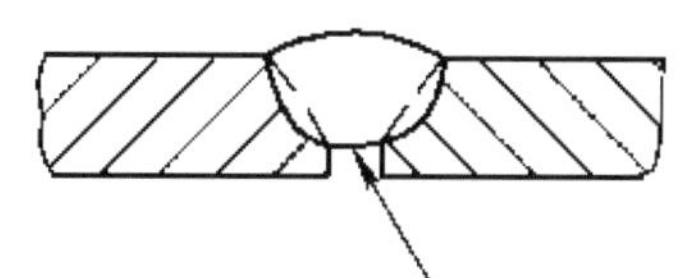
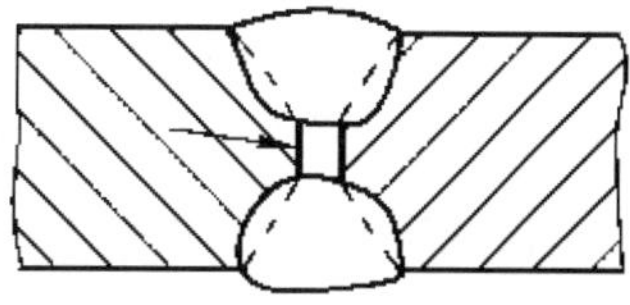

图5-11　未焊透示意图

未焊透是一种比较严重的焊接缺欠，它的存在使焊缝的强度大大降低，引起应力集中，从而使接头失去承载能力，因此，接头中不允许未焊透存在。

（1）产生原因　主要是由于焊接坡口钝边过大，坡口角度太小，装配间隙太小；焊接电流过小，焊接速度过快，使熔深浅，边缘未充分熔化；焊条角度不正确，电弧偏吹，使电弧热量偏于焊件一侧；层间或母材边缘的铁锈或氧化皮及油污等未清理干净。

（2）防止措施　正确选用坡口形式及尺寸，保证装配间隙；正确选用焊接电流和焊接速度；认真操作，防止焊偏，注意调整焊条角度，使熔化金属与母材金属充分熔合。

10. 未熔合

未熔合是指熔焊时，焊道与母材之间或焊道与焊道之间未完全熔化结合的部分，如图 5-12 所示。未熔合有根部未熔合、层间未熔合、坡口未熔合等。

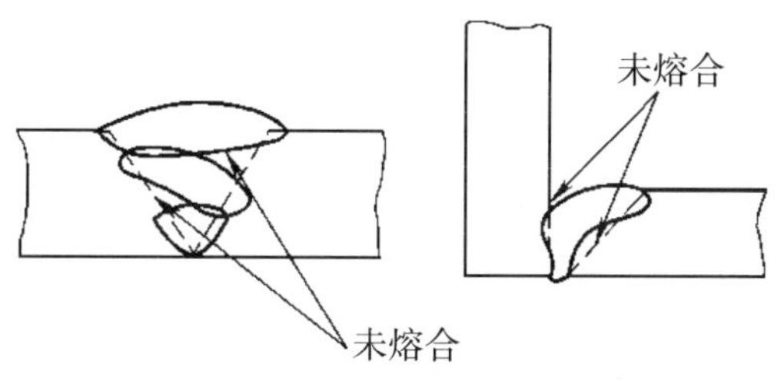

图5-12　未熔合示意图

未熔合也是一种比较严重的焊接缺欠，它直接降低了焊接接头的力学性能，引起应力集中，还很可能使接头直接失去承载能力。

（1）产生原因　主要是由于焊接热输入太低；焊条、焊丝或焊炬火焰偏于坡口一侧，使母材或前一层焊缝金属未得到充分熔化就被填充金属覆盖；坡口及层间清理不干净；单面焊双面成形焊接时，第一层的电弧燃烧时间短等。

（2）防止措施　焊条、焊丝和焊炬的角度要合适，运条摆动应适当，要注意观察坡口两侧的熔化情况；选用稍大的焊接电流和火焰能率，焊速不宜过快，使热量增加足以熔化母材或前一层焊缝金属；发生电弧偏吹时应及时调整角度，使电弧对准熔池；加强坡口及层间清理。

11. 夹钨

夹钨是钨极气体保护焊时，钨极熔化后进入焊缝金属中形成的钨粒。由于钨的熔点、硬度较高，在焊缝中独立存在，引起应力集中，其带来的危害与夹渣相类似。

（1）产生原因　主要是电流过大或钨极直径太小，使钨极端部熔化烧损；氩气保护不良使钨极烧损；操作时钨极端部插入熔池中熔化等。

（2）防止措施　根据工件的厚度选择相应的焊接电流和钨极直径；使用符合标准要求纯度的氩气；施焊时，采用高频振荡器引弧，在不妨碍操作的情况下，尽量采用短弧，以增强保护效果；操作要仔细，不使钨极触及熔池或焊丝产生飞溅，经常修磨钨极端部。

练一练

一、填空题

1. 焊缝内部的缺欠有 ________、________、________、________、________ 等。
2. 焊缝外部的缺欠有 ________、________、________、________、________ 等。
3. 在所有焊接缺欠中对焊接结构危害最大的是 ________ 和 ________。
4. 裂纹按其产生的温度和原因不同可分为 ________、________ 和 ________ 等。
5. 产生冷裂纹的主要原因有：________、________、________。

二、判断题

1. 焊缝的余高越高，则焊缝的强度越高。（　　）
2. 焊前对施焊部位进行除污、除锈等是为了防止产生夹渣、气孔等缺欠。（　　）
3. 坡口钝边过大、角度太小，焊接时易产生未焊透缺欠。（　　）
4. 咬边的主要危害是在咬边处会引起应力集中。（　　）
5. 焊条严格按规定烘干，选用碱性低氢型焊条，是防止冷裂纹的措施。（　　）

三、简答题

1. 什么是焊接缺欠。焊接缺欠有什么危害？
2. 冷裂纹产生的原因及特征是什么？

任务二　焊接质量检验

任务目标

知识目标	1. 焊接质量检验的分类。 2. 无损检验方法。 3. 破坏性检验方法。
能力目标	1. 掌握焊接质量检验的方法。 2. 掌握各种焊接缺陷在底片上的影像。
素质目标	通过学习与实验，增强动手能力和分析问题的能力。

学习内容

焊接质量检验是保证焊接产品质量的重要措施，是及时发现、消除焊接缺欠并防止缺欠重复出现的重要手段。焊接质量检验自始至终贯穿于焊接结构的整个制造过程中。

一、焊接质量检验的过程和分类

1. 焊接质量检验过程

焊接质量检验过程分为焊前检验、焊接过程中的检验和焊后检验三个阶段。

（1）焊前检验　焊前检验包括检验焊接产品图样和焊接工艺规程等技术文件是否齐备；母材及焊材是否符合设计及工艺规程的要求；坡口的加工质量和接头的装配质量是否符合图样要求；焊接设备及辅助工具是否完好；焊工是否具有上岗资格等内容。焊前检验的目的是预先防止和减少焊接缺欠产生的可能性。

（2）焊接过程中的检验　焊接过程中的检验包括检验在焊接过程中设备的运行是否正常、焊接参数是否正确；焊接夹具在使用过程中是否牢固；多层焊时层间清理及焊接缺欠的控制等。焊接过程中检验的目的是防止缺欠的形成并及时发现缺欠。

（3）焊后检验　焊后检验是在全部焊接工作完成，将焊缝清理干净后进行的检验。目的是检验焊接结构的最终焊接质量是否符合产品质量要求。

2. 分类

焊接质量检验分为无损检验和破坏性检验两大类，如图 5-13 所示。通常所说的焊接质量检验主要指的是焊后检验。对于焊接质量检验方法的选用主要根据产品的使用条件和图样的技术要求来进行。

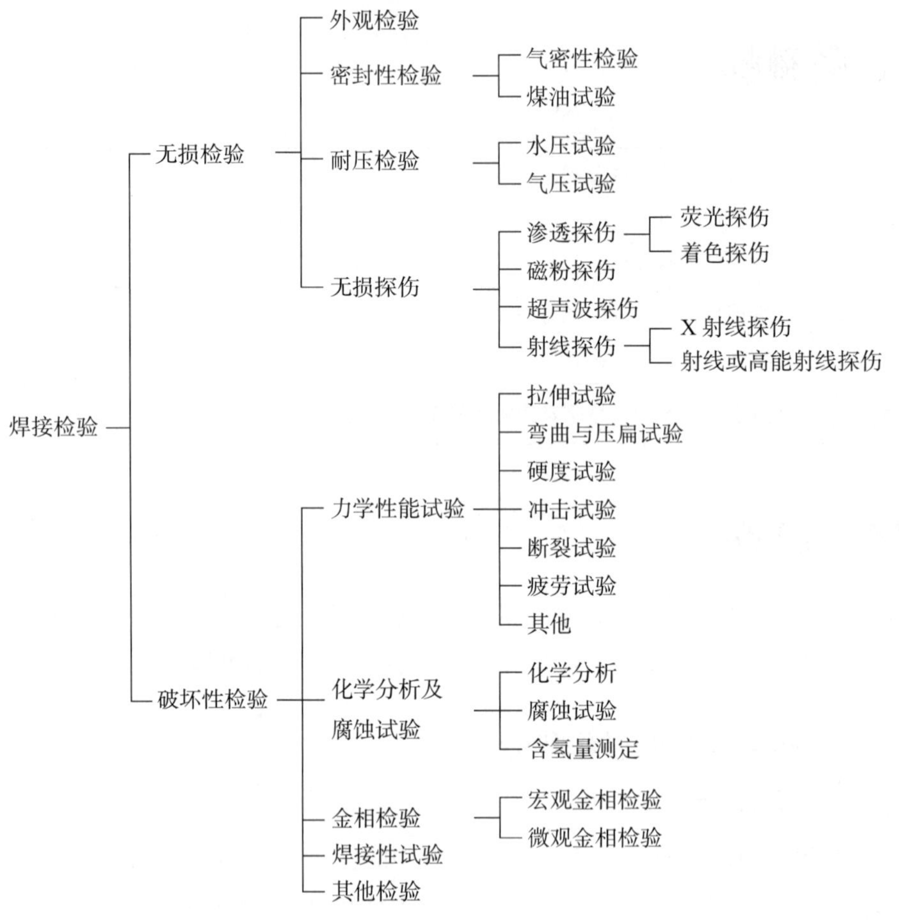

图5-13　焊接检验方法分类示意图

二、无损检验

无损检验是指不损坏被检验材料或成品的性能及完整性而采用的检验方法，主要包括外观检验、密封性检验、耐压检验、无损探伤等。

1. 外观检验

外观检验是一种既简便又实用的检验方法，它是借助于标准样板、焊缝检验尺、量具，用肉眼或低倍放大镜来观察焊缝表面焊接缺欠情况的方法。外观检验的目的是为了发现焊缝是否存在表面气孔、表面裂纹、咬边、焊瘤、烧穿及焊缝尺寸偏差和成形等情况，如图 5-14 所示。

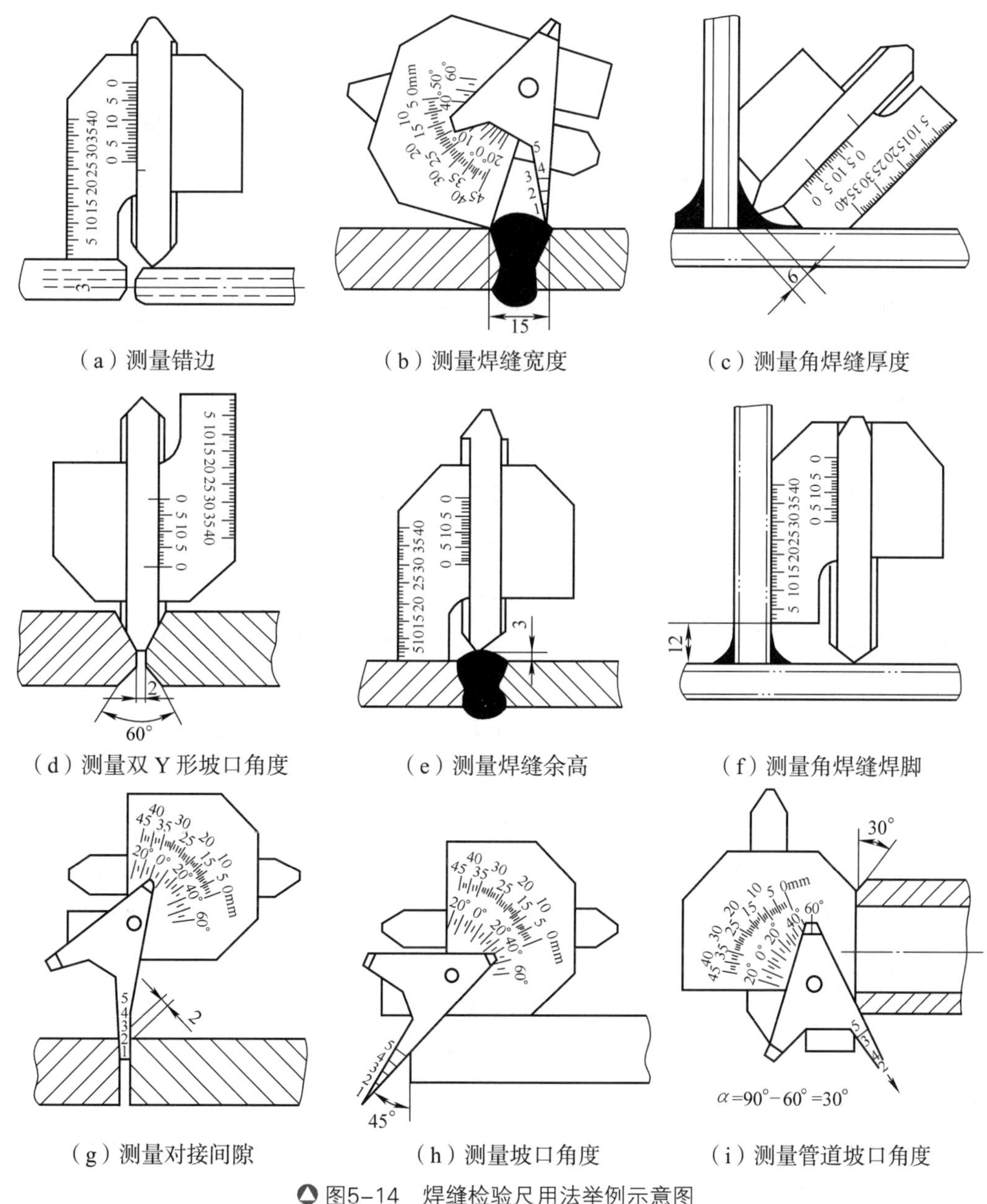

（a）测量错边　（b）测量焊缝宽度　（c）测量角焊缝厚度

（d）测量双 Y 形坡口角度　（e）测量焊缝余高　（f）测量角焊缝焊脚

（g）测量对接间隙　（h）测量坡口角度　（i）测量管道坡口角度

图5–14　焊缝检验尺用法举例示意图

2. 密封性检验

密封性检验是用来检查焊缝有无漏水、漏气、漏油或渗油的试验方法，常用的方法有气密性检验、煤油试验等，它主要是检查管道、容器的焊缝是否存在不致密缺欠等。

（1）气密性检验　气密性检验将低于容器工作压力的压缩空气充入容器，利用容器内外部气体的压力差来检验容器有无泄漏。检验时，在焊缝的外表面涂上肥皂水，若焊缝有贯穿性缺陷，焊缝表面就会有气泡出现。若用含 1% 氨气的混合气体来检验时，则在焊缝外表面贴一条用 5% 硝酸汞水溶液浸过的试纸，若焊缝有缺欠，氨气就会泄露与其发生反应，在试纸上出现黑色斑纹。这种方法准确、迅速，同时可在低温下检查焊缝的密封性。

（2）煤油试验　就是在焊缝的表面涂上石灰的水溶液，待干燥后呈白色，然后在焊缝的另一面涂上煤油；一段时间后，若焊缝有贯穿性缺欠，煤油就会渗透到涂有石灰水一面的焊缝上，出现油斑，从而显示缺欠所在。煤油试验的持续时间与板厚、缺欠大小及煤油量有关，为 15 ～ 20 min。

3. 耐压试验

耐压试验是利用水、油、气等为介质充入容器内，逐渐加压以检查焊缝是否泄漏、耐压、破坏等的试验，常用的有水压试验和气压试验。

（1）水压试验　水压试验是锅炉、压力容器和压力管道进行致密性与强度试验常用的方法。

水压试验的要求：①试验压力一般为设计压力的1.25 ~ 1.5倍。②水温一般不低于5℃。③升压过程要缓慢，并随时观察检查，当升至设计压力时要暂停升压，进行全面检查，若无渗漏等问题再升至试验压力进行保压 30 min；在此期间进行全面检查，看容器是否有泄漏、变形等情况，且压力降不超过0.05 MPa为合格。④合格后要缓慢降压，直至压力为零。

若水压试验过程中出现渗漏等情况，待泄压后再进行返修处理。处理合格后，再重新进行水压试验，直至合格为止。

（2）气压试验　同水压试验一样，气压试验也是用于检验承压设备焊缝的致密性和强度。气压试验比水压试验更灵敏和迅速，但其危险性却比水压试验大。试验时，应先升压至试验压力的 10% 进行检验。如无泄漏，升压至试验压力的 50%，其后按 10% 的级差逐级升压至试验压力并保持 10 ~ 30 min，然后再降至设计压力保持 30 min 并进行检验。升压过程中要随时观察检验，一旦发现异常情况，立即停止，并缓慢泄压，严禁快速泄压。

4. 无损探伤

无损探伤是焊接结构中应用比较广泛的质量检验方法，常用的主要有渗透探伤、磁粉探伤、射线探伤、超声波探伤等。其中，渗透探伤、磁粉探伤适于表面缺欠的检验；射线探伤、超声波探伤适于内部缺欠的检验。

（1）渗透探伤　渗透探伤是利用渗透剂的渗透作用来显示缺欠痕迹的一种无损检验方法，主要用来检验材料的表面开口缺陷，分为着色法和荧光法两种。

①着色法探伤：就是用红色的渗透液来作着色剂，喷涂在焊缝上使其渗入缺欠中，再用显像剂使其显示出来，从而确定缺欠的位置和形状。

②荧光法探伤：其原理同着色法探伤，就是利用荧光粉来喷涂在工件表面，使其渗入缺欠中，然后再把工件表面清理干净放在暗室内的荧光灯下照射，有荧光出现的地方就是缺欠的位置，如图 5-15 所示。

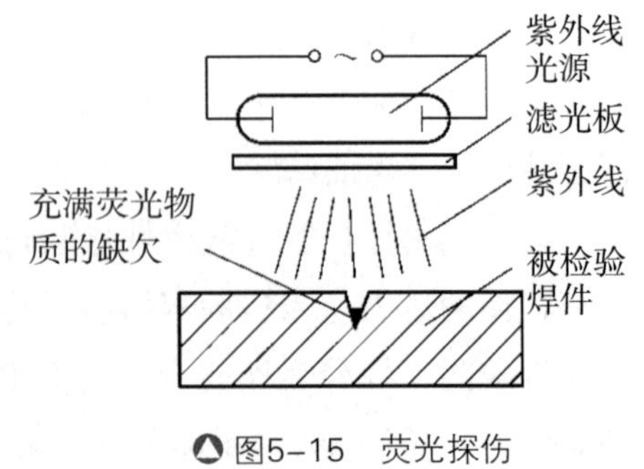

图5-15　荧光探伤

荧光法的灵敏度不如着色法的灵敏度高。

（2）磁粉探伤　磁粉探伤就是利用磁粉在强磁场的作用下缺欠产生的漏磁现象来显示缺欠的一种无损检验方法。它主要是来检验铁磁性材料的表面或近表面缺陷，如图 5-16 所示。

在检验时，利用两个磁极先对被检区进行磁化形成磁场，磁场中的焊接缺欠就会产生漏磁场；然后再把磁粉液喷入磁场中，磁粉就会在漏磁场处聚集，从而显示缺欠的位置、大小和形状。在磁化被检区时，要从不同的方向进行磁化，否则，显示出的焊接缺欠就会不准确。

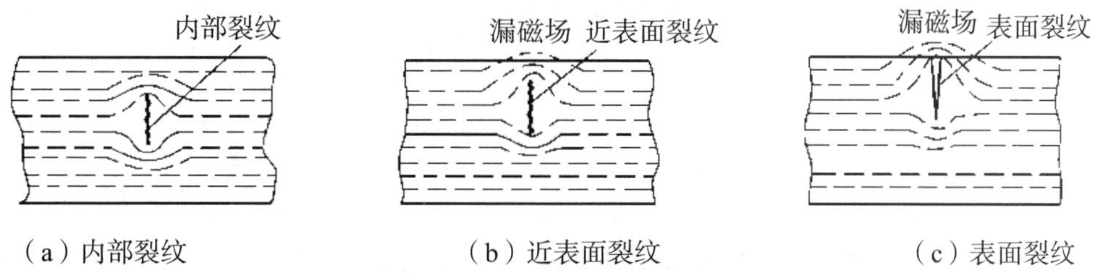

图5-16　焊缝中有缺欠时产生漏磁情况的示意图

（3）射线探伤　射线探伤是利用射线使胶片感光，在其穿过不同物体时强度衰减程度不同，从而在底片上显示的黑度不同来区别焊接缺欠的一种无损检验方法。射线探伤主要是用来检验焊缝的内部缺欠，尤其是对体积型缺欠的检验灵敏度较高。根据所用射线种类的不同分为 X 射线和 γ 射线两种。目前 X 射线探伤应用较多，一般只应用在重要焊接结构上。图 5-17 为 X 射线探伤原理示意图，图 5-18 为 X 射线探伤机。

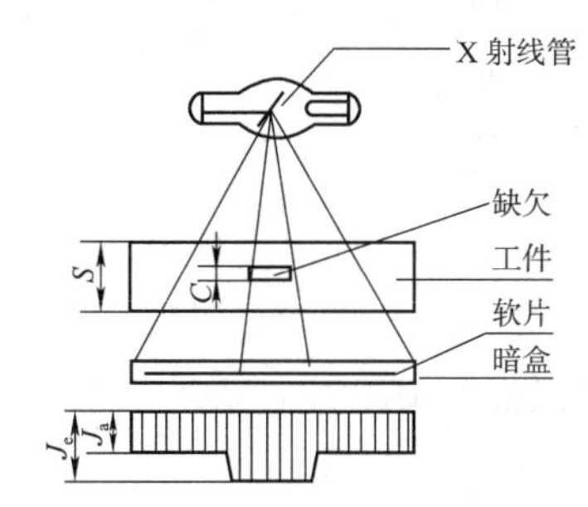

图5-17　X射线探伤示原理示意图

图5-18　X射线探伤机

经射线照射后，在底片上的一条淡色影像就是焊缝，在焊缝部位中显示的深色条纹或斑点就是焊接缺欠，其尺寸、形状与焊缝内部实际存在的缺欠相当。图 5-19 所示为几种常见焊接缺欠在底片中显示的典型影像。

几种常见焊接缺欠在底片上的影像特征见表 5-1。

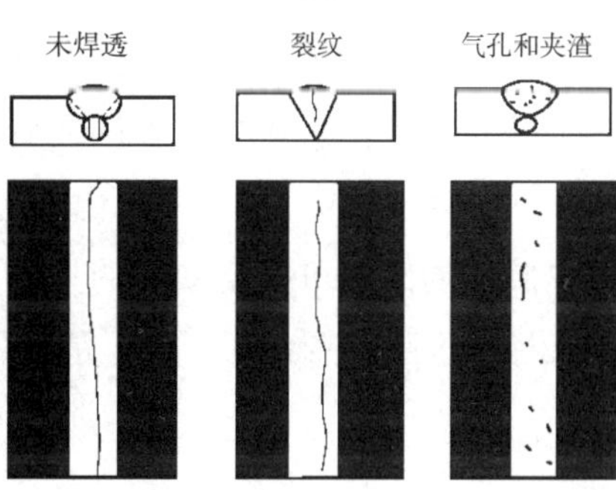

图 5-19　底片中焊接缺欠的影像

表5-1 常见焊接缺欠的影像特征

焊接缺欠	缺欠影像特征
裂纹	裂纹在底片上一般呈略带曲折的黑色细条纹，有时也呈现直线细纹，轮廓较为分明，两端较为尖细，中部稍宽，很少有分枝，两端黑度逐渐变浅，最后消失
未焊透	未焊透在底片上是一条断续或连续的黑色直线。在不开坡口对接焊缝中的未焊透，在底片上常是宽度较均匀的黑直线状；V形坡口对接焊缝中的未焊透，在底片上位置多是偏离焊缝中心、呈断续的线状，即使是连续的也不太长，宽度不一致，角焊缝的未焊透呈断续线状
气孔	气孔在底片上多呈现为圆形或椭圆形黑点，其黑度一般是中心处较大，向边缘处逐渐减少；黑点分布不一致，有密集的，也有单个的
夹渣	夹渣在底片上多呈不同形状的点状或条状。点状夹渣呈单独黑点，黑度均匀，外形不太规则，带有棱角；条状夹渣呈宽而短的粗线条状；长条状夹渣的线条较宽，但宽度不一致
未熔合	坡口未熔合在底片上呈一侧平直，另一侧有弯曲，颜色浅、较均匀、线条较宽，端头不规则的黑色直线表示伴有夹渣；层间未熔合影像不规则，且不易分辨
夹钨	夹钨在底片上多呈圆形或不规则的亮斑点，轮廓清晰

射线探伤能够比较准确地显示缺欠的位置、形状和大小。由于射线对人体有很大的危害性，故检验时要对周围进行射线的屏蔽，以防对人造成伤害。

射线探伤焊缝质量的评定可按国家标准《金属熔化焊焊接接头射线照相》（GB/T3323—2005）的规定进行。按此标准，射线探伤的质量等级分为四级。其中，Ⅰ级、Ⅱ级、Ⅲ级为合格等级，Ⅳ级为不合格等级。焊接质量要求是：Ⅰ级焊缝中不允许存在裂纹、未熔合、未焊透和条形缺陷；Ⅱ级、Ⅲ级焊缝中不允许存在裂纹、未熔合、未焊透，缺陷超过Ⅲ级者为Ⅳ级。

（4）超声波探伤 超声波探伤是利用超声波（频率超过 20 kHz）在穿过物体界面时会发生反射和折射现象，通过探头来接收反射信号进行缺欠的识别。在示波器荧光屏上出现三个脉冲信号：始脉冲（工件表面反射波）信号、缺欠脉冲信号、底脉冲（工件底面反射波），如图 5-20（a）所示。由缺欠脉冲与始脉冲及底脉冲间的距离，可知缺欠的深度，由缺欠脉冲的高度可确定缺欠的大小。由于焊缝表面不平，不能用直探头探伤，一般采用斜探头探伤。图 5-20（b）所示是使用斜探头探伤的原理图，图 5-21 为超声波探伤仪。

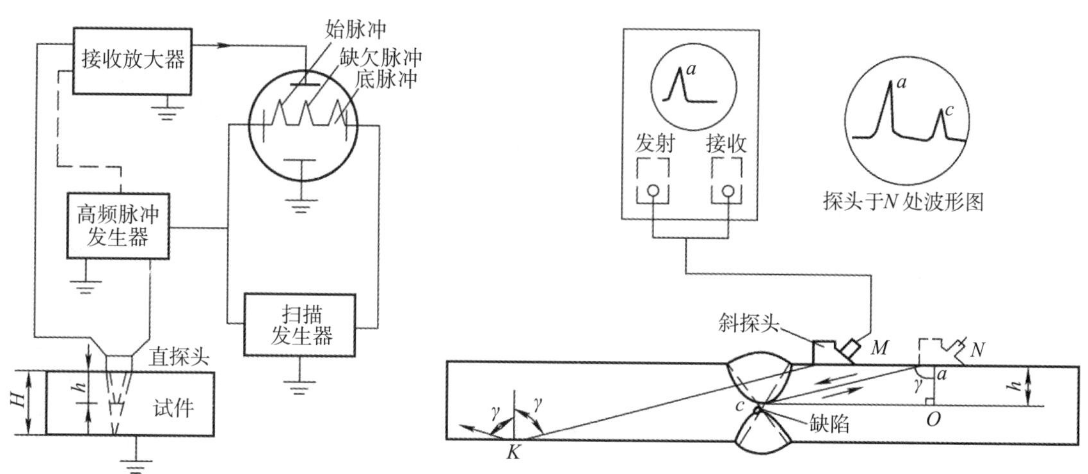

（a）直探头探伤原理　　（b）斜探头探伤原理

图5-20　超声波探伤原理示意图

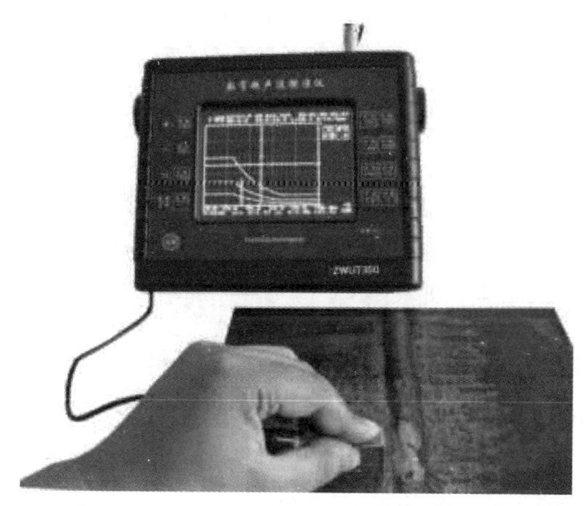

图5-21 超声波探伤仪

在检验时，要把检验表面清理干净并保持平整，涂上耦合剂以保证探头和工件表面接触密实，从而更准确地显示缺欠情况。超声波探伤灵敏度较高，尤其是对面积型的缺欠检测较高。它具有操作灵活简便，成本低，周期短等优点，但其检测的准确性主要靠检验人员的经验和水平高低，且对缺欠的形状和尺寸显示不太准确。

表 5-2 是几种常用无损探伤检验方法对比。

表5-2 几种常用无损探伤检验方法

检验方法	能探出的缺欠	可检验的厚度	灵敏度	判断方法	备注
渗透探伤	贯穿表面的缺欠（如微细裂纹、气孔等）	表面	缺欠宽度小于 0.01 mm，深度小于 0.04 mm 者检查不出来	直接根据渗透剂在吸附显像剂上的分布，确定缺欠位置。缺欠深度不能确定	焊接接头表面一般不需加工，有时需打磨加工
磁粉探伤	表面及近表面的缺欠（如细微裂纹、未焊透、气孔等），被检验表面最好与磁场正交	表面及近表面	比荧光法高；与磁场强度大小及磁粉质量有关	直接根据磁粉分布情况判定缺欠位置。缺欠深度不能确定	（1）焊接接头表面一般不需加工，有时需打磨加工 （2）其母材及焊缝金属均为铁磁性材料
超声波探伤	内部缺欠（裂纹、未焊透、气孔等）	焊件厚度上限几乎不受限制	能探出直径大于 1 mm 以上的气孔、夹渣。探裂纹较灵敏；探表面及近表面的缺欠较不灵敏	根据荧光屏上信号的指示，可判断有无缺欠及其位置和大小。判断缺欠的种类较难	检验部位的表面需加工至 *Ra*（12.5 ~ 3.2）μm，可以单面探测
X 射线探伤	内部缺欠（裂纹、气孔、未焊透、夹渣等）	20 kV：0.1 ~ 0.6 mm 100 kV：1.0 ~ 5.0 mm 150 kV：≤ 25 mm 250 kV：≤ 60 mm	能检验出尺寸大于焊缝厚度 1% ~ 2% 的缺欠	从照相底片上能直接判断缺欠种类、大小和分布，对裂纹探测不如超声波法灵敏度高	焊接接头表面不需加工；正反两个面都必须是可接近的（如无金属飞溅粘连及明显的不平整）

三、破坏性检验

破坏性检验就是从试件上切取试样或对产品进行整体破坏来做试验，以检查试件的各种力学性能、抗腐蚀性能等的试验方法，它包括力学性能试验、化学分析及试验、金相检验、焊接性试验等。

1. 力学性能试验

力学性能试验是用来检验材料及焊缝金属的力学性能的各种试验，常用的有拉伸试验、弯曲试验、冲击试验、硬度试验等。做力学性能试验的各种试样的截取位置如图 5-22 所示。

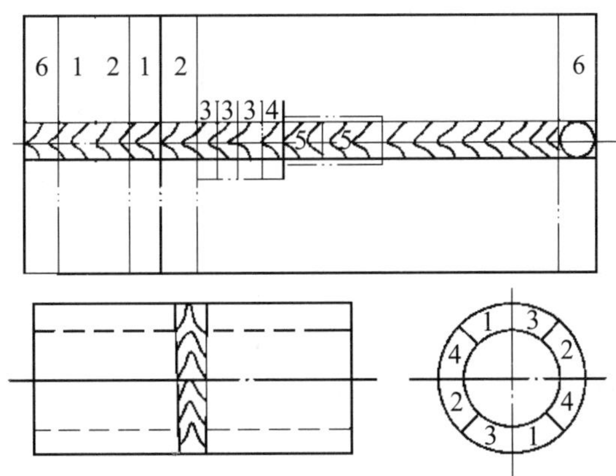

1- 拉伸　2- 弯曲　3- 冲击　4- 硬度　5- 焊缝拉伸　6- 舍弃

图5-22　焊接试样的截取位置示意图

（1）拉伸试验　其目的是测定金属材料的强度和塑性指标。强度指标包括抗拉强度（σ_b）和屈服强度（σ_s），塑性指标包括伸长率（δ）和断面收缩率（ψ）。拉伸试验的试样形状分为板状、圆形和整管三种。拉伸试样的取样方式如图 5-23 所示。

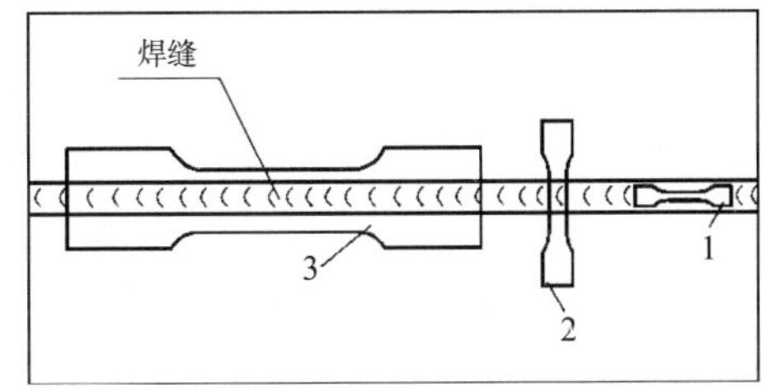

1- 焊缝金属拉伸试样　2- 接头横向拉伸试样　3- 接头纵向拉伸试样

图5-23　典型的拉伸试样的取样方式示意图

（2）弯曲试验　其目的是检验焊接接头的塑性，同时反映各区域的塑性差别并考核熔合线的质量。弯曲试验的种类分为横弯、纵弯和侧弯，横弯和纵弯又可分为正弯（面弯）与反弯（背弯）。弯曲试验的试样分为平板和管子两种。弯曲试验的角度一般有 90° 和 1 80° 两种。平板的弯曲试验如图 5-24 所示，管子的压扁试验如图 5-25 所示。

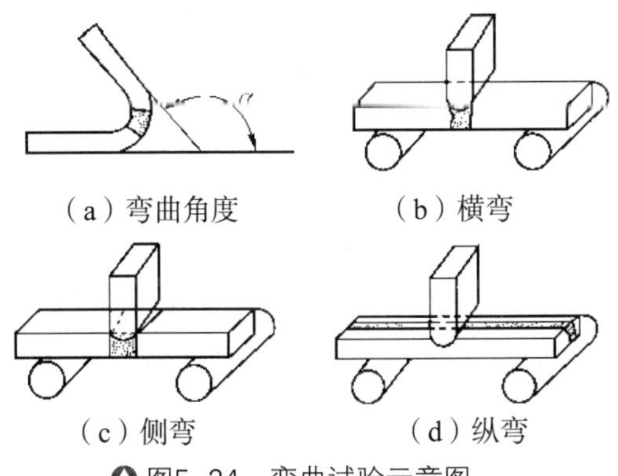

（a）弯曲角度　（b）横弯

（c）侧弯　（d）纵弯

图5-24　弯曲试验示意图

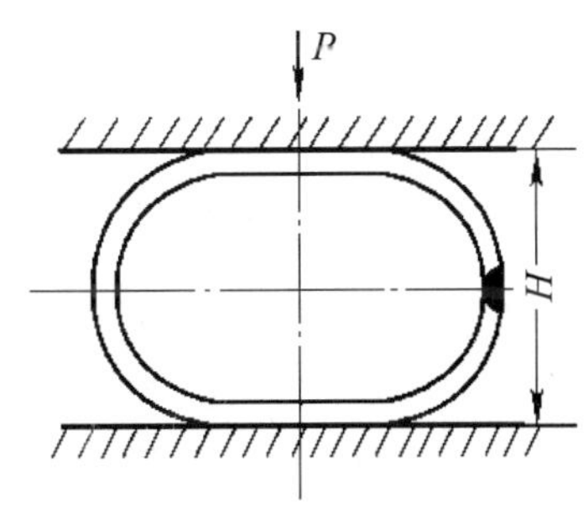

图5-25　管接头纵缝压扁试验示意图

（3）冲击试验　其目的是测定接头的冲击韧度和缺口敏感性，作为评定材料和接头的断裂韧性的指标。冲击试验是利用能量守恒原理来测定试样的冲击吸收功。冲击试验的试样分为V形缺口和U形缺口两种，试验时缺口要背对着摆锤。冲击试样如图5–26所示。

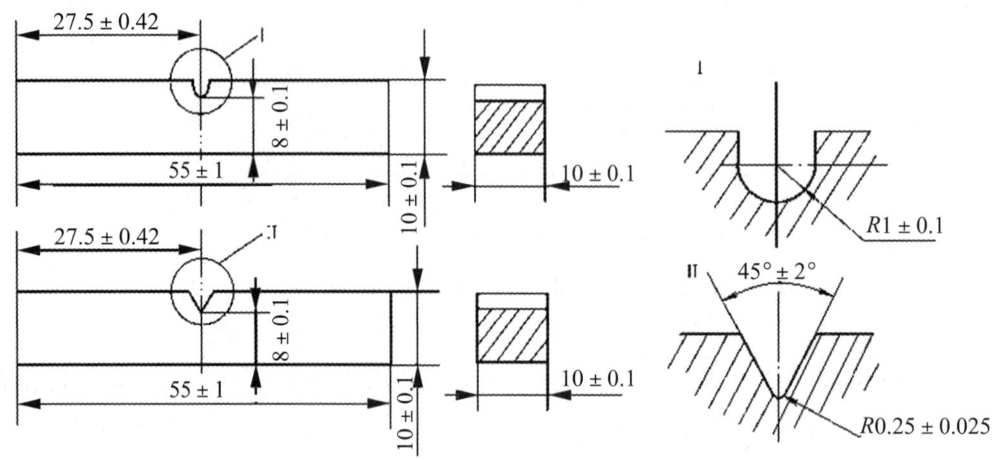

图5–26　冲击试样示意图

（4）硬度试验　其目的是测定焊缝和热影响区金属材料的硬度，并可间接判断材料的可焊性。常用的测定硬度的方法有布氏硬度法（HBW）、洛氏硬度法（HR）、维氏硬度法（HV）。

2. 化学分析及腐蚀试验

（1）化学分析　焊缝的化学分析是指检查分析焊缝金属的化学成分。通常用直径6 mm的钻头在焊缝中钻取试样，一般常规分析需试样50 ~ 60 g。经常被分析的元素有碳、锰、硅、硫和磷等。对一些合金钢或不锈钢，还需分析镍、铬、钛、钒、铜等元素，但需要多取一些试样。

（2）腐蚀试验　金属受周围介质的化学和电化学作用而引起的损坏称为腐蚀。焊缝和焊接接头的腐蚀破坏形式有总体腐蚀、晶间腐蚀、刀状腐蚀、点腐蚀、应力腐蚀、海水腐蚀、气体腐蚀和腐蚀疲劳等。腐蚀试验的目的在于确定在给定的条件下金属抗腐蚀的能力，估计产品的使用寿命，分析腐蚀的原因，找出防止或延缓腐蚀的方法。腐蚀试验的方法应根据产品对耐腐蚀性能的要求而定，常用的有不锈钢的晶间腐蚀试验、应力腐蚀试验、腐蚀疲劳试验、大气腐蚀试验、高温腐蚀试验等。

3. 金相检验

焊接接头的金相检验是用来检查焊缝、热影响区和母材的金相组织情况及确定内部缺欠等，可分为宏观金相检验和微观金相检验两种。

（1）宏观金相检验　宏观金相检验就是用肉眼或借助低倍放大镜直接进行检查，包括宏观组织（粗晶）分析、断口检验、钻孔检验三种方法。

（2）微观金相检验　微观金相检验就是用1 000 ~ 1 500倍的显微镜来观察焊接接头各

区域的显微组织、偏析、缺欠及析出相的状况等的一种金相检验方法。根据分析检验结果，可确定焊接材料、焊接方法和焊接参数等是否合理。通过金相分析，可以观察到晶粒度、组织变化、晶体结构与性能之间的关系。

微观金相检验还可以用更先进的设备，如电子显微镜、X 射线衍射仪、电子探针等分别对组织形态、析出相和夹杂物进行分析，以及对断口、废品、事故、化学成分等进行分析。

练一练

一、填空题

1. 焊接检验的方法可分为 ____________ 和 ____________ 两大类。

2. 无损检验方法包括 ____________、____________、____________、____________ 等。

3. 力学性能试验包括 ____________、____________、____________ 和 ____________。

4. 金相检验包括 ____________ 和 ____________ 两大类。

5. 水压试验是用来检验焊接接头的 ____________ 和 ____________。试验压力一般为产品设计压力的 ____________。

二、判断题

1. 对焊接质量的检验，就是对成品焊接缺欠的检验。(　　)

2. 外观检查是常用的、简单的检验方法，以肉眼观察为主。(　　)

3. 力学性能试验属于破坏性检验，硬度试验属于非破坏性检验。(　　)

4. 气压试验和水压试验一样可以用来检验焊缝的致密性和受压元件的强度。(　　)

5. 低碳钢材料进行水压试验时，其水温一般高于 25℃。(　　)

6. 弯曲试验的目的是测定焊接接头的强度。(　　)

7. 射线检验评定焊缝质量按国家标准分为四级，其中Ⅰ级焊接缺欠最少，质量最好。(　　)

8. 在射线检验的胶片上，裂纹一般呈带曲折的黑色细条纹，两端较尖细，中部稍宽。(　　)

9. 外观检验的主要目的是为了检查焊接接头的内部缺欠。(　　)

10. GB/T3323—2005 中规定：Ⅰ级焊缝内不准有裂纹、未熔合、未焊透和条形缺欠。(　　)

三、简答题

1. 简述射线探伤的原理。

2. 简述焊接裂纹的影像特征。

任务三 焊接缺欠返修

任务目标

知识目标	1. 焊缝返修前的准备。 2. 焊缝返修工艺。
能力目标	掌握焊缝返修工艺。
素质目标	理论和实际相结合的能力。

学习内容

焊缝的返修就是指为修补工件的缺欠而进行的焊接。对于焊缝表面缺欠，如余高过大、焊缝高低不一、宽窄不均、小于 0.5 mm 的咬边、焊缝与母材过渡不良等，一般可采用打磨加工或电弧整形等方法解决。而通过无损探伤发现的不符合技术要求或检验标准，超标的内部缺欠就要对其进行清理，然后重新焊补。通常所说的返修指的就是对内部缺欠的修补。

一、返修前的准备

1. 根据无损探伤（主要是 X 射线探伤）的结果，正确确定焊接缺欠的种类、位置、数量等，并分析其产生原因。

2. 根据缺欠的性质及产生原因，制定有效的返修工艺。返修工艺包括：缺欠清除、坡口的制备，焊补方法的选择，焊接材料的选用，预热、后热及层（道）间温度的控制，焊后热处理参数的确定，焊补顺序及焊接参数、焊接质量检验方法及合格标准的确定等内容。

二、返修工艺

1. 清除缺欠、制备坡口

清除缺欠、制备坡口常用的方法是碳弧气刨、砂轮或角向磨光机等。坡口的形状、尺寸主要取决于缺欠尺寸、性质及分布特点等。所开坡口的角度或深度应越小越好，只要能将缺欠清除且便于操作即可。一般缺欠靠近哪侧就在哪侧清除，如果缺欠较深，清除到板厚的三分之二时还未清除，则应先在清除处焊补，然后再在另一面清除至焊补金属后再补焊。如果缺欠有数处且位置相距较近，深浅相差不大，为防止产生较大应力和变形，宜将这些缺欠看成一体来开一个坡口。反之，缺欠相距较远，深浅相差较大，一般按各自的情况来开坡口分别焊接。当材料的焊接性较差、脆性较大出现裂纹缺陷时，在开坡口前还应在裂纹两端钻止裂孔，以防止裂纹的扩展，如图 5−27 所示。

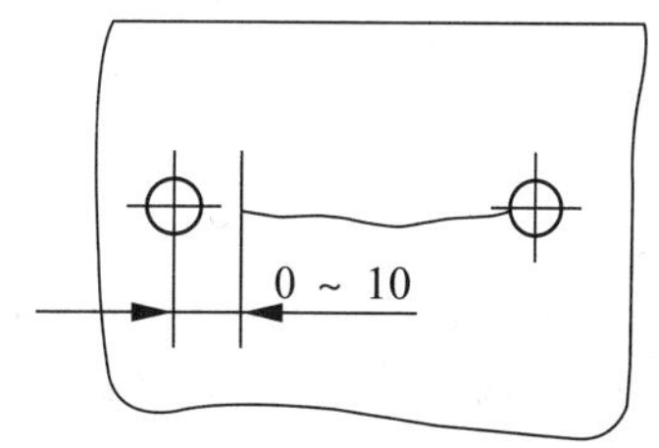

图5−27　裂纹两端的止裂孔示意图

对于抗裂性差或淬硬倾向较大的钢，碳弧气刨前应预热，清除缺欠后，还要用砂轮打磨掉碳弧气刨造成的铜斑、渗碳层、淬硬层等，直至露出金属光泽。坡口制备后，应用肉眼、放大镜或磁粉探伤、渗透探伤进行检验，确保坡口无裂纹等缺欠存在。

2. 焊接方法与焊接材料的选择

焊缝返修一般采用焊条电弧焊进行，这是由焊条电弧焊操作方便、位置适应性强等特点决定的。但若坡口均匀、尺寸较长，并可处于平位焊接时，也可以采用埋弧焊来返修。若返修量较小时，也可用钨极氩弧焊来返修。

当采用焊条电弧焊返修时，一般选用与原焊缝一样的焊条。但若返修部位刚度大、坡口较深、焊接条件恶劣时，应选用同一级别的碱性焊条来焊。当选用埋弧焊返修时，一般采用与原工艺相同的焊丝和焊剂来焊。当采用钨极氩弧焊返修时，一般选用与母材相类似的焊丝来焊。

3. 返修工艺措施

焊缝返修应控制焊接热输入，并采用合理的焊接顺序等工艺措施来保证质量。

（1）采用小直径焊条、小参数焊接规范焊接，以减少返修部位的塑性降低程度。

（2）采用窄焊道、短段分段焊、多层多道焊等方法，以减小焊接应力和变形，但每层的接头要尽量错开。

（3）每焊完一道后，要彻底清除熔渣，并填满弧坑，焊后立即用小锤锤击焊缝以松弛应力，但打底焊缝和盖面焊缝不宜锤击，以免引起根部裂纹和表面加工硬化。

（4）加焊回火焊道，但焊后需磨去多余金属，使之与母材圆滑过渡或采用 TIG 焊重熔法。回火焊道如图 5−28 所示。

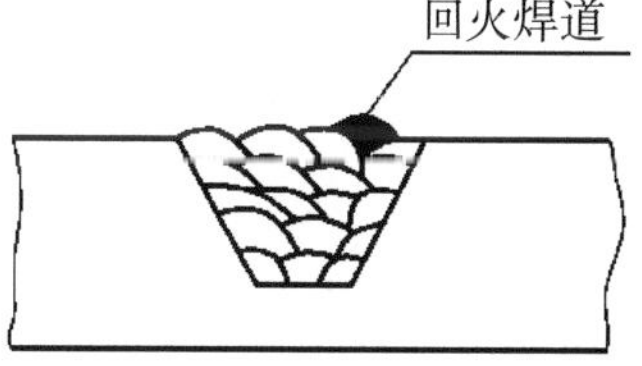

图5−28　回火焊道示意图

（5）凡需预热的材料，预热温度要较原焊缝提高 50℃左右，且其层（道）间温度不应低于预热温度。

（6）对要求焊后热处理的锅炉、压力容器应在热处理前返修；否则，返修后应重新进行热处理。

（7）同一部位的焊缝返修次数一般不超过 3 次。

4. 检验

返修完后，应彻底清理熔渣、飞溅等，然后按原焊缝要求进行同样内容的检验（如外观、无损探伤等），验收标准不得低于原焊缝标准。检验合格后，方可进行下道工序；否则，应重新返修，在允许次数内直至合格为止。

练一练

一、填空题

1. 返修是为了修补工件的 ________________ 而进行的焊接。

2. 通常指的返修主要是指对 ________________ 超标的内部焊接缺欠的焊补。

3. 同一部位的焊缝返修次数一般不超过 ____________ 次。

4. 返修时，对于需要预热的材料，其预热温度要比原焊缝提高 ________ ℃左右，并且其层（道）间温度不应低于 ________ 温度。

5. 焊缝返修应控制 ________，并采用合理的焊接 ________ 等工艺措施来保证质量。

二、判断题

1. 碳弧气刨是焊缝返修中清除缺欠、制备坡口最常用的方法。（　　）

2. 焊缝返修工作应在焊后热处理后进行，这样有利于降低焊接应力。（　　）

3. 耐压检验后再进行压力容器的返修，一般返修后应重新进行耐压检验。（　　）

4. 同一部位的焊缝返修次数一般不超过 2 次。（　　）

5. 已经进行热处理的焊件返修后不再要求进行热处理。（　　）

三、简答题

1. 焊缝返修前有哪些要求？

2. 焊缝返修的工艺措施有哪些？

单元六
气体保护电弧焊

知识目标	1. 了解气体保护电弧焊的原理及特点。 2. 掌握二氧化碳气体保护电弧焊基本知识。 3. 掌握钨极氩弧焊基本知识。 4. 了解熔化极活性混合气体保护焊。 5. 了解药芯焊丝气体保护电弧焊。
能力目标	1. 掌握二氧化碳气体保护电弧焊基本知识。 2. 掌握钨极氩弧焊基本知识。
素质目标	重视理论知识学习，系统掌握气体保护焊的基本知识，为下一步技能操作打下良好基础。

气体保护电弧焊的原理及特点

任务目标

知识目标	1. 气体保护电弧焊的原理及分类。 2. 气体保护电弧焊的特点。 3. 保护气体的种类及应用。
能力目标	1. 掌握气体保护电弧焊的特点。 2. 掌握保护气体的种类及应用。
素质目标	强化记忆、归纳学习。

学习内容

一、气体保护电弧焊的原理及分类

1. 气体保护电弧焊的原理

气体保护电弧焊是用外加气体作为电弧介质并保护电弧和焊接区的电弧焊方法，简称

气体保护焊。气体保护焊直接依靠从喷嘴中连续送出的气流，在电弧周围形成局部的气体保护层，使电极端部熔滴和熔池金属与周围空气隔绝，以保证焊接过程的稳定性，并获得质量优良的焊缝。

2. 气体保护电弧焊的分类

（1）按使用的电极材料不同，气体保护电弧焊可分为熔化极气体保护焊、非熔化极气体保护焊，如图 6-1 和图 6-2 所示，其中熔化极气体保护焊应用最广。非熔化极气体保护焊是钨极惰性气体保护焊，如钨极氩弧焊。熔化极气体保护焊又可分为熔化极惰性气体保护焊（MIG）、熔化极活性气体保护焊（MAG）、二氧化碳气体保护焊（CO_2 焊）三种，如图 6-3 所示。

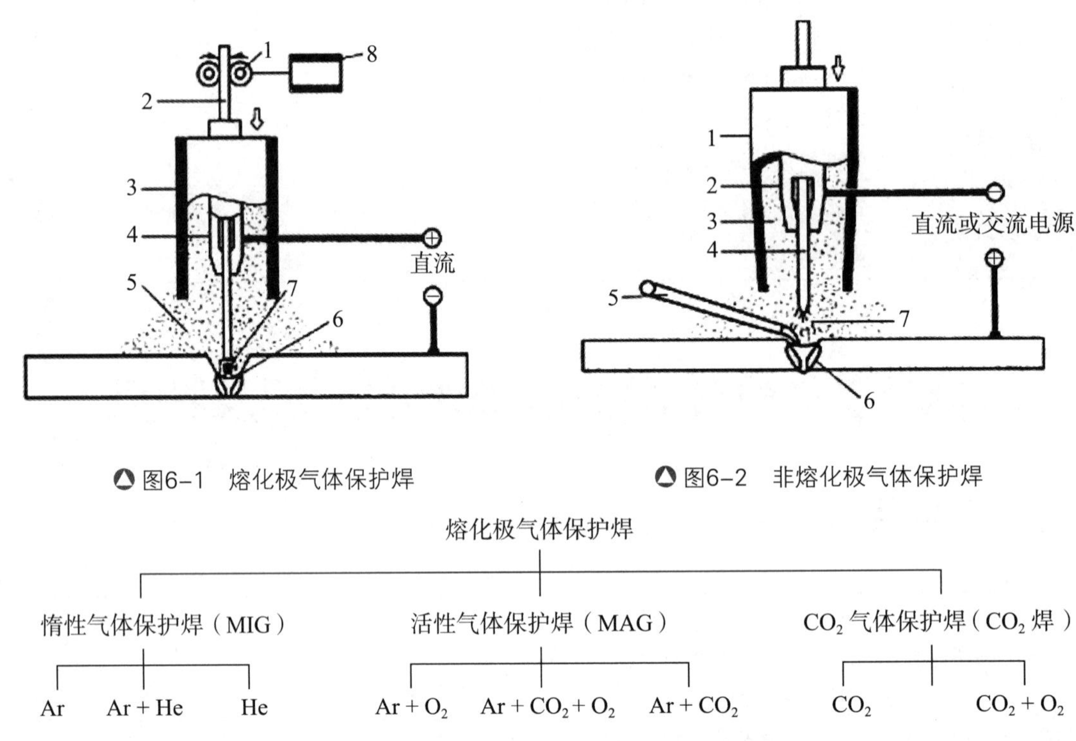

图6-1　熔化极气体保护焊

图6-2　非熔化极气体保护焊

图6-3　熔化极气体保护焊的分类

（2）按照保护气体的种类不同，气体保护电弧焊可分为氩弧焊、氦弧焊、氮弧焊、氢原子焊、CO_2 气体保护焊等。

（3）按操作方式的不同，气体保护电弧焊可分为手工气体保护焊、半自动气体保护焊和自动气体保护焊等。

二、气体保护电弧焊的特点

与其他电弧焊方法相比，气体保护电弧焊具有以下特点：

1. 采用明弧焊，一般不必用焊剂，没有熔渣，熔池可见度好，便于操作。而且保护气体是喷射的，适宜进行全位置焊接，不受空间位置的限制，有利于实现焊接过程的机械化和自动化。

2. 由于电弧在保护气流的压缩下热量集中，焊接熔池和热影响区很小，因此焊接变形小，焊接裂纹倾向不大，尤其适用于薄板焊接。

3. 采用氩、氦等惰性气体保护，焊接化学性质较活泼的金属或合金时，可获得高质量的焊接接头。

4. 气体保护焊不宜在有风的地方施焊，在室外作业时须有专门的防风措施，此外，电弧光辐射较强，焊接设备较复杂。

三、保护气体的种类及应用

焊接时可用作保护气体的气体主要有：氩气（Ar）、氦气（He）、氮气（N_2）、氢气（H_2）、二氧化碳气体（CO_2）及混合气体，常用保护气体的应用见表 6-1。

表6-1　常用保护气的应用

被焊材料	保护气体	混合比	化学性质	焊接方法
铝及铝合金	Ar		惰性	熔化极和钨极
	Ar + He	Ψ（He）= 10%		
铜及铜合金	Ar		惰性	熔化极和钨极
	Ar + N_2	Ψ（N_2）= 20%		熔化极
	N_2		还原性	
不锈钢	Ar		惰性	钨极
	Ar + O_2	Ψ（O_2）= 1% ～ 2%	氧化性	熔化极
	Ar+O_2 + CO_2	Ψ（O_2）= 2%Ψ（CO_2）= 5%		
碳钢及低合金钢	CO_2		氧化性	熔化极
	Ar + CO_2	Ψ（CO_2）= 20% ～ 30%		
	CO_2 + O_2	Ψ（O_2）= 10% ～ 15%		
钛锆及其合金	Ar		惰性	熔化极和钨极
	Ar + He	Ψ（He）= 25%		
镍基合金	Ar + He	Ψ（He）= 15%	惰性	熔化极和钨极
	Ar + N_2	Ψ（N_2）= 6%	还原性	钨极

练一练

一、填空题

1. 气体保护电弧焊按所用的电极材料不同，可分为 ________ 和 ________ 两大类。

2. 常用的惰性气体有 ________、________，常用的还原气体有 ________、________，常用的氧化性气体有 ________。

3. 气体保护电弧焊按操作方式不同可分为 ________、________、________ 三类。

4. 钨极氩弧焊属于 ________________ 极气体保护电弧焊。

5. 焊接时可用作保护气体的气体主要有 ________、________、________、________、________、________。

二、判断题

1. 由于气体保护焊时没有熔渣，所以焊接质量比焊条电弧焊和埋弧焊差得多。(　　)

2. 气体保护焊很适宜于全位置焊接。(　　)

3. 氧化性气体由于本身氧化性强，所以不适宜作为保护气体。(　　)

4. 因氮气不溶于铜，故可用氮气作为焊接铜及铜合金的保护气体。(　　)

5. 气体保护焊时，只能用单一气体作为保护介质。(　　)

三、简答题

气体保护电弧焊有哪些优缺点？

任务二　二氧化碳气体保护焊

任务目标

知识目标	1. 了解 CO_2 气体保护焊的特点、熔滴过渡及 CO_2 气体保护电弧焊的冶金特点。 2. 了解飞溅产生的原因及防止措施。 3. 掌握焊接材料及焊接工艺参数的选择。
能力目标	1. 掌握飞溅产生的原因及防止措施。 2. 掌握焊接材料及焊接工艺参数的选择。
素质目标	学会分析、理解问题的原因，解决问题的有效方法。

学习内容

二氧化碳气体保护焊是利用CO_2气体作为保护气体的熔化极气体保护焊，简称CO_2焊。CO_2焊机的组成如图6–4所示，它主要由焊接电源、送丝机构、供气系统、控制系统及焊枪组成。20世纪50年代，CO_2焊开始推广使用，到目前为止，一些先进的工业国家CO_2焊占整个焊接工艺量的50%以上，是焊接钢铁材料的重要熔焊方法，在许多金属结构生产中已逐渐取代了焊条电弧焊和埋弧焊。

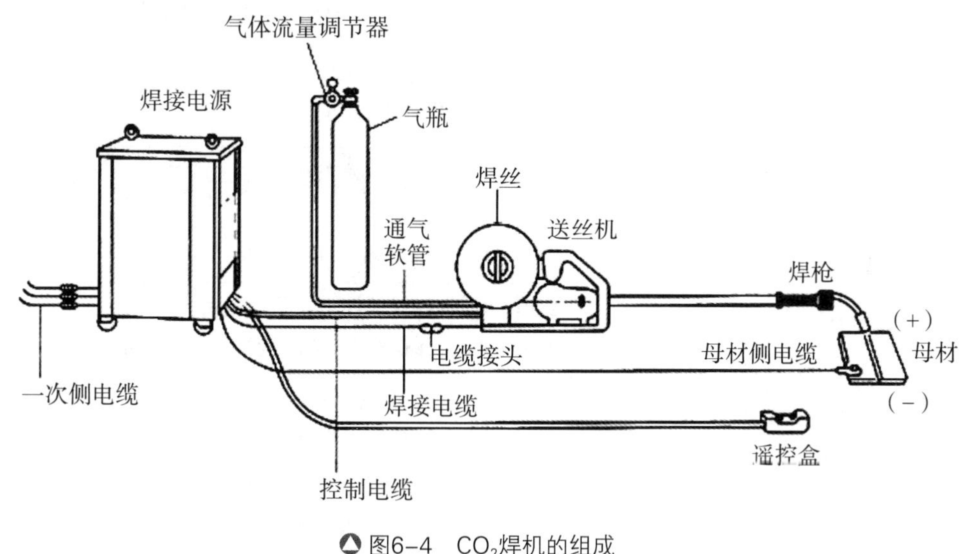

图6–4 CO_2焊机的组成

一、CO_2气体保护焊特点及分类

1. CO_2气体保护焊特点

（1）CO_2气体保护焊的优点 ①焊接成本低：CO_2气体和焊丝价格便宜，焊接时消耗的电能少，因此，CO_2气体保护焊的使用成本低，只有焊条电弧焊和埋弧焊的30% ~ 50%。②生产效率高：由于焊接电流密度大，电弧热量集中，熔敷速度快。另外，焊丝又是连续送进，且焊后不需要清渣，因此，生产效率高，是焊条电弧焊的1 ~ 4倍。③焊缝质量好：CO_2气体保护焊抗锈能力强，对油污的敏感性不大，焊缝含氢量低，抗裂性能好。④焊接应力和变形小：由于电弧热量集中，焊件加热面积小，热影响区较小，CO_2气流还能对焊缝起一定的冷却作用，因此，焊接应力和变形小，特别适合薄板的焊接。⑤操作性能好：由于是明弧操作，能看清电弧和熔池的情况，便于监视和调整，也有利于实现焊接过程机械化和自动化。⑥适用范围广：适用于各种位置的焊接，而且既可用于薄板的焊接又可用于中厚板的焊接。CO_2气体保护焊主要用于焊接低碳钢和低合金钢，此外，还可用于耐磨

零件的堆焊、铸钢件的补焊及电铆焊等方面。目前，CO_2 气体保护焊已广泛用于机车车辆、汽车制造、船舶、工程机械等制造行业中。

（2）CO_2 气体保护焊的缺点　①焊缝表面成形较差，飞溅较大。大电流焊接和工艺参数不匹配时，飞溅更严重。②不能焊接易于氧化的金属材料，且不适合在有风的地方焊接。③劳动条件差 CO_2 气体保护焊弧光强度和紫外线强度分别是焊条电弧焊的 2 ~ 3 倍和 20 ~ 40 倍，电弧的辐射较强；而且操作环境中的 CO_2 气体的含量较大，对工人的健康不利，要做好操作者劳动防护工作。

2. CO_2 气体保护焊的分类

CO_2 气体保护焊有多种分类方法，见表 6-2。目前最常用的是根据焊丝形状（实心、药芯）对 CO_2 气体保护焊的分类。

表6-2　CO_2气体保护焊分类

依据	分类
按焊丝形状	实心 CO_2 气体保护焊 药芯 CO_2 气体保护焊
按焊丝直径	细丝 CO_2 气体保护焊：焊丝直径≤ 1.2 mm 粗丝 CO_2 气体保护焊：焊丝直径≥ 1.6 mm
按操作方法	CO_2 自动焊 CO_2 半自动焊
按特殊应用和新工艺	CO_2 气体电弧点焊 CO_2 气体电气立焊 CO_2 气体保护窄间隙焊 CO_2 气体振动堆焊
按保护形式	CO_2 与焊剂联合保护：CO_2 + 药芯焊丝 $CO_2 + O_2$ 或 CO_2 气体保护焊 + Ar 混合气体保护

二、CO_2 气体保护电弧焊的冶金特点

1. CO_2 焊电弧的氧化性及脱氧

在电弧热的作用下，大约有 40% ~ 60% 的 CO_2 分解成 CO 和 O_2，氧气又进一步分解成氧原子。二氧化碳电弧具有很强的氧化性，使铁及合金元素（Si、Mn、Cr、Ni、Ti、C 等）发生氧化，使合金元素烧损，降低焊缝金属的力学性能，还是产生气孔和飞溅的根源，因此，必须采用必要的措施进行脱氧。常采用的方法是在焊丝中加入适量的脱氧剂，常用的脱氧剂是锰、硅、铝、钛等。对于低碳钢及低合金钢的焊接，主要是采用硅、锰联合脱氧的方法，其生成的 SiO_2 和 MnO 能形成复合物浮出熔池，形成一层薄薄的熔渣覆盖在焊缝

表面。目前常用的 H08Mn2SiA 焊丝就是硅、锰联合脱氧的焊丝。

2. CO_2 焊的气孔问题

CO_2 焊中可能产生的气孔主要有三种：一氧化碳气孔、氢气孔和氮气孔。

（1）一氧化碳气孔　一氧化碳气孔产生的主要原因是焊丝中脱氧剂不足，使熔池中融入较多的 FeO，FeO 与 C 发生强烈的碳还原铁反应，产生较多的 CO 气体。反应如下：

$$FeO + C = Fe + CO$$

实际生产中，只要选择的焊丝正确，焊丝中的脱氧剂会抑制 FeO 生成，产生 CO 气孔的可能性很小。

（2）氢气孔　电弧区中的氢气主要来自焊丝、工件表面的油污、铁锈以及 CO_2 气体中所含的水分。油污、铁锈比较容易预防和清除，CO_2 气体中所含的水分往往是引起氢气孔的主要原因，因此对 CO_2 气体进行提纯和干燥是必要的。此外，由于焊接电弧区有大量氧原子，与氢结合可减弱氢的影响，所以，CO_2 焊产生氢气孔的可能性较小。

（3）氮气孔　氮气孔是 CO_2 焊出现概率最大的一种气孔，产生的主要原因是空气侵入焊接区以及 CO_2 气体不纯引起的。造成空气侵入焊接区的原因一般是由于气体流量过小、焊接速度过快、喷嘴堵塞、喷嘴距离工件过大、作业区有风等。如果能做出良好的保护，这种气孔一般也不会发生。

三、CO_2 气体保护电弧焊的熔滴过渡

CO_2 焊熔滴过渡主要有短路过渡和滴状过渡两种形式。

1. 短路过渡

CO_2 焊在采用细焊丝、小电流和低电压焊接时，可以获得短路过渡，如图 6-5 所示。电弧电压对短路过渡过程有重要影响，为了获得最高的短路频率，要有一个最佳的电弧电压值。对于直径为 0.8 mm、1.2 mm 和 1.6 mm 的焊丝，短路过渡电弧电压的最佳值约为 20 V。我国 CO_2 焊应用中，大约有 85% 属于短路过渡。短路过渡广泛用于薄板焊接、坡口打底和各种位置的焊接。

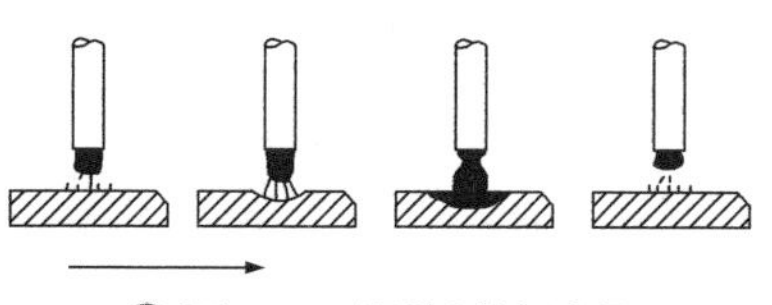

图6-5　短路过渡过程

2. 滴状过渡

在采用粗焊丝、较大电流和较高电压时，CO_2 焊会出现滴状过渡。

滴状过渡有两种形式：一种是大颗粒过渡，电流一般在 400 A 以下。产生的大颗粒熔滴是非轴向过渡，如图 6-6 所示。

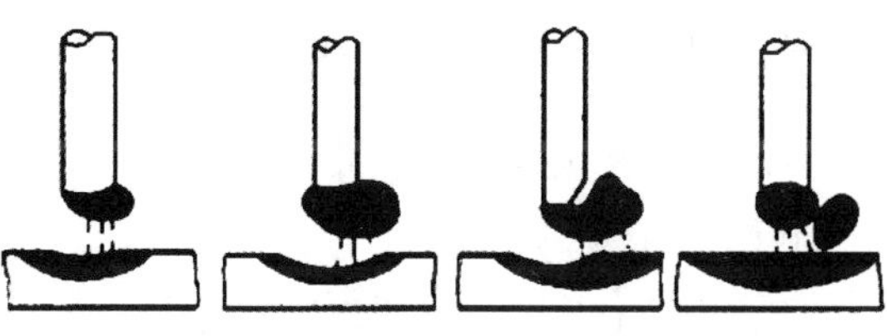

图6-6　非轴向过渡过程

电弧不稳定，飞溅很大，焊缝成形差，在实际生产中不宜采用。另一种是细滴过渡，焊接电流在 400 A 以上，熔滴细化，过渡频率高。虽然仍是非轴向过渡，但飞溅相对较少，电弧稳定，焊缝成形较好，在生产中应用较广泛。细滴过渡主要用于粗焊丝、大电流焊接中、厚度焊件。

四、CO_2 气体保护电弧焊的飞溅问题

1. 飞溅的危害

飞溅是 CO_2 焊接的主要问题，也是主要缺点，特别是粗丝大电流焊接飞溅更为严重，如图 6-7 所示。一般金属飞溅损失约占焊丝熔化金属的 10%，严重时可达 30% ~ 40%，在最佳情况下，飞溅损失可控制在 2% ~ 4% 范围内。飞溅损失会降低焊丝的熔敷系数，增加焊丝及电能的消耗，降低生产率和增加生产成本。飞溅粘在喷嘴内壁会影响保护效果，降低焊缝质量；粘在焊件表面影响产品外观质量，又增加了焊后清理工序。飞溅金属还容易烧坏焊工的工作服，甚至烫伤焊工皮肤，使工人的工作环境恶化。

图6-7　焊接飞溅

2. 飞溅产生的原因及防治措施

（1）由冶金反应引起的飞溅　主要有熔滴中冶金反应产生的 CO 气体引起，CO 气体在电弧高温下体积急剧膨胀，爆破熔滴产生飞溅。防治措施主要是降低焊丝中的碳含量以及在焊丝中利用 Si、Mn 脱氧，以减少 CO 气体生成量。

（2）由斑点压力引起的飞溅　当正极性焊接时，导电正离子飞向焊丝端部的熔滴冲击力大，形成大颗粒飞溅。而反极性焊接时飞向焊丝端部的熔滴冲击力小，飞溅较小。所以，CO_2 焊应选用直流反接。

（3）熔滴过渡不正常引起的飞溅　在短路过渡时，由于焊接电源的动特性选择与调节不当而引起的飞溅。主要是通过调节焊接回路中的电感来减小飞溅。

（4）焊接工艺参数选择不当而引起飞溅　主要是因为焊接电流、电弧电压和回路电感调节不当引起。必须正确选择焊接工艺参数才能减少这种飞溅的可能性。

五、CO_2 气体保护电弧焊的焊接材料

CO_2 焊所用的焊接材料是 CO_2 气体和焊丝。

1. CO_2 气体

焊接用的 CO_2 气体是将其压缩成液态储存于钢瓶内。CO_2 气瓶的容积为 40 L，可装 25 kg 的液态 CO_2，占容积的 80%，瓶内压力约为 5 ~ 7 MPa，压力与外界环境温度有关系，温

度升高，瓶内压力增大。气瓶外表涂铝白色，并标有“二氧化碳”的字样，如图 6-8 所示。

液态 CO_2 中可溶解质量分数为 0.05% 的水，多余的水则形成自由状态沉于瓶底。这些水在焊接过程中随 CO_2 一起挥发并混入 CO_2 气体中，直接进入焊接区。水分是 CO_2 气体中最主要的有害杂质，随着 CO_2 气体水分的增加，焊缝金属中含氢量增高、塑性下降，甚至产生气孔等。一般要求 $CO_2 \geqslant 99.5\%$，$H_2O \leqslant 0.05\%$。当瓶中气压降到 1 MPa 时，不再继续使用。

图6-8　CO_2气瓶

如果生产现场使用的 CO_2 气体水分含量较高、纯度偏低时，应该进行提纯处理，常采用的方法是：①将气瓶倒立静置 1 ~ 2 小时，使水分沉积在底部，然后缓慢打开气阀将水放出；一般放水 2 ~ 3 次，每次间隔 30 分钟，放水结束后将瓶放正。②经放水处理后的气瓶在使用前先放气 2 ~ 3 分钟，将瓶上部含有较多水分的 CO_2 气体排出。

2. 焊丝

实芯焊丝是目前最常用的一种焊丝，为热轧线材拉拔加工而成。为了防止生锈，在焊丝表面进行了镀铜处理。

CO_2 焊所使用的焊丝应满足焊接工艺和焊接结构强度的要求，所以对焊丝金属的化学成分及焊丝的几何尺寸、制造工艺、包装方式等都有具体的要求。

焊丝的表示方法有型号和牌号之分。气体保护焊用碳钢、低合金钢焊丝按化学成分和熔敷金属的力学性能分类。焊丝型号的表示方法为 ER××-×，字母“ER”表示焊丝，ER 后面的两位数字表示熔敷金属的抗拉强度最低值，短线“-”后面的字母或数字表示焊丝化学成分分类代号。附加其他化学元素时，直接用元素符号表示，并以短线“-”与前面数字分开。

焊丝型号举例。

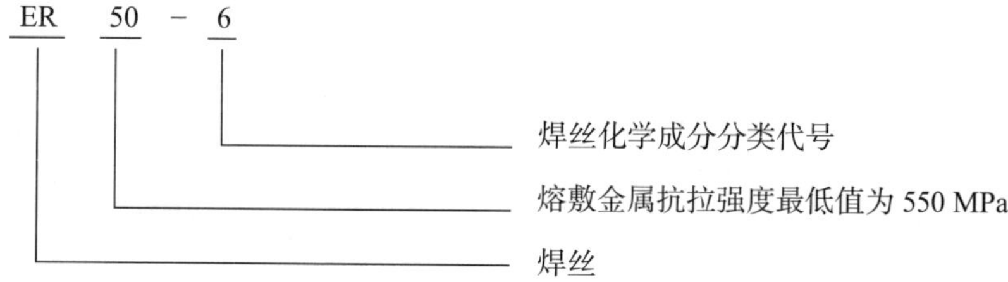

目前，常用的 CO_2 焊焊丝有 ER49-1 和 ER50-6。对于低碳钢及低合金高强度钢常用 ER50-6，焊缝的综合性能更好。

焊丝牌号的首位字母“H”表示焊接用实芯焊丝，后面的两位数字表示含碳量，其他合金元素含量的表示方法与钢材的表示方法大致相同。牌号尾部标有“A”或“E”时，表示硫、磷含量要求低的优质钢丝，“E”表示硫、磷含量要求特别低的特优质钢丝。例如H08Mn2SiA——表示含碳量 0.08%、Mn ≈ 2%、Si ≤ 1% 的优质焊接用实芯焊丝。

CO_2 焊焊丝直径在 0.5 ~ 5 mm 范围内，CO_2 半自动焊常用焊丝直径有 0.6 mm、0.8 mm、1.0 mm、1.2 mm 等几种，CO_2 自动焊除上述细焊丝外，大多采用直径为 2.0 mm、2.5 mm、3.0 mm、4.0 mm、5.0 mm 的焊丝。

六、CO_2 气体保护电弧焊的焊接参数

CO_2 焊的主要焊接参数有焊丝直径、焊接电流、电弧电压、焊接速度、焊丝伸出长度、气体流量、电源极性、回路电感、焊枪角度及焊接方向等。最佳的焊接工艺参数应满足几个条件：一是焊接过程稳定，飞溅小；二是焊缝外形美观，焊缝质量好；三是应具有最高的生产效率。

1. 焊丝直径

焊丝直径应根据焊件厚度、焊接位置以及生产率的要求来选择。短路过渡一般采用细丝，通常采用的焊丝直径有 0.8 mm、1.0 mm、1.2 mm。直径不小于 1.6 mm 的焊丝适合于焊接中、厚板，焊接电流的调节范围很宽，提高焊接电流可以获得较高的焊接生产率。

2. 焊接电流

焊接电流的大小应根据焊件厚度、焊丝直径、焊接位置和熔滴过渡形式来确定。焊接电流越大，焊缝厚度、焊缝宽度及焊缝余高都相应增加。通常，焊丝直径在 0.8 ~ 1.6 mm 的焊丝，在短路过渡时，焊接电流在 50 ~ 250 A 内选择；细滴过渡时，焊接电流在 250 ~ 500 A 内选择。

3. 电弧电压

焊接电流选定后，电弧电压必须与之配合恰当，否则会影响焊接过程的稳定性、焊缝成形及质量。短路过渡焊接时，对于焊丝直径在 0.8 ~ 1.6 mm 的焊丝，通常电弧电压在 18 ~ 24 V 范围内；细滴过渡焊接时，对于直径在 1.2 ~ 1.6 mm 的焊丝，通常电弧电压在 25 ~ 40 V 范围内选择。见表 6-3。

表6-3　电弧电压的选择

焊丝直径/mm	焊接电流/A	电弧形式	电弧电压/V
0.8	50 ~ 100	短弧	18 ~ 21
1.0	70 ~ 120	短弧	18 ~ 22
1.2	90 ~ 150	短弧	19 ~ 23

（续表）

焊丝直径/mm	焊接电流/A	电弧形式	电弧电压/V
1.2	160 ~ 350	长弧	25 ~ 35
1.6	140 ~ 200	短弧	20 ~ 24
1.6	200 ~ 500	长弧	26 ~ 40

4. 焊接速度

在一定的焊丝直径、焊接电流和电弧电压条件下，随着焊速增加，焊缝宽度和焊缝厚度减小。焊速过快不仅会出现由于气体保护效果变差产生气孔的缺陷，而且还容易产生咬边及未焊透等缺陷。焊速过慢则生产效率低，焊接变形大。一般 CO_2 半自动焊的焊接速度在 15 ~ 30 m/h 范围内。

5. 焊丝伸出长度

在短路过渡焊时，喷嘴至工件的距离尽量取得小一些，以保证良好的保护效果和稳定的过渡，但也不能过小，因为距离过小，飞溅颗粒容易堵塞喷嘴，还会阻挡焊工的视线。焊丝伸出长度一般约为焊丝直径的 10 倍左右，且不超过 15 mm。细滴过渡焊时焊丝较粗，焊丝伸出长度对熔滴过渡、电弧的稳定性及焊缝成形的影响不像短路过渡时那样大；且飞溅较大，喷嘴易于堵塞。因此，焊丝伸出长度应选得稍大一些，一般控制在 10 ~ 20 mm，如图 6-9 所示。

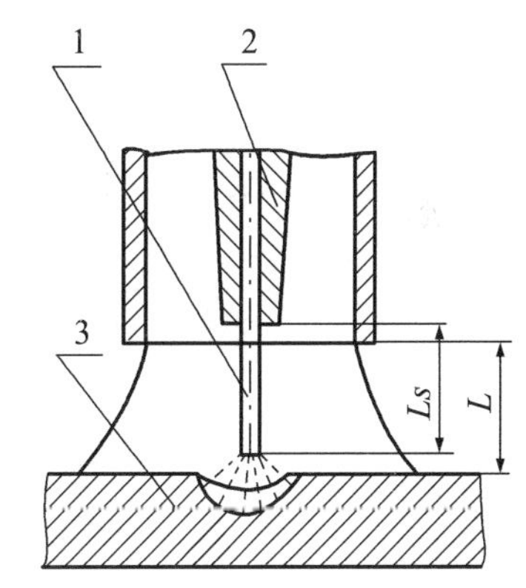

1- 焊丝　2- 导电嘴　3- 工件

Ls- 焊丝伸出长度　*L*- 喷嘴至工件间距离

图6-9　焊丝伸出长度示意图

6. CO_2 气体流量

CO_2 气体流量应根据焊接电流、焊接速度、焊丝伸出长度及喷嘴直径等选择，过大或过小的气体流量都会影响气体保护的效果。通常在细丝 CO_2 焊时，CO_2 气体流量约为 8 ~ 15 L/min；粗丝 CO_2 焊时，CO_2 气体流量约为 15 ~ 25 L/min。

7. 电源极性与回路电感

为减少飞溅，保证焊接电弧的稳定性，应选用直流反接。焊接回路电感值应根据焊丝直径和电弧电压来选择，不同直径焊丝合适的电感值见表 6-4。回路电感主要用于短路过渡焊时抑制飞溅，一般不用于大电流、细滴过渡焊。

表6-4　不同直径焊丝合适的电感值

焊丝直径/mm	0.8	1.2	1.6
电感值/mH	0.01 ~ 0.08	0.10 ~ 0.16	0.30 ~ 0.70

8. 焊接方向与焊枪角度

CO_2 焊一般采用左焊法，焊接线可见性好，焊枪指向准确，焊道整齐。但其缺点是熔化金属流到焊丝的前面而易产生咬边，根部熔深浅，飞溅较大等。右焊法焊接线可见性不好，但余高形状可见，飞溅较小，根部熔深大，例如船形角焊缝焊接时采用右焊法效果比左焊法要好。

在左焊法时，焊枪的后倾角度保持为 10° ~ 15°，倾角过大时焊缝宽度增大而熔深变浅，而且易产生大量飞溅。在右焊法时，焊枪前倾 10° ~ 15°，过大时余高增大，易产生咬边，焊枪倾角与焊道断面形状如图 6-10 所示。

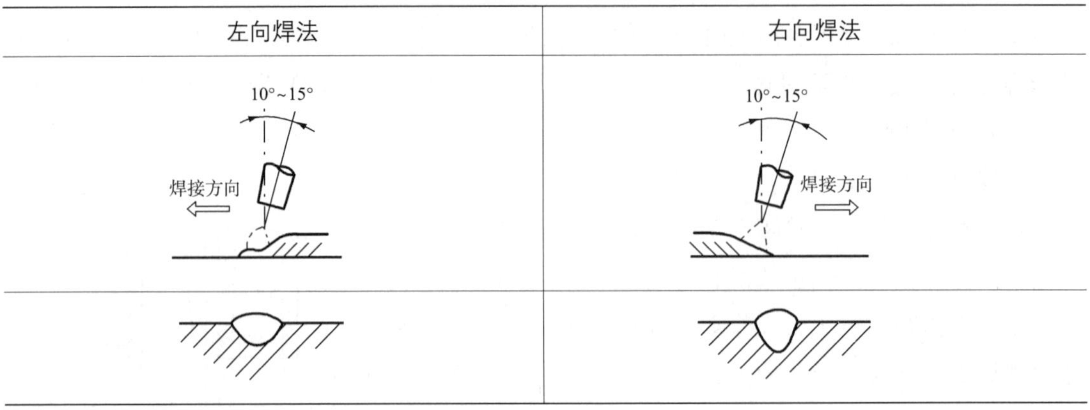

左向焊法	右向焊法
10°~15° 焊接方向	10°~15° 焊接方向

图6-10　焊枪倾角与焊道断面形状

练一练

一、填空题

1. CO_2 气体保护焊的优点是 ______、______、______、______、______、______。

2. CO_2 气体保护焊熔滴过渡的形式主要有 ________ 和 ________。

3. CO_2 气体保护焊采用小电流、低电压进行焊接时，熔滴呈 ________ 形式过渡。

4. CO_2 气体保护焊的焊丝伸出长度一般应为焊丝直径的 ________ 倍。

5. CO_2 气体保护焊的焊接材料是 ________ 和 ________。

二、判断题

1. CO_2 气体保护焊时，常用的焊丝是 ER50-6、ER49-1。(　　)

2. CO_2 气体保护焊电源采用直流正接时，产生的飞溅要比直流反接时严重得多。(　　)

3. CO_2 气体保护焊与焊条电弧焊相比，缺点之一是焊接接头抗冷裂性较差。(　　)

4. CO_2 气体保护焊形成氢气孔的可能性较小。(　　)

5. 当 CO_2 气瓶瓶内压力降低到 0.98 MPa 时，CO_2 气体不能继续使用。(　　)

三、选择题

1. 采用 CO_2 气体保护焊时，为了减少焊缝中的 CO_2 气孔，通常采用足够脱氧元素的 ______ 焊丝，并严格控制焊丝中的含 ______ 量。

A. 硅锰　　B. 铬镍　　C. 硫磷

D. 碳　　E. 氩　　F. 氮

2. CO_2 气体保护焊焊接薄板及全位置焊接时，熔滴过渡形式通常采用 ______。

A. 颗粒过渡　　B. 短路过渡　　C. 喷射过渡

3. CO_2 气体保护焊的电源常用 ______。

A. 交流电源　　B. 直流正接　　C. 直流反接

4. CO_2 气瓶内剩余压力不应低于 ______MPa 才能保证再次灌气后的气体纯度。

A. 0.98　　B. 0.5　　C. 1.5

5. CO_2 气体保护焊的主要缺点是易产生 ______ 缺欠。

A. 气孔　　B. 裂纹　　C. 未焊透　　D. 飞溅

四、简答题

1. CO_2 气体保护焊产生飞溅的原因是什么？减少飞溅的措施有哪些？

2. 采用 CO_2 气体保护焊时应如何选择焊接参数？

任务三　氩弧焊

任务目标

知识目标	1. 氩弧焊的原理、特点和分类。 2. 钨极氩弧焊工艺。 3. 熔化极氩弧焊、脉冲氩弧焊。
能力目标	掌握钨极氩弧焊焊接材料及焊接工艺。
素质目标	引导学生理解工艺知识学习的重要性，能够理论指导实践。

学习内容

一、氩弧焊的原理、特点和分类

1. 氩弧焊的原理

氩弧焊是使用氩气作为保护气体的一种气体保护电弧焊方法。焊接时，氩气从焊枪喷嘴中连续喷出，在电弧区形成严密的保护气层，将电极和金属熔池与空气隔离，同时利用电极（钨极或焊丝）与焊件之间产生的电弧热量来熔化附加的填充焊丝或自动送给的焊丝及基本金属形成熔池，液态熔池金属凝固后形成焊缝。

2. 氩弧焊的特点

氩弧焊除了具有气体保护焊共有的特点外，还有如下特点：

（1）焊缝质量高　由于氩气是一种惰性气体，不与金属起化学反应，合金元素不会被氧化烧损，而且氩气也不溶解于金属，焊接过程基本上是金属熔化和结晶的简单过程，因此保护效果好，能获得较为纯净的高质量焊缝。

（2）焊接变形与应力小　由于电弧受氩气流的冷却和压缩作用，电弧的热量集中，且氩弧的温度又很高，故热影响区很窄，因此，焊接变形与应力小，尤其适用于焊接很薄的材料。

（3）焊接范围很广　几乎所有的金属材料都可以进行氩弧焊，特别适宜焊接化学性质活泼的金属和合金。常用于铝、镁、钛、铜及其合金和低合金钢、不锈钢及耐热钢等材料的焊接，有时还可用于焊接结构的打底焊。

3. 氩弧焊的分类

氩弧焊根据所用的电极材料不同，可分为钨极（不熔化极）氩弧焊和熔化极氩弧焊；按其操作方式又可分为手工、半自动和自动氩弧焊；根据采用的电源种类又可分为直流氩弧焊、交流氩弧焊和脉冲氩弧焊等。

二、钨极氩弧焊

钨极氩弧焊是使用纯钨或活化钨（钍钨、铈钨）为电极的氩气保护焊，简称 TIG 焊。钨极本身不熔化，只起发射电子产生电弧的作用，故也称不熔化极氩弧焊。

采用钨极氩弧焊时，由于所用的焊接电流受到钨极的熔化与烧损的限制，所以电弧的功率较小，只适用于焊接厚度小于 6 mm 的焊件。

1. 钨极氩弧焊的焊接材料

钨极氩弧焊的焊接材料主要是钨极、氩气和焊丝。

（1）钨极　钨极氩弧焊要求钨极具有电流容量大、损耗小、引弧和稳弧性能好等特性。

常用的钨极有纯钨极、钍钨极和铈钨极三种。纯钨极（如牌号 W1、W2）要求电源空载电压高，且易烧损；钍钨极（如牌号 WTh-10、WTh-7）有微量放射性，对人体有害；铈钨极（如牌号 WCe20）克服了纯钨极和钍钨极的缺点，因而应用最广。

为了使用方便，钨极一端常涂有颜色，以便识别，钍钨极为红色，铈钨极为灰色。

（2）氩气　氩气是无色、无味的惰性气体，不与金属起化学反应，也不溶解于金属。而且氩气比空气重 25%，使用时气流不易漂浮散失，有利于对焊接区的保护。

氩的电离能较高，引燃电弧较困难，故需采用高频引弧及稳弧装置。但氩弧一旦引燃，燃烧就很稳定，在常用的保护气体中，氩弧的稳定性最好。

氩弧焊对氩气的纯度的要求很高，如果氩气中含有一些氧、氮和少量其他气体，将会降低氩气的保护性能，对焊接质量造成不良影响。按我国现行标准规定，其纯度应达到 99.99%。

焊接用工业纯氩以瓶装供应，在温度 20℃时满瓶压力为 14.7 MPa，容积一般为 40 L。氩气钢瓶外表涂灰色，并标有深绿色“氩气”字样，如图 6-11 所示。

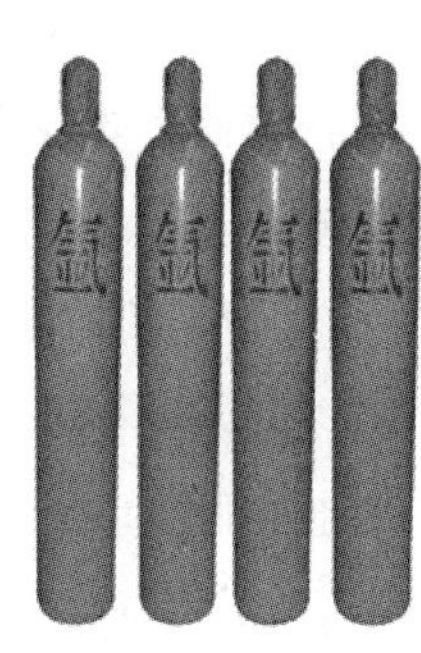

图6-11　氩气瓶

（3）焊丝　焊丝选用的原则是熔敷金属化学成分或力学性能与被焊金属相当。对于碳钢、低合金钢按 GB/T8110—2008《气体保护电弧焊用碳钢、低合金钢焊丝》选用，不锈钢的焊丝按 YB/T5092—2005《焊接用不锈钢焊丝》选用。

2. 钨极氩弧焊工艺

（1）焊前清理　钨极氩弧焊时，必须对被焊材料的坡口、坡口附近 20 mm 范围内及焊丝进行清理，去除金属表面的氧化膜和油污等杂质，以确保焊缝的质量。焊前清理的常用方法有：机械清理、化学清理和化学—机械清理法。

①机械清理法：这种方法比较简便而且效果较好，适用于大尺寸、焊接周期长的焊件。通常使用直径细小的钢丝刷等工具进行打磨，也可以用刮刀铲去表面氧化膜，直至露出金属光泽。

②化学清理法：是指依靠化学反应去除焊丝或工件表面氧化膜的方法，对于填充焊丝及小尺寸焊件，多采用化学清理法。这种方法与机械清理法相比，具有清理效率高、质量稳定均匀、保持时间长等特点。

③化学—机械清理法：清理时先用化学清理法，焊前再对焊接部位进行机械清理，这种联合清理的方法适用于质量要求高的焊件。

（2）焊接参数的选择　钨极氩弧焊的焊接参数主要有电源种类和极性、钨极直径、焊接电流、电弧电压、氩气流量、焊接速度和喷嘴直径等。正确地选择焊接参数是获得优质焊接接头的重要保证。

①电源种类和极性：钨极氩弧焊可以使用直流电，也可以使用交流电。电源种类和极性可根据焊件材质进行选择。

直流反接：钨极氩弧焊采用直流反接时（即钨极为正极、焊件为负极），由于电弧阳极区温度高于阴极区温度，使接正极的钨棒容易过热而烧损，许用电流小，同时焊件上产生的热量不多，因而焊缝厚度较浅，焊接生产率低，所以很少采用。

但是，直流反接有去除氧化膜的作用，对焊接铝、镁及其合金有利。因为铝、镁及其合金焊接时，极易氧化，形成熔点很高的氧化膜（如 Al_2O_3 的熔点为 2 050℃）覆盖在熔池表面，阻碍基本金属和填充金属的熔合，造成未熔合、夹渣、焊缝表面形成皱皮及内部气孔等缺陷。

在采用直流反接时，电弧空间的正离子由钨极的阳极区飞向焊件的阴极区，撞击金属熔池表面，将致密难熔的氧化膜击碎，以达到清理氧化膜的目的，这种作用称为“阴极破碎”作用，也称“阴极雾化”，如图 6-12 所示。尽管直流反接能将被焊金属表面的氧化膜去除，但钨极的许用电流小，易烧损，电弧燃烧不稳定。所以，除铝、镁及其合金一般用此法外应尽可能使用交流电来焊接。

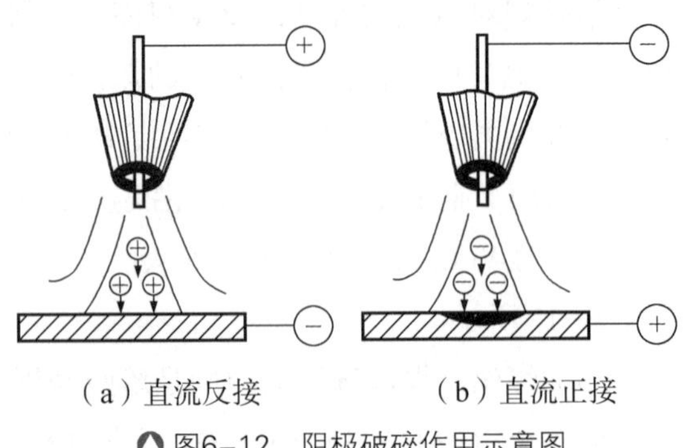

（a）直流反接　（b）直流正接

图6-12　阴极破碎作用示意图

直流正接：在钨极氩弧焊采用直流正接时（即钨极为负极、焊件为正极），由于电弧在焊件阳极区产生的热量大于钨极阴极，致使焊件的焊缝厚度增加，焊接生产率高。而且钨极不易过热并且烧损减少，使钨极的许用电流增大，电子发射能力增强，电弧燃烧稳定性比直流反接时好。但焊件表面是受到比正离子质量小得多的电子撞击，不能去除氧化膜，因此没有“阴极破碎”作用，故适用于焊接表面无致密氧化膜的金属材料。

交流钨极氩弧焊：由于交流电极性是不断变化的，这样在交流正极性的半周波中（钨极为负极），钨极可以得到冷却，以减小烧损。在交流负极性的半周波中（焊件为负极），具有“阴极破碎”作用，可以清除熔池表面的氧化膜。因此，交流钨极氩弧焊兼有直流钨极氩弧焊正、反接的优点，是焊接铝、镁及其合金的最佳方法。各种材料的电源种类与极性的选用见表 6-5。

表6-5　电源种类与极性的选择

电源种类与极性	被焊金属材料
直流正接	低碳钢、低合金钢、不锈钢、耐热钢、铜、钛及其合金
直流反接	适用于各种金属的熔化极氩弧焊，钨极氩弧焊很少采用
交流电源	铝、镁及其合金

②钨极直径及端部形状：钨极直径主要按焊件厚度、焊接电流、电源极性来选择。如果钨极直径选择不当，将造成电弧不稳、严重烧损钨极和焊缝夹钨。钨极端部形状对电弧稳定性有一定影响。在交流钨极氩弧焊时，一般将钨极端部磨成圆珠形；在直流小电流施焊时，钨极可以磨成尖锥角；在直流大电流时，钨极宜磨成钝角，如图 6-13 所示。

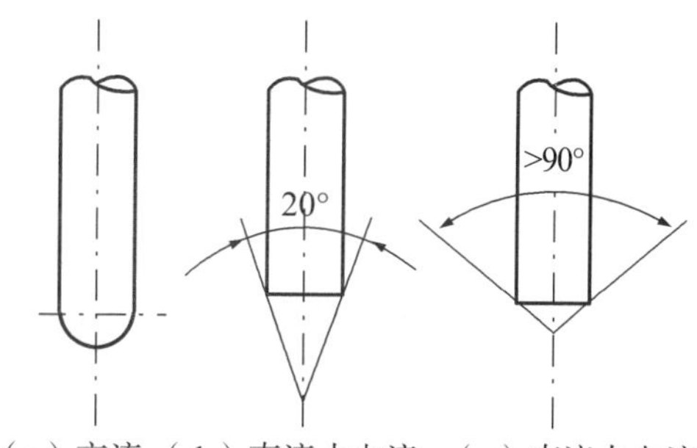

图6-13　常用的电极端部形状

③焊接电流：焊接电流主要根据焊件厚度、钨极直径和焊缝空间位置来选择，过大或过小的焊接电流都会使焊缝成形不好或产生焊接缺陷。各种直径的钨极许用电流范围见表 6-6。

表6-6　各种直径的钨极许用电流范围

钨极直径/mm	直流正接	直流反接	交流
1.0	15 ~ 80		20 ~ 60
1.6	70 ~ 150	10 ~ 20	60 ~ 120
2.4	150 ~ 250	15 ~ 30	100 ~ 250
3.2	250 ~ 400	25 ~ 40	160 ~ 250
4.0	400 ~ 500	40 ~ 55	200 ~ 320

④氩气流量和喷嘴直径：对于一定孔径的喷嘴，选用的氩气流量要适当，如果流量过大，不仅浪费，而且容易形成紊流，使空气卷入，不仅对焊接区的保护不利，同时还会带走电弧区的热量，影响电弧稳定燃烧。流量过小也不好，气流挺度差，容易受到外界气流的干扰，从而降低气体保护效果。通常，氩气流量在 3 ~ 20 L/min 的范围内。喷嘴直径随着氩气流量的增加而增加，为 5 ~ 14 mm，如图 6-14 所示。

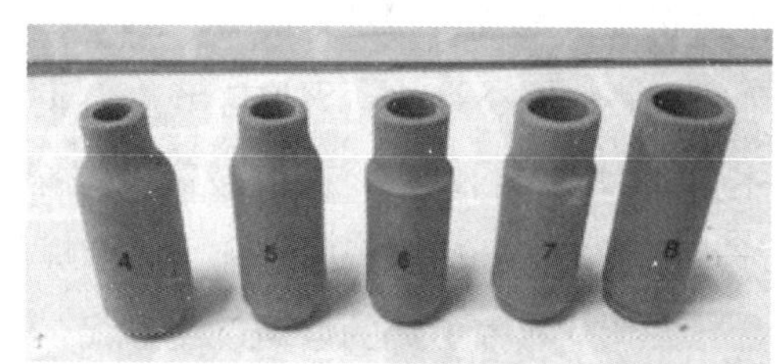

图6-14　常用喷嘴形状及大小

⑤焊接速度：在一定的钨极直径、焊接电流和氩气流量条件下，焊速过快会使保护气流偏离钨极与熔池，影响气体保护效果，容易产生未焊透等缺陷；在焊速过慢时，焊缝易咬边和烧穿。因此，焊接应选择合适的焊接速度。

⑥电弧电压：电弧电压增加，焊缝厚度减小，熔宽显著增加，且随着电弧电压的增加，气体保护效果随之变差。当电弧电压过高时，易产生未焊透、焊缝被氧化和气孔等缺陷。因此，应尽量采用短弧焊，电弧电压一般为 10 ~ 24 V。

⑦其他因素：其他因素主要包括喷嘴至焊件的距离、钨极伸出长度等，它们对焊接过

程及气体保护效果都有不同程度的影响，所以应按具体的焊接要求选定。一般喷嘴至焊件的距离以 5 ~ 15 mm 为宜；钨极伸出喷嘴的长度以 3 ~ 6 mm 较好。铝及铝合金（平对接）手工交流钨极氩弧焊的焊接参数见表 6-7。

表6-7　铝及铝合金（平对接）手工交流钨极氩弧焊的焊接参数

焊件厚度 /mm	钨极直径 /mm	焊接电流 /A	焊丝直径 /mm	喷嘴直径 /mm	氩气流量 L/mm	焊接速度 mm/min
1.2	1.6 ~ 2.4	45 ~ 75	1 ~ 2	6 ~ 11	3 ~ 5	~
2	1.6 ~ 2.4	80 ~ 110	2 ~ 3	6 ~ 11	3 ~ 5	180 ~ 230
3.2	2.4 ~ 3.2	100 ~ 140	2 ~ 3	7 ~ 12	6 ~ 8	110 ~ 160
4	3.2 ~ 4	140 ~ 210	3 ~ 4	7 ~ 12	6 ~ 8	100 ~ 150

三、熔化极氩弧焊

熔化极氩弧焊是用填充焊丝作熔化电极的氩气保护焊。

1. 熔化极氩弧焊的原理及特点

（1）熔化极氩弧焊的原理　熔化极氩弧焊采用焊丝作电极，在氩气保护下，电弧在焊丝与焊件之间燃烧。焊丝连续送给并不断熔化，熔化的熔滴不断向熔池过渡并与液态的焊件金属熔合，经冷却凝固后形成焊缝。熔化极氩弧焊按其操作方式不同可分为熔化极半自动氩弧焊和熔化极自动氩弧焊两种。

（2）熔化极氩弧焊的特点　熔化极氩弧焊除了具有钨极氩弧焊的优点外，与其相比还有以下特点：①由于用焊丝作为电极，克服了钨极氩弧焊钨极的熔化和烧损的限制，焊接电流可大大提高，焊缝厚度大，焊丝熔敷速度快，所以一次焊接的焊缝厚度显著增加。例如，铝及铝合金焊接，当焊接电流为 450 ~ 470 A 时，焊缝的厚度可达 15 ~ 20 mm。②采用自动焊或半自动焊，具有较高的焊接生产率，大大改善了劳动条件。③不仅能焊薄板也能焊厚板，特别适用于中等和大厚度焊件的焊接。

2. 熔化极氩弧焊的熔滴过渡形式

当采用短路过渡或颗粒过渡焊接时，由于飞溅较严重，电弧复燃困难，焊件金属熔化不完全，容易产生焊缝缺陷，所以，熔化极氩弧焊一般不采用短路过渡或颗粒过渡形式，而多采用喷射过渡形式。

3. 熔化极氩弧焊设备

熔化极半自动氩弧焊设备主要由焊接电源、供气系统、送丝机构、控制系统、半自动焊枪、冷却系统等部分组成。熔化极自动氩弧焊设备与半自动焊接设备相比，多出一套行走机构，并且通常将送丝机构与焊枪安装在焊接小车或专用的焊接机头上，这样可使送丝机构更为简单可靠。熔化极半自动氩弧焊机由于多用细焊丝施焊，所以采用等速送丝式系统配用平外特性电源。熔化极自动氩弧焊机自动调节工作原理与埋弧焊基本相同。选用细焊丝时采用等速送丝系统，配用缓降外特性的焊接电源；选用粗焊丝时，采用变速送丝系统，配用陡降外特性的焊接电源，以保证自动调节用陡降外特性的焊接电源，以保证自动调节 大多采用粗焊丝。熔化极氩弧焊的供气系统与钨极氩弧焊相同。半自动氩弧焊的焊枪送丝方式与 CO_2 半自动焊枪一样。

我国定型生产的熔化极半自动氩弧焊机有 NBA 系列，如 NBAl−500 型等；熔化极自动氩弧焊机有 NZA 系列，如 NZA−1000 型等。

4. 熔化极氩弧焊的焊接参数

熔化极氩弧焊的主要焊接参数有焊丝直径、焊接电流、电弧电压、焊接速度、喷嘴直径、氩气流量等。

焊接电流和电弧电压是获得喷射过渡形式的关键，只有焊接电流大于临界电流值，才能获得喷射过渡，不同材料和不同焊丝直径的临界电流见表 6−8。但焊接电流也不能过大，当焊接电流过大时，熔滴将产生不稳定的非轴向喷射过渡，飞溅增加，破坏熔滴过渡的稳定性。

表6−8　不同材料和不同焊丝直径

材料	焊丝直径/mm	临界电流/A
铝	0.8	95
	1.2	135
	1.6	180
脱氧铜	0.8	180
	1.2	210
	1.6	310
不锈钢	0.8	160
	1.2	210
	1.6	240
	2.0	280
	2.5	300
	3.0	350

要获得稳定的喷射过渡，在选定焊接电流后，还要匹配合适的电弧电压。实践表明，对于一定的临界电流值都有一个最低的电弧电压值与之相匹配，如果电弧电压低于这个值，即使电流比临界电流大得多，也不能获得稳定的喷射过渡。但电弧电压也不能过高，否则不仅影响保护效果，还会使焊缝成形恶化。

由于熔化极氩弧焊对熔池和电弧区的保护要求较高，而且电弧功率及熔池体一般较钨极氩弧焊时大，所以氩气流量和喷嘴孔径相应增大。通常喷嘴孔径为 20 mm 左右，氩气流量为 30 ~ 60 L/min。

熔化极氩弧焊采用直流反接，这是因为直流反接易实现喷射过渡，飞溅少，并且还可发挥“阴极破碎”作用。

四、脉冲氩弧焊

脉冲氩弧焊与一般氩弧焊的主要区别在于它能提供周期性脉冲式的焊接电流。周期性脉冲式的焊接电流包括基值电流（维弧电流）和脉冲电流。基值电流是用来维持电弧燃烧和预热电极与焊件，脉冲电流是用来熔化焊件和焊丝的。图 6-15 所示为脉冲焊接电流波形示意图。脉冲氩弧焊有钨极脉冲氩弧焊和熔化极脉冲氩弧焊两种，这里仅介绍钨极脉冲氩弧焊。

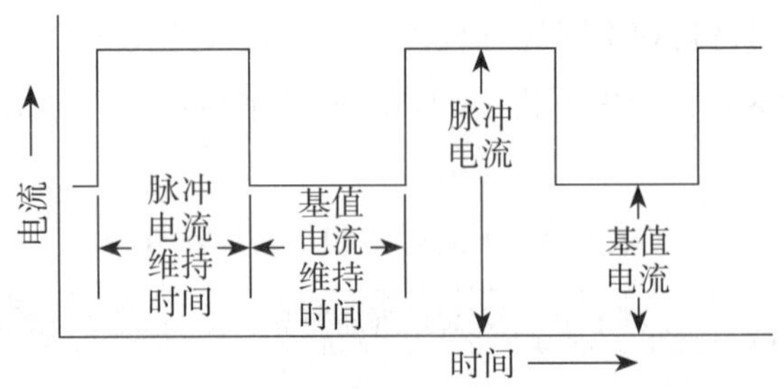

图6-15　脉冲焊接电流波形示意图

1. 钨极脉冲氩弧焊的原理

在焊接时，脉冲电流产生的大而明亮的脉冲电弧和基值电流产生的小而暗淡的基值电弧交替作用在焊件上。当每一次脉冲电流通过时，焊件上就形成一个点状熔池，待脉冲电流停歇后，由于热量减少，点状熔池结晶形成一个焊点，这时由基值电流来维持电弧燃烧，以便下一次脉冲电流来临时，脉冲电弧能可靠而稳定地复燃。在下一个脉冲作用时，原焊点的一部分与焊件新的接头处产生一个新的点状熔池，如此循环，最后形成一条呈鱼鳞纹形的、由许多焊点连续搭接而成的链状脉冲焊缝，如图 6-16 所示。通过对脉冲电流、基值电流和脉冲电流持续时间等的调节与控制，可改变和控制热输入，从而控制焊缝质量及尺寸。

图6-16　链状脉冲焊缝

2. 钨极脉冲氩弧焊的特点

（1）接头质量好　此焊法能有效控制焊接热输入和接头金属的高温停留时间，因此减小了焊缝和热影响区金属过热，提高了接头的力学性能，并可减少焊接变形与应力。

（2）扩大了氩弧焊的使用范围　钨极脉冲氩弧焊比钨极氩弧焊的焊缝厚度大，可焊板厚范围广。在减小平均电流的情况下，可焊接钨极氩弧焊不能焊接的薄板构件，用它焊接小于 0.1 mm 的薄钢板仍能获得满意的结果。

（3）适用于全位置焊　采用脉冲电流后，可用较小的平均电流值进行焊接，减小了熔池体积，并且熔滴过渡和熔池金属加热是间歇性的，因此更易进行全位置焊接。

3. 钨极脉冲氩弧焊的焊接参数

钨极脉冲氩弧焊的焊接参数除普通钨极氩弧焊的参数外，还有脉冲电流、基值电流、脉冲电流时间、基值电流时间、脉冲频率等。

（1）脉冲电流和脉冲电流时间　脉冲电流和脉冲电流时间是决定焊缝成形尺寸的主要参数。若脉冲电流大，脉冲电流时间长，焊缝的熔深和熔宽都会增加，其中脉冲电流的作用比脉冲持续时间大。脉冲电流的选择主要取决于工件材料的性质与厚度，脉冲电流过大易产生咬边现象。

（2）基值电流　一般选用较小的基值电流，只要能维持电弧的稳定燃烧即可。在其他参数不变时，改变基值电流可调节工件的预热和熔池的冷却速度。

（3）基值电流时间　对焊缝成形尺寸的影响较小，如间隙时间太长，将明显地减小对工件的热输入，使焊缝冷却时间增加；若间隙时间太短，又相当于“连续”焊，发挥不出脉冲焊的优点。

（4）脉冲频率　脉冲频率是通过改变脉冲电流时间和基值电流时间来进行调节的。常用的低频脉冲钨极氩弧焊机频率区间为（0.5 ~ 10）周 / 秒。如果频率过高，第一个焊点来不及形成，第二个脉冲电流又来到，则不能显示出脉冲工艺的特点。

练一练

一、填空题

1. 氩弧焊按所用的电极不同可分为 ________ 和 ________ 两类。

2. 氩气瓶外涂 ________ 色，并标有 ________ 色的“氩气”字样。

3. 钨极氩弧焊焊接铝时，一般采用 ________________ 电源。

4. 低碳钢、低合金钢钨极氩弧焊时，应选用 ________ 电源。

5. 钨极氩弧焊的焊接材料主要有 ________________ 和 ________________。

二、判断题

1. 手工钨极氩弧焊的有害因素较多，其中有微量的放射性，故应尽量选用无放射性的钍钨极来代替有放射性的铈钨极。(　　)

2. 手工钨极氩弧焊较好的引弧方法是接触引弧法。(　　)

3. 手工钨极氩弧焊时，为增加保护效果，氩气的流量越大越好。(　　)

4. 脉冲氩弧焊时，基值电流只起维持电弧燃烧的作用。(　　)

5. 氩弧焊几乎可以焊接所有的金属材料。(　　)

三、选择题

1. 铝镁及其合金采用直流钨极氩弧焊时，不应该将钨极接在电源的正极上，其原因是________。

A. 避免钨极损耗过大　　B. 容易产生气孔

C. 工件表面没有阴极破碎作用　　D. 飞溅大

2. 钛及钛合金焊接时，常用的焊接方法是________。

A. 焊条电弧焊　　B. 氩弧焊

C. CO_2 气体保护焊　　D. 气焊

3. 钨极氩弧焊采用同一直径的钨极时，以________允许使用的焊接电流最小，以允许使用的焊接电流最大。

A. 直流正接　　B. 直流反接　　C. 交流

4. 熔化极氩弧焊时，一般采用________过渡。

A. 喷射　　B. 短路　　C. 颗粒

5. 交流钨极氩弧焊时，宜将钨极端部磨成________形。

A. 尖锥　　B. 钝角　　C. 圆珠

四、名词解释

阴极破碎作用

五、简答题

1. 氩弧焊的焊接原理是什么？有什么特点？

2. 采用钨极氩弧焊焊接低碳钢、不锈钢、铝镁及其合金时，应如何选择电源种类？

任务四　熔化极活性混合气体保护焊

任务目标

知识目标	1. 富氩混合气体保护焊的特点。 2. MAG 焊常用混合气体及应用。 3. MAG 焊的焊接参数。
能力目标	1. 掌握 MAG 焊常用混合气体及应用。 2. 掌握 MAG 焊的焊接参数的选择。
素质目标	培养创新意识，在企业中积极参与改革创新。

学习内容

熔化极活性混合气体保护焊是采用在惰性气体氩（Ar）中加入少量的氧化性气体（CO_2、O_2 或其混合气体）而成的混合气体作为保护气体的一种熔化极气体保护焊方法，简称为 MAG 焊。由于混合气体中氩气所占比例大，又常称为富氩混合气体保护焊。现常用氩（Ar）与 CO_2 混合气体来焊接碳钢及低合金钢。

一、富氩混合气体保护焊的特点

富氩气体保护焊除了具有一般气体保护焊的特点外，与纯氩弧焊、纯 CO_2 焊相比还具有以下特点：

1. 与纯氩气体保护焊相比

（1）富氩气体保护焊的熔池、熔滴温度比纯氩弧焊高，电流密度大，所以熔深大，焊缝厚度大，并且焊丝熔化速度快、熔敷效率高，有利于提高焊接生产率。

（2）由于具有一定的氧化性，克服了纯氩气保护时表面张力大、液态金属黏稠、易咬边及斑点漂移等问题。同时改善了焊缝成形，由纯氩的指状（蘑菇）熔深成形改变为深圆弧状成形，接头的力学性能好。

（3）由于加入一定量较便宜的 CO_2 气体，降低了焊接成本，但 CO_2 的加入提高了产生喷射过渡的临界电流，引起熔滴和熔池金属的氧化及合金元素的烧损。

2. 与纯 CO_2 气体保护焊相比

（1）由于电弧温度高，易形成喷射过渡，低电弧燃烧稳定，飞溅减少，熔敷系数提高，节省焊接材料，焊接生产率提高。

（2）由于大部分气体为惰性的氩气，对熔池的保护性能较好，焊缝气孔产生概率下降，力学性能有所提高。

（3）与纯 CO_2 焊相比，焊缝成形好，焊缝平缓，焊波细密，均匀美观，但经济性方面不如 CO_2 焊，成本较 CO_2 焊高，图 6–17 和图 6–18 所示为两种焊缝成形比较。

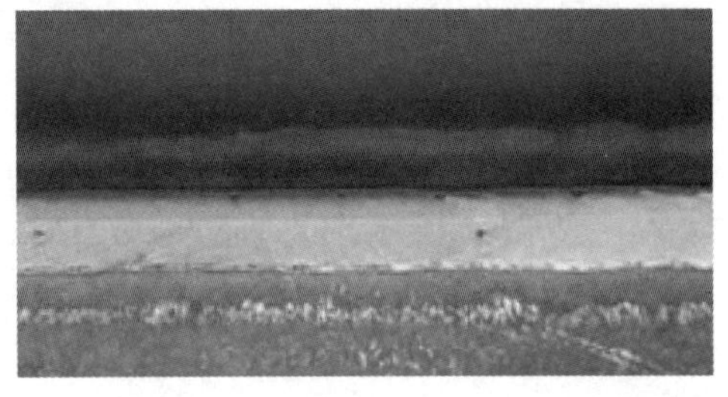

图6–17　富氩混合气体保护焊焊缝

图6–18　纯 CO_2 气体保护焊焊缝

二、MAG 焊常用混合气体及应用

1. $Ar + O_2$

$Ar + O_2$ 活性混合气体可用于碳钢、低合金钢、不锈钢等高合金钢及高强钢的焊接。焊接不锈钢等高合金钢及高强钢时，O_2 的含量（体积）应控制在 1% ~ 5%；焊接碳钢、低合金钢时，O_2 的含量（体积）可达 20%。

2. $Ar + CO_2$

$Ar + CO_2$ 混合气体既具有纯氩气保护焊的优点，如电弧稳定性好、飞溅少、容易获得轴向喷射过渡等，同时又因为具有氧化性，克服了用单一氩气焊时产生的阴极漂移现象及焊缝成形不好等问题。Ar 与 CO_2 气体的比例通常为（70% ~ 80%）：（30% ~ 20%），这种比例既可用于喷射过渡电弧，也可用于短路过渡及脉冲过渡电弧。但在用短路过渡电弧进行垂直焊和仰焊时，Ar 与 CO_2 的比例最好是 50% ：50%，这样有利于控制熔池。现在常用 80%（Ar）+ 20%（CO_2）气体焊接碳钢及低合金钢。

3. $Ar + O_2 + CO_2$

$Ar + O_2 + CO_2$ 活性混合气体可用于焊接低碳钢、低合金钢，其焊缝成形、接头质量以及金属熔滴过渡和电弧稳定性比 $Ar + O_2$ 或 $Ar + CO_2$ 强。

三、MAG 焊设备

富氩混合气体保护焊设备如图 6–19 所示，与 CO_2 气体保护焊设备类似，只是在 CO_2 气体保护焊设备系统中加入了氩气源和气体混合配比器。

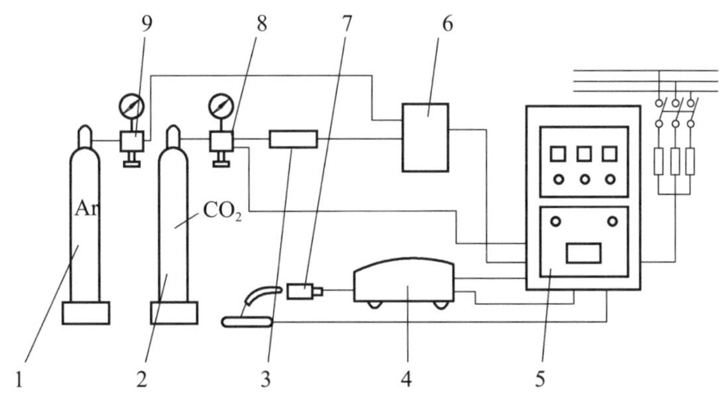

1-Ar 气瓶 2-CO_2 气瓶 3- 干燥器 4- 送丝小车

5- 焊接电源 6- 混合气体配比器 7- 焊枪 8、9- 减压流量计

图6-19 富氩混合气体保护焊设备示意图

为了有效地保证焊接时使用的混合气体分配比正确、可靠和均匀，必须使用合适的混合气体配比装置。对于集中供气系统，则由整个系统来保证；但对于单台焊机使用混合气体作为保护气体时，则必须使用专门的混合气体配比器，如图 6-20 所示的 HQP-2 型混合气体配比器。现在市场上已有瓶装的 Ar、CO_2 混合气体供应了，使用起来十分方便，如图 6-21 所示。

图6-20 气体配比器

图6-21 混合气瓶

四、MAG 焊的焊接参数

正确地选择焊接参数是获得高生产率和高质量焊缝的先决条件。富氩混合气体保护焊的焊接参数主要有焊丝的选择、焊接电流、电弧电压、焊丝伸出长度、气体流量、焊接速度、电源种类和极性等。

1. 焊丝的选择

富氩混合气体保护焊时，由于保护气体有一定的氧化性，故必须使用含有 Si、Mn 等脱氧元素的焊丝。焊接低碳、低合金钢时常选用 ER50-3、ER50-6、ER49-1 等型号的焊丝。

焊丝直径的选择与 CO_2 气体保护焊相同，在使用半自动焊接时，常使用直径为 1.6 mm 以下的焊丝进行施焊。当采用直径大于 2 mm 的焊丝时，一般采用自动焊。

2. 焊接电流

焊接电流是富氩混合气体保护焊的重要焊接参数，焊接电流的大小应根据工件的厚度、坡口形状、所采用的焊丝直径，以及所需要的熔滴过渡形式来选择。焊接电流的选择除参照有关经验数据外，还可以通过工艺评定试验得出的焊接电流值进行调节。在实际生产中，富氩混合气体保护焊的焊接参数见表 6-9。

表6-9　富氩混合气体保护焊（MAG）焊接参数

材质	厚度/mm	焊接层次	焊丝直径/mm	焊接电流/A	电弧电压/V	气体流量L/min	焊接速度mm/min
Q235-A	16	打底层	1.2	95 ~ 105	18 ~ 19	15	250 ~ 300
		中间层	1.2	200 ~ 220	23 ~ 25		250 ~ 300
		盖面层	1.2	190 ~ 210	22 ~ 24		250 ~ 300

3. 电弧电压

电弧电压也是关键焊接参数之一。电弧电压的高低决定了电弧长短与熔滴的过渡形式。只有当电弧电压与焊接电流有机地匹配，才能获得稳定的焊接过程。当电流与电弧电压匹配时，电弧稳定、飞溅少、声音柔和，焊缝熔合情况良好。表 6-9 列举了富氩混合气体保护焊平焊操作时的电弧电压值，在其他位置操作时，其电弧电压和焊接电流的选择可按照平焊位置进行适当衰减调整。

4. 焊丝伸出长度

焊丝伸出长度与 CO_2 气体保护焊基本相同，一般为焊丝直径的 10 倍左右。

5. 气体流量

气体流量也是一个重要的焊接参数。流量太小，起不到保护作用；流量太大，由于紊流的产生，保护效果也不好，而且气体消耗太大，成本升高。一般对直径 1.2 mm 以下的焊丝半自动焊时，流量选择在 15 L/min 左右。

6. 焊接速度

半自动焊焊接速度全靠施焊者自行确定。焊速过快会产生很多缺欠，如未焊透、熔合情况不好、焊道太薄、保护效果差、产生气孔等；焊速太慢又可能造成焊缝过热（甚至烧穿）、成形不好、生产率太低等。因此，焊接速度的确定应由操作者在综合考虑板厚、电弧电压及焊接电流、层次、坡口形状及大小、熔合情况和施焊位置等因素后再确定并及时调整。

7. 电源种类和极性

富氩混合气体保护焊与 CO_2 气体保护焊一样，为了减少飞溅，一般均采用直流反极性焊接，即焊件接负极，焊枪接正极。

一、填空题

1. MAG 焊常用的混合气体有 ________、________、________。

2. 在惰性气体氩（Ar）中加入少量的 ________ 气体而成的混合气体作为保护气体的焊接方法称为 ________，简称 ________ 焊。由于混合气体中 ________ 所占比例大，故常称为 ______________。

二、判断题

1. 富氩混合气体保护焊克服了纯氩弧焊易咬边，电弧斑点漂移等缺陷，同时改善了焊缝成形，提高了接头的力学性能。(　　)

2. 富氩混合气体保护焊与纯 CO_2 气体保护焊相比，电弧燃烧稳定、飞溅小，且易形成喷射过渡。(　　)

3. 焊接不锈钢等高合金钢及高强钢时，常采用 $Ar + O_2$ 混合气体，O_2 的含量（体积）应控制在 1% ~ 5%。(　　)

4. $Ar + O_2 + CO_2$ 混合气体可用于焊接低碳钢、低合金钢，其焊缝成形、接头质量以及金属熔滴过渡和电弧稳定性都比 $Ar + O_2$、$Ar + CO_2$ 差。(　　)

5. 富氩混合气体保护焊焊接时，宜采用直流反极性，即焊件接正极，焊丝接负极。(　　)

三、简答题

什么是 MAC 焊？它与纯 CO_2 气体保护焊、纯氩弧焊相比有什么特点？

任务五　药芯焊丝气体保护焊

任务目标

知识目标	1. 了解药芯焊丝气体保护焊的原理及特点。 2. 熟悉药芯焊丝的组成及药芯焊丝的牌号。 3. 掌握药芯焊丝 CO_2 气体保护焊的焊接参数。
能力目标	1. 熟悉药芯焊丝的组成及药芯焊丝的牌号。 2. 掌握药芯焊丝 CO_2 气体保护焊的焊接参数。
素质目标	养成分析比较的能力，在实习中认真体验与实芯焊丝焊接的区别。

学习内容

药芯焊丝是继电焊条、实芯焊丝之后广泛应用的又一类焊接材料，使用药芯焊丝作为填充金属的各种电弧焊方法称为药芯焊丝电弧焊。药芯焊丝电弧焊根据外加保护方式不同可分为药芯焊丝气体保护焊、药芯焊丝埋弧焊及药芯焊丝自保护焊。药芯焊丝气体保护焊又有药芯焊丝 CO_2 气体保护焊、药芯焊丝熔化极惰性气体保护焊和药芯焊丝混合气体保护焊等，其中应用最广的是药芯焊丝 CO_2 气体保护焊。

一、药芯焊丝气体保护焊的原理及特点

1. 药芯焊丝气体保护焊的原理

药芯焊丝气体保护焊的基本工作原理，与普通熔化极气体保护焊一样，是以可熔化的药芯焊丝作为电极及填充材料，再外加气体（如 CO_2）的保护下进行焊接的电弧焊方法。与普通熔化极气体保护焊的主要区别在于焊丝内部装有药粉，焊接时，在电弧热作用下熔化状态的药芯焊丝、焊丝金属、母材金属和保护气体相互作用之间发生冶金作用，同时形成一层较薄的液态熔渣包裹熔滴并覆盖熔池，对熔化金属形成了又一层的保护。实质上这种焊接方法是一种弃渣联合保护的方法，如图 6–22 所示。

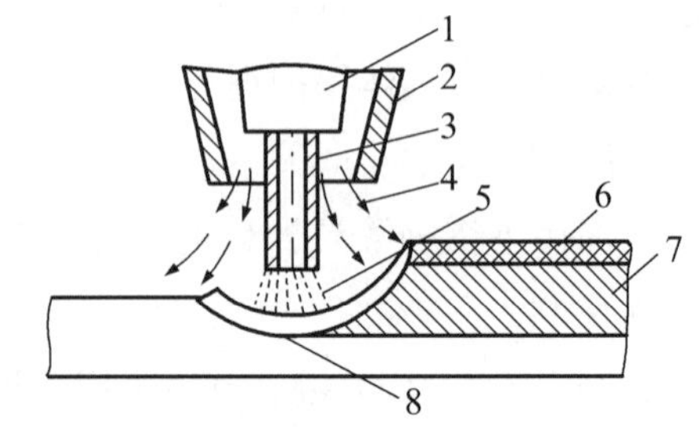

1– 导电嘴　2– 喷嘴　3– 药芯焊丝　4–CO_2 气体
5– 电弧　6– 熔渣　7– 焊缝　8– 熔池
图6–22　药芯焊丝气体保护焊示意图

2. 药芯焊丝气体保护焊的特点

药芯焊丝气体保护焊综合了焊条电弧焊和普通熔化极气体保护焊的特点。

（1）采用气渣联合保护，保护效果好，抗气孔能力强，焊缝成型美观，电弧稳定性好，飞溅少且颗粒细小，焊缝如图 6–23 所示。

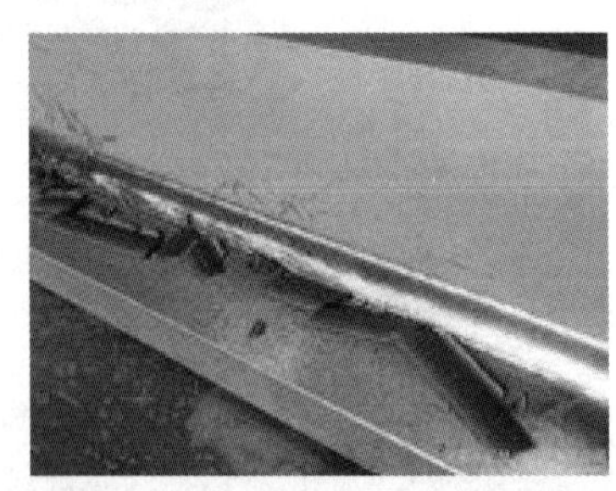

图6–23　药芯焊丝焊接焊缝

（2）焊丝熔敷速度快，熔敷速度明显高于焊条，并略高于实芯焊丝，熔敷速率和生产率都较高，生产率比焊条电弧焊高 3 ~ 4 倍，经济效益显著。

（3）焊接各种钢材的适应性强，通过调整药粉的成分与比例，可焊接和堆焊不同成分的钢材。

（4）由于药粉改变了电弧特性，对焊接电源无特殊要求，交流、直流或者是平缓外特性电源均可。

药芯焊丝气体保护焊也有不足之处：焊丝制造过程复杂；送丝较实心焊丝困难，需要采用降低送丝压力的送丝机构；焊丝外表易锈蚀、药粉易吸潮，故使用前应对焊丝外表进行清理，并进行 250℃ ~ 300℃的烘烤。

二、药芯焊丝

1. 药芯焊丝的组成

药芯焊丝由金属外皮（如 08 A）和芯部药粉组成，即由薄钢带卷成圆形钢管或异型钢管的同时，填满一定成分的药粉后经拉制而成。药粉的成分与焊条的药皮类似，其截面形状有 E 形、O 形、梅花形、中间填丝形、T 型等，如图 6–24 所示。目前国产的 CO_2 气体保护焊药芯焊丝多为钛型药粉焊丝，规格有直径 2.0 mm、2.4 mm、2.8 mm、3.2 mm 等几种，图 6–25 所示为市售成品药芯焊丝。

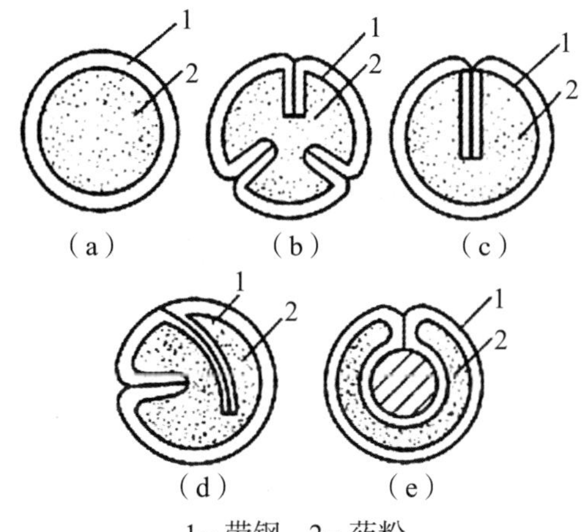

1– 带钢 2– 药粉

（a）O 形 （b）梅花形 （c）T 形 （d）E 形 （e）中间填丝形

图6–24 药芯焊丝截面形状

图6–25 成品药芯焊丝

2. 碳钢药芯焊丝的型号

根据 GB/T 10045—2001《碳钢药芯焊丝》标准规定，碳钢药芯焊丝型号是根据熔敷金属力学性能、焊接位置及焊丝类别特点（如保护类型、电源类型及渣系特点等）进行划分的。

字母“E”表示焊丝，“T”表示药芯焊丝，字母“E”后面的 2 位数字表示熔敷金属抗拉强度最小值。第三位数字表示推荐的焊接位置，其中“0”表示平焊和横焊位置，“1”表示全位置。短划线“–”后面的数字表示焊丝的类型特点，字母“M”表示保护气体为氩气含量为 75% ~ 80% 的氩气和二氧化碳混合气体；当无字母“M”时，表示保护气体为 CO_2 或自保护类型；字母“L”表示焊丝熔敷金属的冲击性能在 –40℃，其 V 型缺口冲击功不小于 27 J，无“L”时，表示焊丝熔敷金属的冲击性能符合一般要求。

碳钢药芯焊丝型号编制方法示例如下：

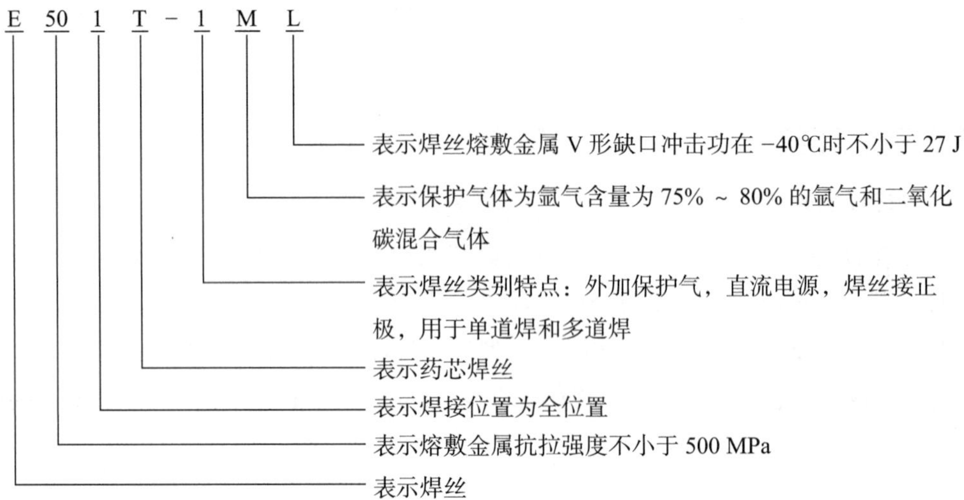

3. 药芯焊丝的牌号

焊丝牌号以字母“Y”表示药芯焊丝，其后字母表示用途或钢种类别，见表 6–10。字母后的第一位和第二位数字表示熔敷金属抗拉强度最小值，单位 MPa，第三位数字表示药芯类型及电源种类（与电焊条相同），第四位数字代表保护类型，见表 6–11。

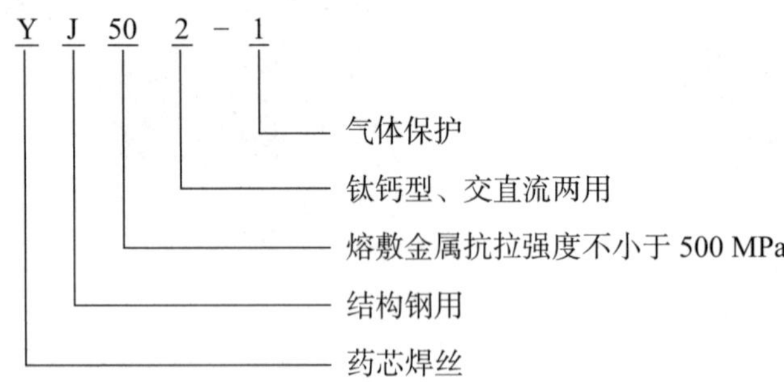

表 6–10　药芯焊丝钢种类别

字母	钢类别	字母	钢类别
J	钢结构	G	铬不锈钢
R	低合金耐热钢	A	奥氏体不锈钢
D	堆焊		

表 6–11　药芯焊丝保护类型

牌号	焊接时保护类型	牌号	焊接时保护类型
YJ× ×–1	气体保护	YJ× ×–3	气体保护、自保护两用
YJ× ×–2	自保护	YJ× ×–4	其他形式保护

三、药芯焊丝 CO_2 气体保护焊的焊接参数

药芯焊丝 CO_2 气体保护焊的焊接工艺与实芯焊丝的 CO_2 气体保护焊相似，其焊接参数主要有焊接电流、电弧电压、焊接速度、焊丝伸出长度等。电源一般采用直流反接，焊丝伸出长度为 15 ~ 25 mm，焊接速度在 30 ~ 50 cm/min 范围内。焊接电流与电弧电压必须恰当匹配，一般焊接电流增加，电弧电压应适当提高，不同直径药芯焊丝 CO_2 气体保护焊常用焊接电流、电弧电压见表 6–12。

表 6–12

焊丝直径/mm	1.2	1.4	1.6
焊接电流/A	110 ~ 350	130 ~ 400	150 ~ 450
电弧电压/V	18 ~ 32	20 ~ 34	22 ~ 38

药芯焊丝半自动 CO_2 气体保护焊焊接参数见表 6–13。

表 6–13

工件厚度/mm	坡口形式及尺寸		焊接电流/A	电弧电压/V	气体流量L/min	备注
	坡口形式	尺寸/mm				
6	I 形坡口对接	$B=0\sim2$	270 ~ 280	27 ~ 28	16 ~ 17	焊一层
12	Y 形坡口对接	$\alpha=40°\sim45°$ $P=3$ $b=0\sim2$	280 ~ 300	29 ~ 31	16 ~ 18	正面焊两层
6	I 形坡口、T 形接头	$b=0\sim2$	280 ~ 290	28 ~ 30	17 ~ 18	焊一层
12				28 ~ 30	17 ~ 18	焊两层三道

练一练

一、填空题

1. 药芯焊丝电弧根据外加保护方式不同，可分为 ______、______ 和 ______。

2. 药芯焊丝气体保护焊根据保持气体不同，可分为 ______、______、______ 等，其中 ______ 应用最广。

3. 药芯焊丝由 ______ 和 ______ 组成，其截面形状有 ______ 形 、______ 形、______ 形 、______ 形、______ 形等。

4. 药芯焊丝 CO_2 气体保护焊属于 __________ 保护。

二、判断题

1. 药芯焊丝 CO_2 气体保护焊的电源或采用交流或直流，采用直流时应为直流正

接。（　　）

2. 药芯焊丝 CO_2 气体保护焊的焊丝焊接前不需要烘干。(　　)

3. 药芯焊丝 CO_2 气体保护焊是气—渣联合保护。(　　)

4. 药芯焊丝 CO_2 气体保护焊的焊丝伸出长度为 15 ~ 25 mm。(　　)

三、简答题

1. 药芯焊丝气体保护焊的原理及特点是什么？

2. 药芯焊丝的牌号是如何编制的? 试举例说明。

单元七
焊接应力与变形

知识目标	1. 理解焊接应力与变形的形成。 2. 掌握焊接残余变形的类型及控制残余变形的措施。 3. 掌握控制残余应力的措施。 4. 了解消除残余应力的方法。
能力目标	使学生具备分析焊接应力与变形的能力，为制定正确的焊接工艺打好基础。
素质目标	培养学生分析问题和解决问题的能力。

任务一　焊条电弧焊概述

任务目标

知识目标	1. 掌握应力与变形、焊接应力与焊接变形的基本概念。 2. 理解焊接应力与变形产生的原因。
能力目标	结合金属材料力学性能，理解焊接应力与变形形成的原因。
素质目标	培养学生具备逻辑思维能力。

学习内容

一、应力与变形

1. 应力

任何物体在受到外力作用时，会在其内部产生一个大小相等、方向相反的力，这个力叫作内力。物体在外力作用下，单位截面上出现的内力，叫作应力。由拉伸引起的叫作拉应力；由压缩引起的，叫作压应力。引起应力的原因除受外力的作用外，物体在加热膨胀或冷却收缩受到阻碍时也会在内部出现应力，这种没有外力影响，物体内部存在的应力，叫作内应力。

2. 变形

物体在受到外力作用时，出现形状、尺寸的变化，叫作变形。外力去除后能恢复到原来的形状和尺寸，叫作弹性变形；外力去除后不能恢复到原来的形状和尺寸，叫作塑性变形。

3. 应力与变形的关系

在自由状态下，不同截面上施加同样大小的外力时，截面越小，应力越大，同理变形也越大。

二、焊接应力与焊接变形

1. 焊接应力

焊接接头在加热和冷却过程中产生的应力，叫作焊接瞬时应力；焊后残留在焊件内的焊接应力，叫作焊接残余应力，这两种应力统称为焊接应力。

2. 焊接变形

在焊接应力作用下，焊件产生形状和尺寸的变化，叫作焊接变形。焊后焊件残留的变形，叫作焊接残余变形。

3. 焊接应力和焊接变形的关系

焊接变形是由焊接应力的存在引起的，因此，在焊接过程中，焊接应力和焊接变形是同时产生的。如焊件能自由伸缩，焊接应力经焊接变形而降低，故变形较大，应力较小；焊件刚性较大或不能自由伸缩，焊接应力不能由变形而降低，故焊后应力较大，变形较小。

三、焊接应力与变形产生的原因

焊接过程是局部的不均匀加热过程，比一般的整体均匀加热要复杂得多。为了便于了解焊接应力与变形产生的原因，先对均匀加热时产生的应力与变形进行分析。

1. 均匀加热引起应力与变形的原因

假设有一根钢杆放在两个支撑点上〔图 7-1（a）实线〕。对钢杆进行均匀加热，钢杆会受热膨胀，直径和长度都增加，〔图 7-1（a）虚线〕；当钢杆均匀冷却后，会自由收缩回原来的尺寸，所以钢杆不会产生应力和变形。

如果将钢杆嵌在两刚性墙之间〔图 7-1（b）〕，然后进行均匀加热，钢杆受热膨胀将会伸长。但由于两侧墙的限制不能伸长，就相当于钢杆受到了压缩。当压缩量没有超过钢杆弹性变形量时，钢杆冷却后还是恢复到原来的尺寸；当压缩量超过钢杆弹性变形量时，钢杆会产生塑性变形，冷却后钢杆将比原来缩短，由于能自由收缩，钢杆内不存在内应力，如图 7-1（c）所示。如果钢杆两端固定，加热时不能伸长，冷却后也不能自由收缩，那么钢杆内部就会出现拉应力。

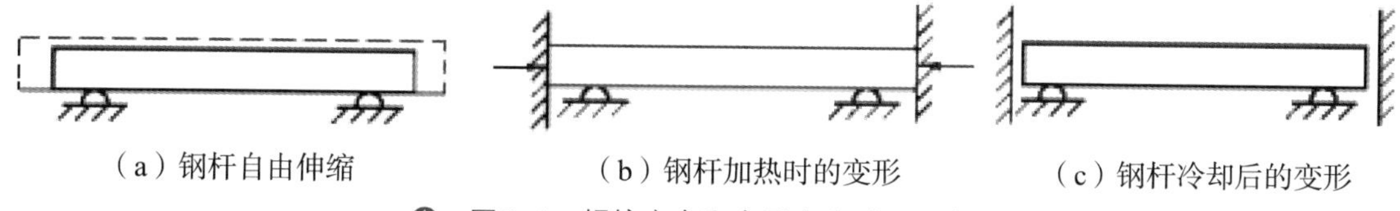

图7-1　焊接应力和变形产生过程示意图

2. 焊接过程引起应力与变形的原因

在焊接过程中，由于整个焊件加热是不均匀的，焊缝区温度高，母材部位离焊缝越远温度越低。为简化分析，将焊件分为高温区和低温区：焊缝及附近为高温区，焊件其余部分为低温区，并假设高温区内、低温区内温度均匀一致，如图 7-2（a）所示。

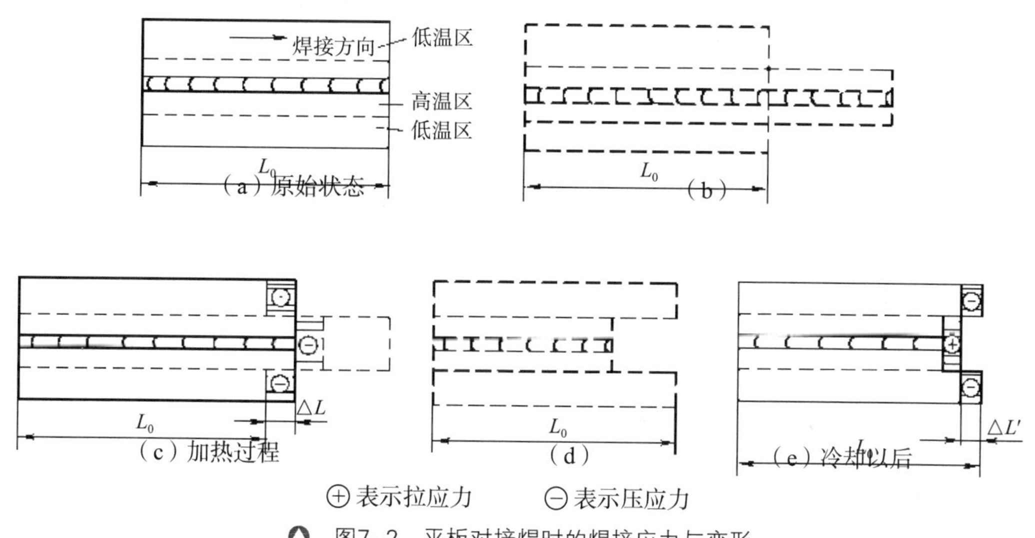

图7-2　平板对接焊时的焊接应力与变形

在焊接加热时，假设焊件高温区和低温区是可分离的、能自由伸缩的两部分，高温区由于温度比低温区高，则伸长量要大，如图 7-2（b）所示。但实际上，焊件是一个整体，不可能像图 7-2（b）所示的那样，高温区的伸长要受到低温区的限制，其将受到压缩而产生压应力，当压应力达到屈服点就会产生塑性变形，同时低温区受到高温区的拉伸而伸长产生拉应力，结果是焊件整体伸长ΔL，如图 7-2（c）所示。

在焊接冷却时，由于高温区在加热时产生了塑性变形，冷却后将收缩。同样，由于焊件是一个整体，两边的低温区将阻碍高温区的收缩，使高温区产生拉应力，低温区产生压应力，最后焊件将整体缩短$\Delta L'$，如图 7-2（d）、（e）所示。

由此可见，焊接时局部的不均匀加热和冷却是产生焊接应力与变形的根本原因。

练一练

一、填空题

1. 焊接接头在加热和冷却过程中产生的应力叫作焊接 ________________ 应力；焊后残留在焊件内的焊接应力叫作焊接 ________________ 应力，这两种应力统称为焊接应力。

2. 在焊接应力作用下，焊件产生形状和尺寸的变化，叫作 ________________。焊后焊件残留的变形叫 ________________。

3. 在焊接时 ________________________________ 是产生焊接应力与变形的根本原因。

二、判断题

1. 焊接变形和应力在焊接时是必然产生的，是无法避免的。(　　)

2. 如焊件能自由伸缩，焊接应力经焊接变形而降低，故变形较大，应力较小。(　　)

3. 焊件刚性较大或不能自由伸缩，焊接应力不能由变形而降低，故焊后应力较大，变形较大。(　　)

4. 在自由状态下，不同截面上施加同样大小的外力时，截面越小，应力越大，同理变形也越大。(　　)

三、简答题

以钢板对接焊为例，分析焊接变形与焊接应力产生的过程。

任务二　焊接残余变形

任务目标

知识目标	1. 掌握焊接残余变形的分类。 2. 理解影响焊接残余变形的因素。 3. 掌握控制焊接残余变形的措施。 4. 掌握残余变形的矫正。
能力目标	1. 掌握焊接残余变形的分类。 2. 掌握控制焊接残余变形的措施。 3. 掌握残余变形的矫正。
素质目标	1. 强化分析问题的能力。 2. 培养理论与实践相结合的能力。

学习内容

一、焊接残余变形的分类

按焊接残余变形的特征，可将焊接残余变形分为收缩变形、角变形、弯曲变形、波浪边形、扭曲变形和错边变形六种基本变形形式，如图 7–3 所示。在实际生产中，焊件可能同时存在两种或两种以上的变形形式。

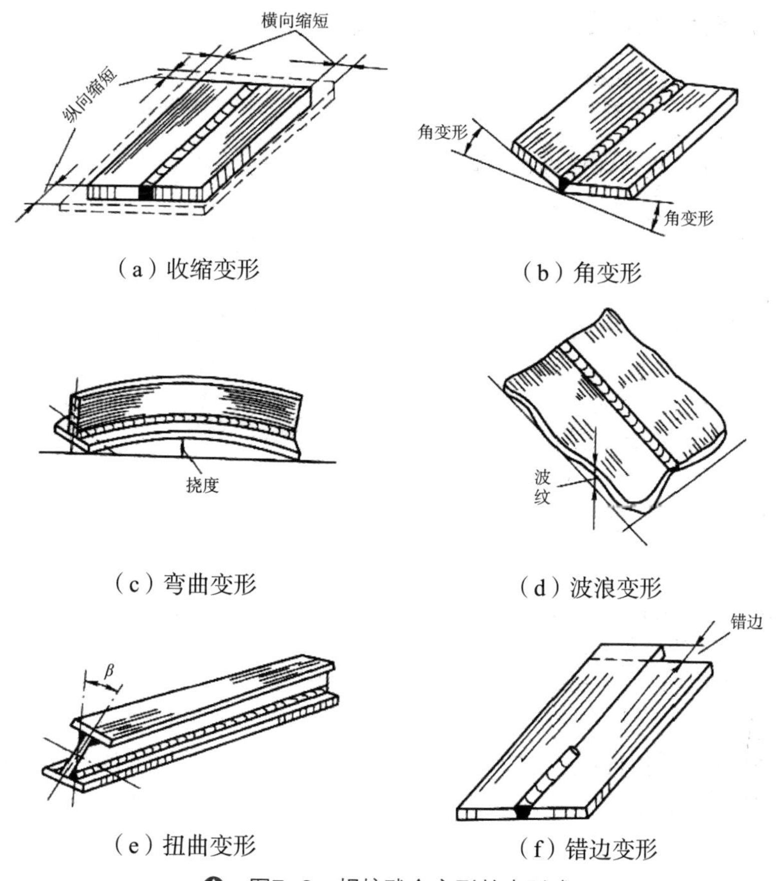

（a）收缩变形　（b）角变形　（c）弯曲变形　（d）波浪变形　（e）扭曲变形　（f）错边变形

图7–3　焊接残余变形基本形式

1. 收缩变形

收缩变形分为纵向收缩变形和横向收缩变形。构件焊后在焊缝方向发生的收缩叫作纵向收缩变形。焊缝的纵向收缩变形量随焊缝的长度、焊缝金属截面积增加而增加，随焊件截面积增加而减少。构件焊后在垂直于焊缝方向发生的收缩叫作横向收缩变形。横向收缩变形量随板厚的增加而增加。

2. 弯曲变形

构件焊后向一侧弯曲的变形叫弯曲变形，弯曲变形常见于焊接梁、柱、管道等焊件，对这类焊接结构的生产造成较大的危害。弯曲变形的大小以挠度 f 来度量，f 是焊后焊件的中心偏离原焊件中心轴的最大距离，如图 7-4 所示。挠度越大，即弯曲变形越大。

（1）由纵向收缩变形造成的弯曲变形　图 7-5 所示是一 T 形梁焊后产生的弯曲变形，焊后由于焊缝纵向收缩造成 T 形梁向下弯曲。

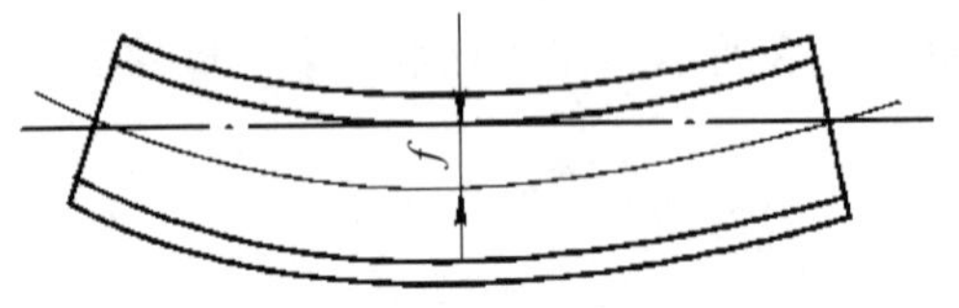

图7-4　弯曲变形的挠度

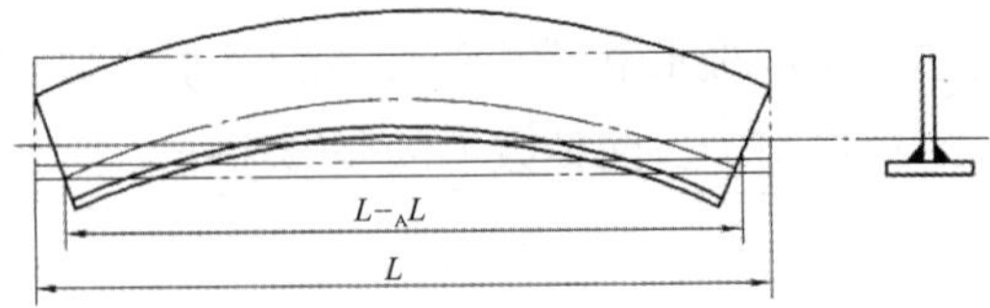

图7-5　由纵向收缩变形造成的弯曲变形

（2）由横向收缩变形造成的弯曲变形　图 7-6 所示是在工字梁上翼缘上横向焊接几块支撑板，由于支撑板焊缝横向收缩，使梁产生了向下弯曲。

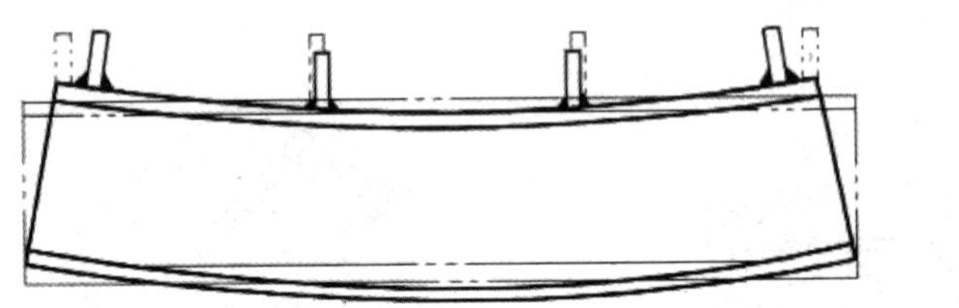

图7-6　由横向收缩变形造成的弯曲变形

3. 角变形

在对接接头、T 形接头、搭接接头及堆焊时都可能产生角变形，如图 7-7 所示。产生角变形的原因是焊接板件在厚度方向上温度分布（或焊缝截面）是不均匀的，温度较高的一侧（截面较宽一侧）焊后横向收缩量大，温度较低的一侧（截面较窄一侧）焊后横向收缩量小，结果就形成了板件两侧翘起一个角度。焊后构件两侧钢板离开原来位置翘起一个角度，这种变形叫作角变形。

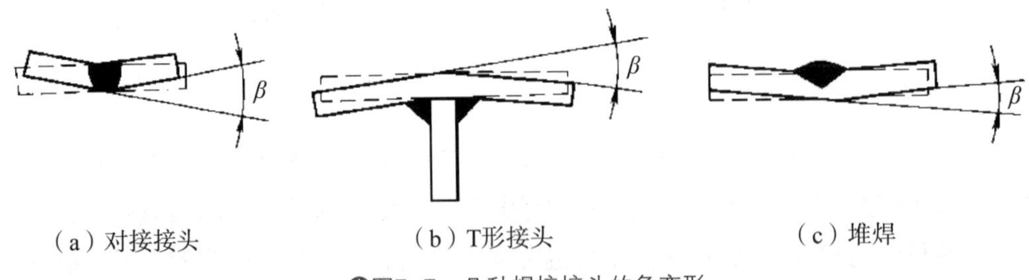

图7-7　几种焊接接头的角变形

4. 波浪变形

焊后构件产生形似波浪的变形叫作波浪边形或失稳变形，常在板厚小于 6 mm 的薄板焊接结构中产生。焊后存在于平板的内应力，在焊缝附近是拉应力，离开焊缝较远的区域为压应力，在压应力作用下平板就可能产生波浪边形，如图7-8 所示。

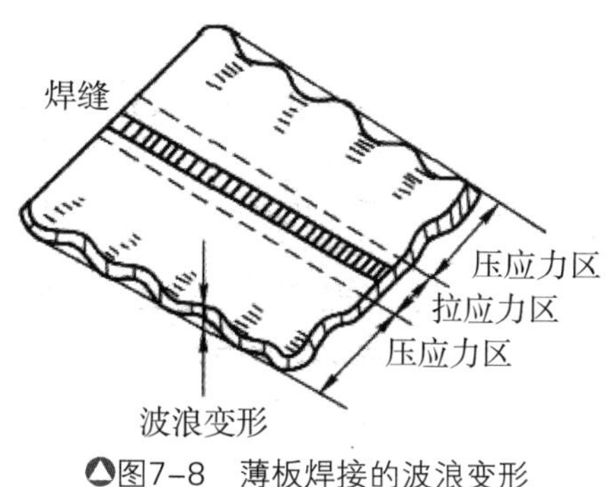

图7-8　薄板焊接的波浪变形

5. 扭曲变形

扭曲变形是构件焊后两端绕中性轴相反方向扭转一角度。它产生的原因较复杂：装配质量不好，强行装配，焊接顺序及方向不当等。图 7-9 所示为焊接 H 形梁的扭曲变形。

6. 错边变形

错边变形是两块板材在焊接过程中因刚度或散热程度不等所引起的长度方向上或厚度方向上位移不一致而造成的变形，如图 7-10 所示。错边变形的原因主要有：装配不良，如定位焊缝尺寸过小及间距过大，在焊接过程中定位焊缝开裂而造成错边变形；两零件材质不同或厚度不同而变形量不一致；焊缝两侧热输入不一致，如焊偏等；焊缝两侧夹紧程度不同或刚度不同等。

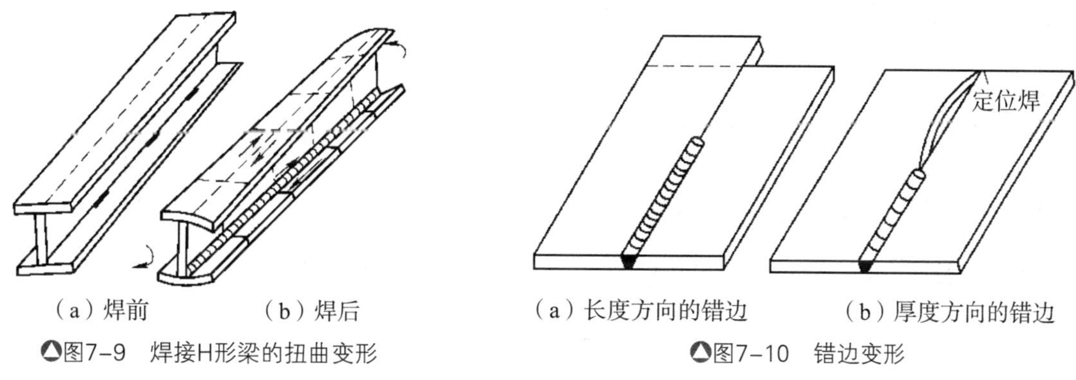

（a）焊前　（b）焊后
图7-9　焊接H形梁的扭曲变形

（a）长度方向的错边　（b）厚度方向的错边
图7-10　错边变形

二、影响焊接残余变形的因素

1. 焊缝在结构中的位置

在焊接结构中，焊接变形引起的根源是焊缝的收缩，复杂结构整体变形其实就是每条焊缝收缩的集合，复杂的焊接结构较难判定变形趋势。在结构较为简单，焊缝在结构中布置对称，焊接顺序合理时，焊接变形主要是纵向缩短和横向缩短。焊缝在结构中布置不对称时，则焊后会产生弯曲变形。图 7-11 所示是 T 形梁焊后弯曲变形。弯曲朝向焊缝较多的一侧；焊缝偏离中性轴越远，则越容易产生弯曲变形。

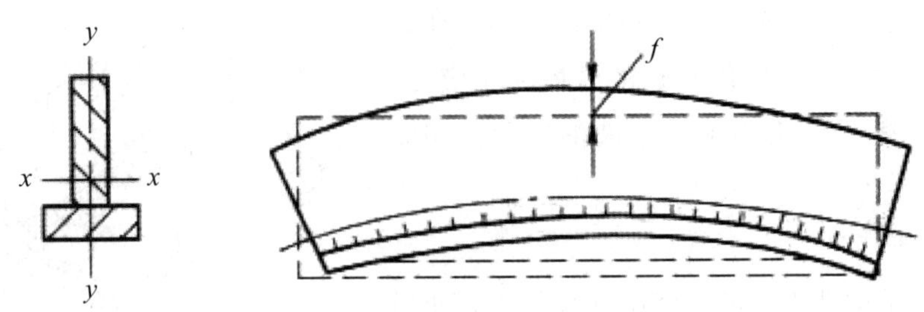

（a）单道焊缝的钢管焊接　　（b）T形梁的焊接

图7-11　焊缝在结构上位置不对称造成的弯曲变形

2. 焊接结构的刚度

刚度是指材料或结构在受力时抵抗弹性变形的能力，是材料或结构弹性变形难易程度的表征。结构的刚度大，变形就小；反之，结构的刚度小，变形就大。金属结构的刚度主要取决于结构的截面形状及尺寸的大小。

（1）结构抵抗拉伸的刚度　主要决定于结构截面积的大小。截面积越大，刚度越大，变形就越小。

（2）结构抵抗弯曲的刚度　主要看结构截面的形状（图 7-12）和尺寸大小。弯曲变形一般发生在梁的焊接中，就梁而言，一般封闭截面的抗弯刚度大；截面外形尺寸大的抗弯刚度大。

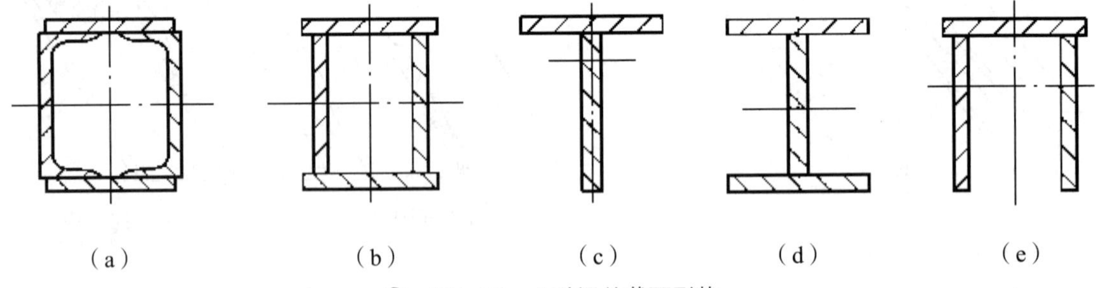

（a）　（b）　（c）　（d）　（e）

图7-12　几种梁的截面形状

（3）结构抵抗扭曲的刚度　除了决定于结构的尺寸大小外，最主要的是结构截面形状。如结构截面是封闭形式的，则扭曲刚度比非封闭截面的大。图 7-12（a）、（b）所示的截面，其抗扭能力比图 7-12（c）、（d）、（e）所示的大。

一般，短而粗的焊接结构，刚度较大；细而长的构件，抗弯刚度小。结构整体刚度总是比部件刚度大。因此，生产中常采用整体装配后再进行焊接的方法来减少焊接变形。

3. 焊接结构的装配及焊接顺序

焊接结构的刚度是在装配和焊接过程中逐渐增大的，结构的整体刚度比它的零部件刚度大。所以，尽可能先装配成整体，然后再焊接，可以减少焊接变形。但对于一些大型复杂结构，可将结构适当地分成部件，分别装配焊接，然后再拼焊成整体，能有效控制整体焊后变形。在结构的焊接中，焊接顺序至关重要，即使焊缝布置对称，如果焊接顺序不合理，结果还会引起焊接变形，而且焊接顺序不同，变形量也不同。

不同的装配焊接顺序，焊后会产生不同的焊接变形。以焊接 H 形梁为例，该梁由上、下盖板和腹板组成，由四条纵向角焊缝焊接而成，如图 7–13（a）。

现分析以下几种装配焊接后的变形情况。

（1））图 7–13（b）是先装配焊接成 T 形，然后再装配另一块盖板完成 H 形梁的焊接。在焊接 T 形梁时由于焊缝分布在中性轴下面，且刚度较小，焊后将产生较大的上拱弯曲变形，虽然将第二块盖板焊上去时将产生反向的弯曲变形，但此时结构刚性增加，此反向变形量远远小于第一次弯曲变形量，焊后 H 形梁仍存在较大的上拱变形。

（2）图 7–13（c）是组装形成整体，然后再进行焊接，此时梁的刚性增加，焊接变形要比第一种装配方法焊接变形小，是一种合理的装配顺序。

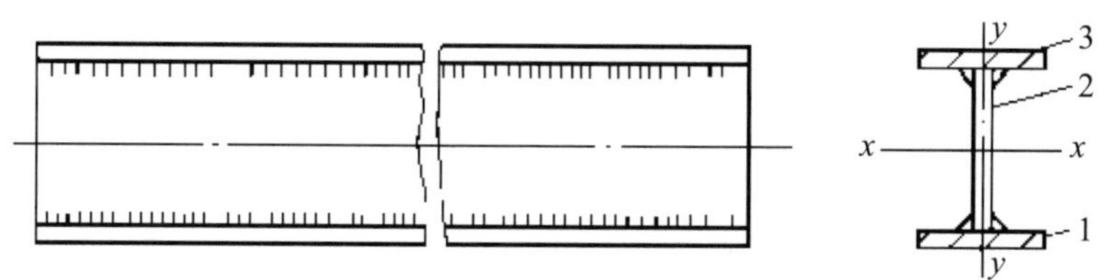

（a）焊接 H 形梁的结构形式

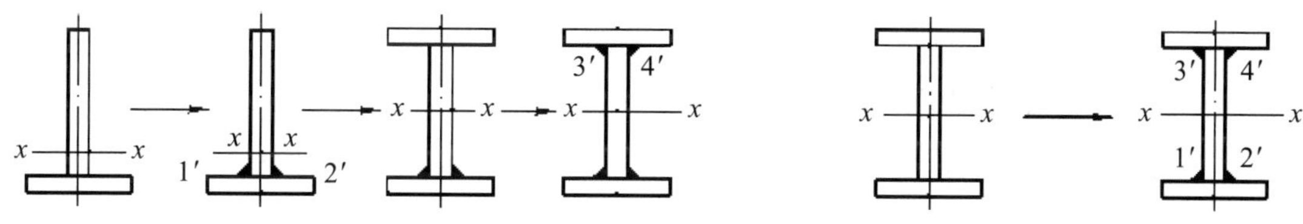

（b）边装边焊顺序　　（c）总装后再焊接顺序

1– 下盖板　2– 腹板　3– 上盖板

图7–13　工字梁的装配顺序和焊接顺序

（3）现分析图 7–13（c）总装后 H 形梁的焊接顺序：

① 由一名焊工焊接，若按 1′、2′、3′、4′ 的顺序焊接，焊后会产生上拱的焊接变形。虽然四条纵缝尺寸一样，焊接时参数一样，随着焊接进行，刚性逐渐增加，纵向收缩量逐渐减小，最终产生上拱的焊接变形。若按 1′、4′、3′、2′ 的顺序焊接，焊后弯曲变形会减小。

② 若由两名焊工同时对称焊接，若先焊 1′、2′，再焊 3′、4′，由于先焊 1′、2′ 的收缩量比后焊 3′、4′ 收缩量大，还是产生上拱变形。

③ 若将 H 形梁平放，先焊焊缝 1′、3′，再焊焊缝 2′、4′，焊后不会产生上拱变形，只产生侧弯变形，由于焊缝离中性轴 y–y 距离较近，侧弯变形量不大，矫正容易，是生产中

应用最广的焊接方式。如图 7-14 所示是龙门式双头自动焊接装置。

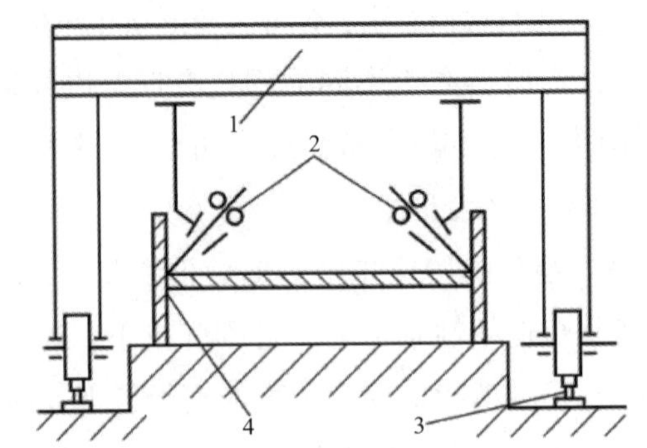

1- 移动式龙门架　2- 焊接机头　3- 轨道　4- 工件

图7-14　龙门式双头焊接装置

4. 其他因素

（1）焊接方法　采用焊接热源集中的焊接方法，焊接变形较小。比如采用二氧化碳气体保护焊比焊条电弧焊焊接变形小。

（2）焊接线能量　焊接线能量越大，焊接变形也越大。同样厚度的材料，单道焊比多层多道焊产生的变形大。因为单道焊焊接电流大、摆动慢、摆幅大、坡口两侧停留时间长，焊接速度慢，故焊接线能量大，产生的变形就大；而多层多道焊可以采用小电流快速不摆动焊接，所以焊接线能量小，焊后变形也小。

（3）焊缝长度和坡口形式　焊缝越长，焊接变形越大。对一条长直焊缝来说，如果采用同一方向从头至尾的焊接方法，即直通焊，焊接变形较大。坡口内空间越大，变形越大。比如，在同样厚度和焊接条件下，V 形坡口比 U 形坡口变形大；X 形坡口比双 U 形坡口变形大；不开坡口变形最小。此外，装配间隙越大，焊接变形也越大。

总之，各种影响焊接残余变形的因素并不是孤立地起作用的。因此，在分析焊接结构的变形时，要考虑各种影响因素，以便能制定出较合理的防止和减少残余变形的措施。

三、控制焊接残余变形的措施

控制焊接残余变形，要从两个方面来考虑：一是设计方面的措施，二是工艺方面的措施。

1. 设计措施

焊接残余变形的控制首先要从设计上进行考虑，正确的设计方案是控制变形的根本措施。

（1）选用合理的焊缝尺寸　焊缝尺寸增加，焊接变形也随之增大。随着焊接技术的发展，新材料、新方法、新工艺在生产中的不断应用，设计人员应当改变“焊缝越大越结实”

的陈旧观念，对于受力不大的联系焊缝可适当减小焊缝尺寸或采用断续焊缝，主要焊缝通过科学合理的设计也可以减小焊缝尺寸。

（2）尽可能减少焊缝的数量　焊缝数量越多，焊接变形越复杂，变形量越大。在设计时尽量减少焊接量，比如采用图 7-15 所示的冲压结构、型材代替钢板拼焊件。

（3）合理安排焊缝位置　焊缝尽可能对称于构件截面的中性轴，或使焊缝接近于中性轴，可减少弯曲变形，如图 7-16 所示。

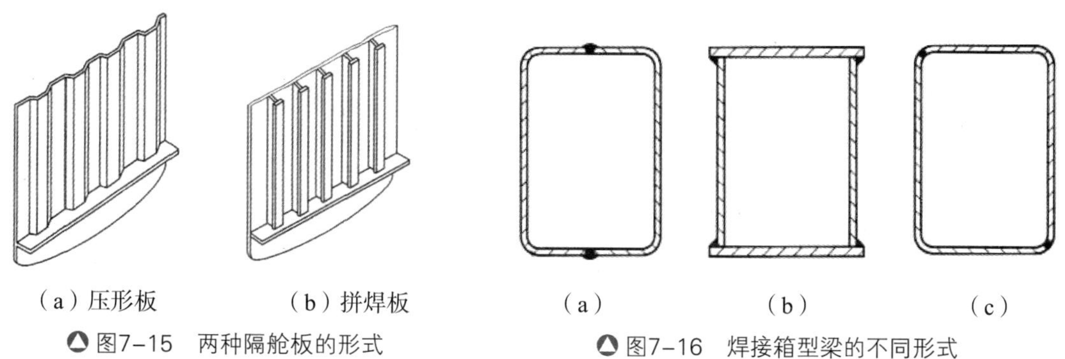

（a）压形板　（b）拼焊板

图7-15　两种隔舱板的形式

（a）　（b）　（c）

图7-16　焊接箱型梁的不同形式

2. 工艺措施

正确的设计并不能完全控制残余变形，利用正确的工艺方法是控制变形的重要措施。

（1）采用合理的装配焊接顺序

①对称焊缝采用对称焊接法。当结构具有对称布置的焊缝时，应当尽量采用对称焊接。能够同时焊接对称焊缝是最理想的，比如 H 形梁四条焊缝同时焊接，可以使变形降到最小，这种理想状况可以在大批量生产中实现。在实际生产中，可以分步完成对称焊缝的焊接，先对称焊接一侧焊缝，再焊接另一侧焊缝；图 7-17 所示的圆筒体环形焊缝，是由两名焊工对称地按图中的顺序同时施焊的对称焊接。应当注意，对称焊并不能全部消除变形，因为先焊的焊缝，结构的刚性还较小，所以焊接引起的变形最大。随着焊缝的增加，结构的刚性越来越大，所以后焊的焊缝引起的变形比先焊的焊缝小，虽然两者方向相反，但并不能完全抵消，最后仍保留先焊焊缝的变形方向。

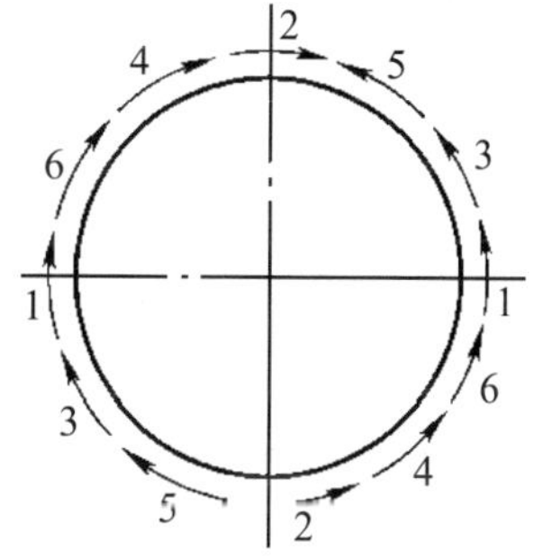

图7-17　圆筒体环形焊缝对称焊接顺序

②不对称焊缝先焊焊缝少的一侧。因为先焊焊缝的变形大，故焊缝少的一侧先焊，使它产生较大的变形，然后再焊另一侧多的焊缝，使变形加以抵消，就可以减少整个结构的变形。图 7-18 所示为压型模上模结构，由于焊缝上下不对称，将出现整体下挠弯曲变形。在焊接时，采用对称焊接，先焊 1、1′，再焊 2、2′，3、3′，焊后变形抵消。

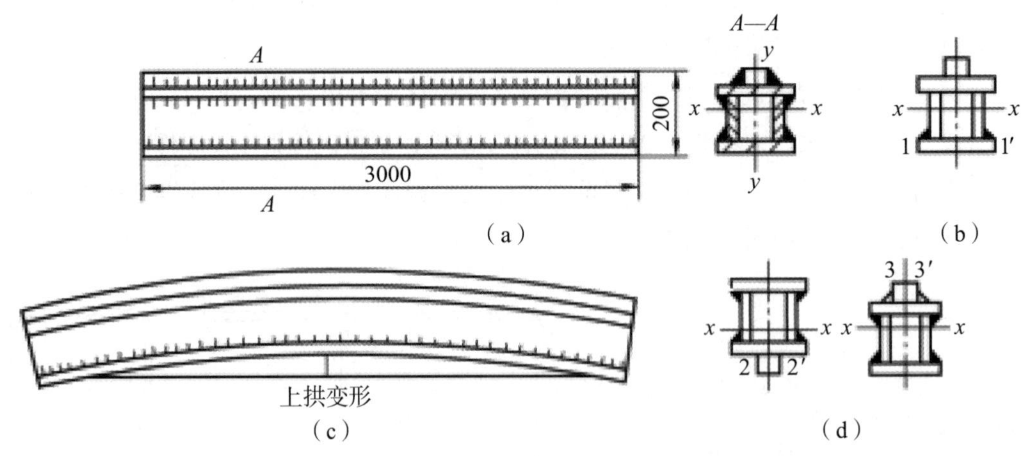

图7-18　压型上模及其焊接顺序

③采用不同的焊接顺序控制焊接变形。对于结构中的长焊缝，最简单形式是从一端向另一端直通焊接。在这种情况下，沿焊缝全长施焊时间有很大差距，温度分布不均匀，焊后变形大。若条件允许可用断续焊缝来代替连续焊缝，或采用不同的焊接方向和顺序来焊接。常见的焊接顺序有五种，即分段退焊法、分中分段退焊法、跳焊法、交替焊法、分中对称焊法，如图7-19所示。当焊缝长度超过1 m时，可采用分段退焊法、分中分段退焊法、跳焊法（每段长度以200 ~ 250 mm为宜）、交替焊法、分中对称焊法来焊接。其中以分段退焊法效果最好，这是由于该方法将焊缝全长分为若干段，各段依次焊接，并使每段的终点与前一段的起点重合，如果每段的长度不大，焊完该段而到达前一段的起点时，起点的温度还很高，因此温度差不很大。这样改善了不均匀加热和冷却的程度，减少了焊后的变形，通常每段的长度以焊完一根焊条的长度为限。对于分中对称焊法，主要是使焊件两端能自由收缩，亦可达到减少变形的目的。一般情况下，退焊法和跳焊法的每一段焊缝长度为100 ~ 350 mm较为适宜。交替焊法因工作位置移动次数太多而用得较少。

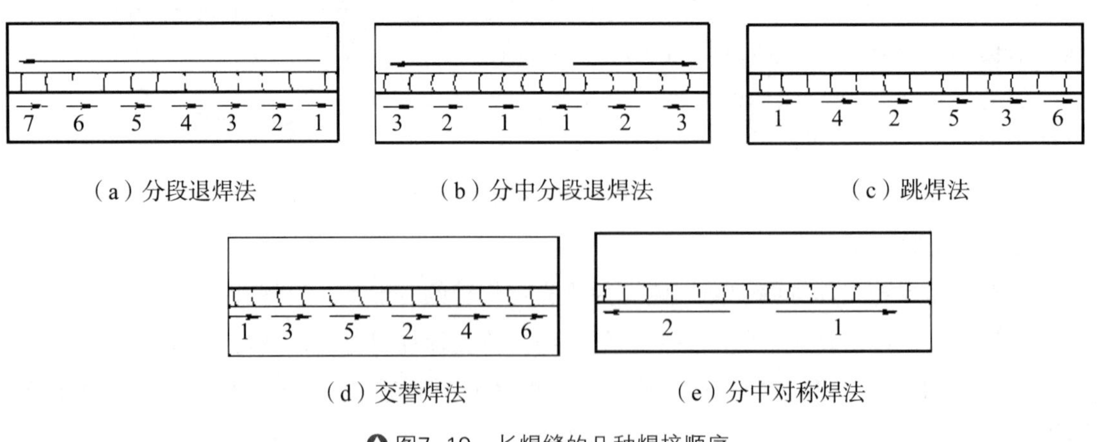

图7-19　长焊缝的几种焊接顺序

（2）反变形法　根据焊件变形规律，预先把焊件人为地制造一个变形，使这个变形与焊件变形的方向相反而数值相等，从而防止产生残余变形的方法称为反变形法。反变形法在实际生产中应用较广泛。如图 7-20 所示的 Y 形坡口对接焊就是采用反变形法控制角变形的一个实例。

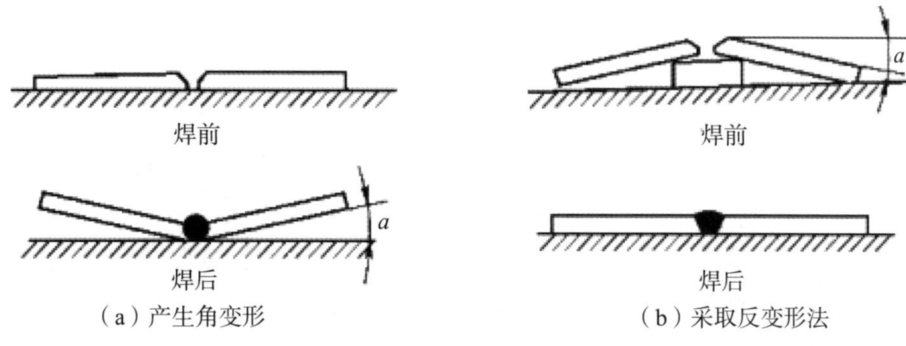

图7-20　Y形坡口对接的反变形法焊接

（3）刚度固定法　焊前对焊件采用外加刚度约束，强制焊件在焊接时不能自由收缩，这种防止焊接变形的方法叫作刚度固定法。它实际上是通过刚度约束来增加结构的整体刚度来减少焊接变形的。图 7-21、图 7-22、图 7-23 所示为几种不同焊接结构采用刚度固定法减少焊接变形的实例。在实际生产中，利用焊接胎具将工件压紧，与胎具形成一个整体再进行焊接，能有效控制焊接变形。

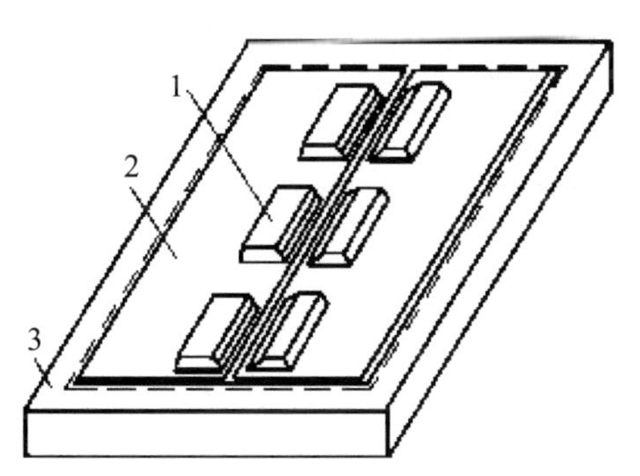

1－压铁　2－焊件　3－平台

图7-21　薄板焊接的刚度固定法

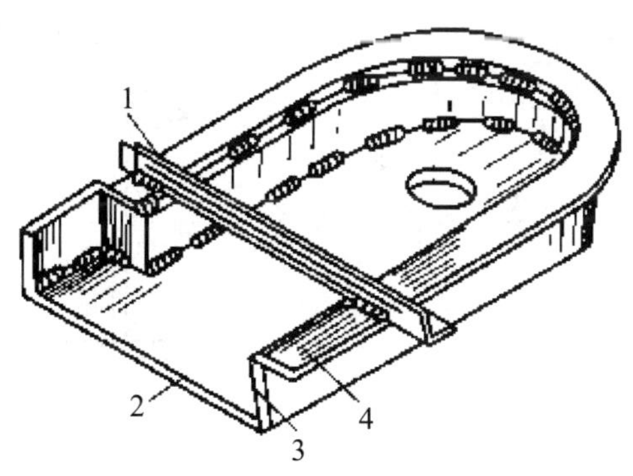

1－临时支撑　2－底平板　3－立板　4－圆周法兰盘

图7-22　防护罩用临时支撑的刚度固定

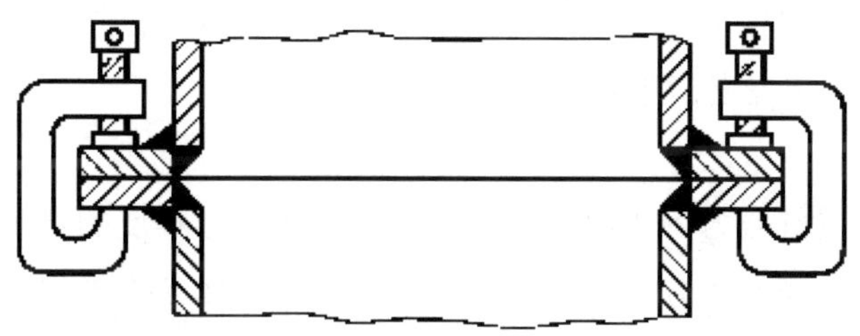

图7-23　刚度固定防止法兰角变形

（4）散热法　散热法又称强迫冷却法，就是把焊接处的热量迅速散走，使焊缝附近的金属受热区域减小，以达到减小焊接变形的目的。这种方法一般常用于不锈钢焊接时防止焊接变形，对具有淬火倾向的钢材不宜使用，否则容易产生裂纹。图 7-24 所示为几种焊接散热法的实例。

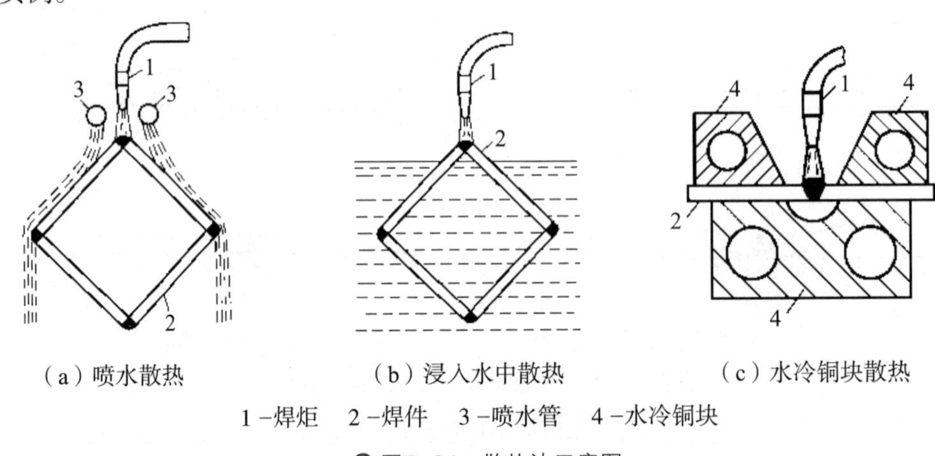

（a）喷水散热　（b）浸入水中散热　（c）水冷铜块散热

1 -焊炬　2 -焊件　3 -喷水管　4 -水冷铜块

图7-24　散热法示意图

（5）热平衡法　对于某些焊缝不对称布置的结构，焊后往往会产生弯曲变形。如果在与焊缝对称的位置上采用气体火焰与焊接同步加热，只要加热的焊接参数适当，就可以减少或防止焊接变形。图 7-25 所示为采用热平衡法对箱型梁焊接结构的焊接变形进行控制。

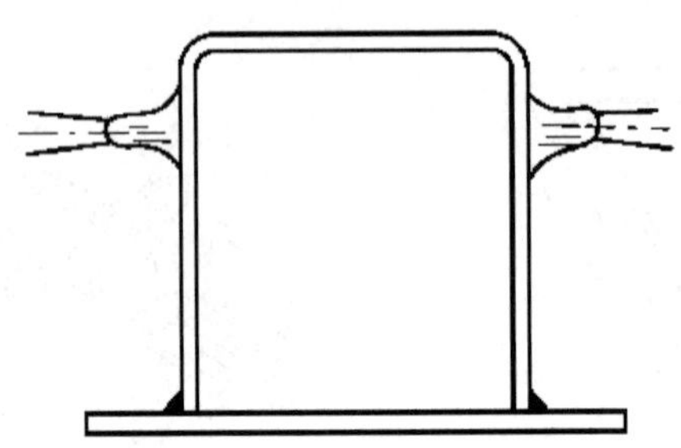

图7-25　采用热平衡法防止焊接变形

四、残余变形的矫正

在焊接结构生产中，焊接变形是必然的。在采取了预防变形的措施后，仍有可能变形超出设计技术要求，在这种情况下，可以通过矫正使其达到设计技术要求。不过，如果变形严重或难以矫正的只能报废，造成损失。

1. 机械矫正法

机械矫正法是利用机械力的作用使焊件产生与焊接变形相反的塑性变形，并使两者抵消，从而达到消除焊接变形的方法。机械矫正容易产生金属冷作硬化，消耗材料的塑性储备，只能用于塑性良好的材料，不允许对塑性较差和脆性材料进行机械矫正。在实际的生产中，机械矫正会用到专用大型的压力机、矫正机、千斤顶或者直接进行人工大锤的敲打。对于薄板的波浪变形，可采用锤打焊缝区拉伸应力段的方法。经过锤打延伸金属，产生塑性变形，从而减小薄板边缘的压缩应力，矫正波浪变形。图 7-26 为 H 形梁焊后变形的几种机械矫正方法。

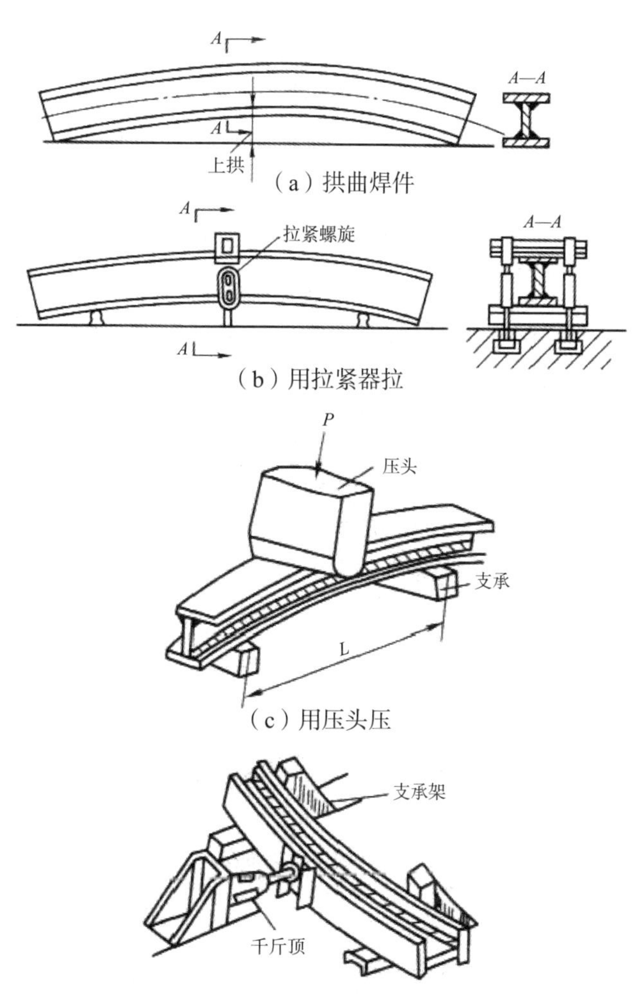

（a）拱曲焊件

（b）用拉紧器拉

（c）用压头压

（d）用千斤顶顶

图7-26　H形梁焊后变形的机械矫正

2. 火焰矫正法

火焰矫正法是利用氧乙炔焰或其他气体火焰（一般采用中性焰），以不均匀加热的形式引起构件变形，来矫正原有的焊接残余变形的一种方法。具体操作方法是：将变形构件的伸长部位加热到 600℃ ~ 800℃，然后让其冷却，用加热部分冷却后产生的收缩变形来抵消原有的变形。火焰矫正法的关键是正确确定加热位置和加热温度。此法适合于低碳钢、Q235 等淬硬倾向不大的低合金结构钢构件，不适用于淬硬倾向较大的钢及奥氏体型不锈钢构件。火焰矫正法方式有点状加热、线状加热和三角形加热三种，如图 7-27 所示。

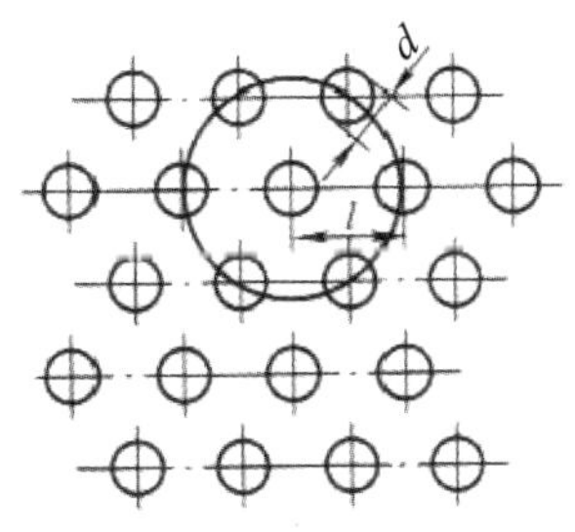

（a）点状加热

加热宽度

（b）线状加热

（c）三角形加热

图7-27　火焰矫正法的加热方式

（1）点状加热矫正　火焰加热的区域为一个点或多个点，多点加热常用梅花式，厚板

加热点直径 d 要大些，薄板则小些，但一般加热点直径不得小于 15 mm。变形量越大，点与点之间的距离 l 就越小，在 50 ~ 100 mm 之间。

（2）线状加热矫正　火焰沿直线方向移动，或者在宽度方向作横向摆动，称为线状加热。加热线的横向收缩一般大于纵向收缩，横向收缩随加热线的宽度增加而增加，加热线的宽度一般为钢板厚度的 0.5 ~ 2 倍。线状加热多用于变形量较大或刚性较大的构件。在矫正薄板结构的变形时，为了提高矫正效果，有时在火焰加热的同时可用水急冷，水火距离通常为 25 ~ 30 mm，如图 7-28 所示。一般情况下，用水急冷对低碳钢和部分低合金钢的性能没有不良影响，但对于厚度较大而又比较重要的构件或者淬硬倾向较大的钢材，不可用水急冷。为了提高矫正效果，在加热过程中也可以使用外力。

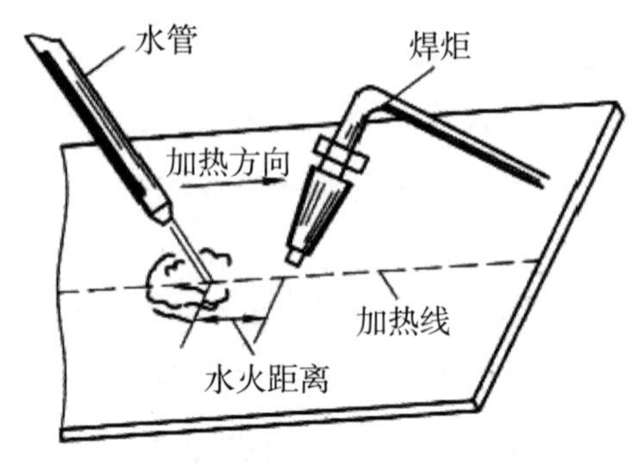

图7-28　水火矫正

（3）三角形加热矫正　三角形加热即加热区呈三角形，三角形的底边应在被矫正构件的边缘，顶端朝内三角形的面积较大，因而收缩量也较大，常用于厚度较大，刚性较强构件弯曲变形的矫正。

火焰矫正法实例如图 7-29 所示。

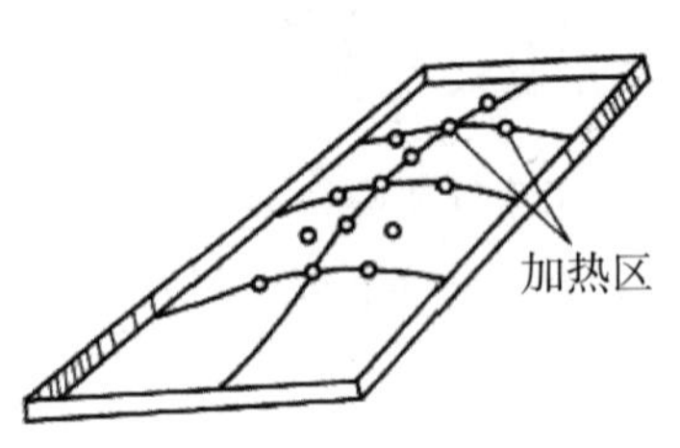

（a）点状加热矫正

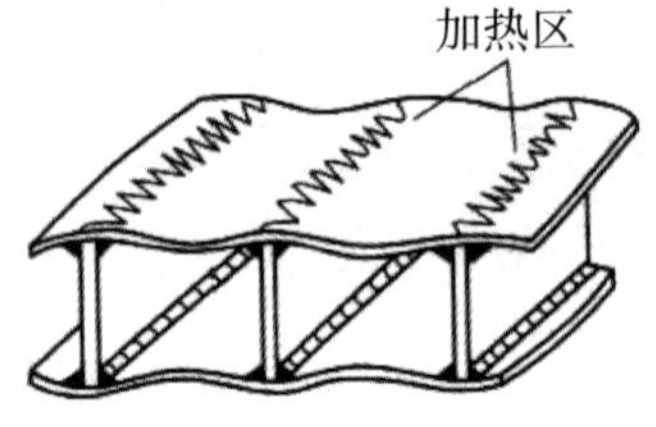

（b）线状加热矫正

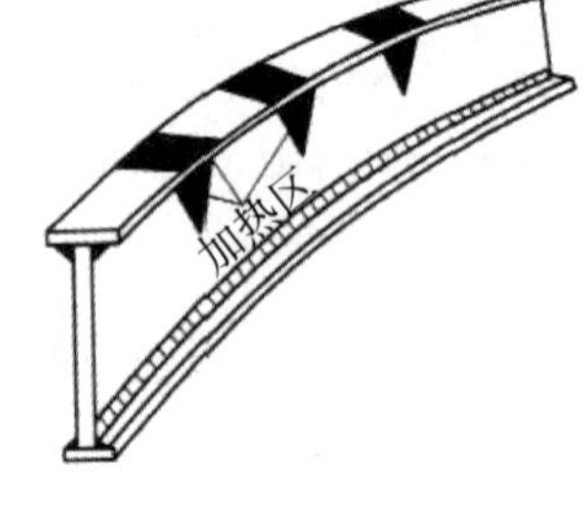

（c）三角形加热矫正

图7-29　火焰矫正法实例

练一练

一、填空题

1. 焊接残余变形按其基本形式可分为 ____________、____________、____________、____________、____________ 和 ____________ 六种。

2. 反变形法主要用来消除焊件的 ______________ 变形和 ______________ 变形。

3. 薄板发生波浪变形的原因是 ______________ 和 ______________。

4. 矫正残余变形的方法有 ______________ 和 ______________ 两大类。

5. 焊接热输入越大，则焊接残余变形就越 ______________。

6. 弯曲变形常见于焊接 ______________、______________、______________ 等焊件，其大小以 ______________ 来度量。

7. 对于低碳钢和低合金结构钢，用火焰矫正变形的加热温度为 ______________。

8. 刚度固定法可减少焊件的 ________________，但会使金属焊接接头中产生较大的 ____________________________。

9. 焊缝在焊件中不对称布置时容易引起 ______________ 变形。

10. 控制焊接变形的散热法又称为 ________________ 法，它不适用于具有 ______________ 倾向的钢材。

二、判断题

1. 焊件的纵向收缩和横向收缩在焊接过程中是同时产生的。(　　)

2. 焊缝越长，其纵向收缩变形量越大。(　　)

3. 弯曲变形的大小是以弯曲的角度来度量的。(　　)

4. 增加结构的刚度，则焊接残余变形增大。(　　)

5. 在同样厚度的情况下，单层焊比多层焊产生的焊接变形小。(　　)

6. 焊缝不对称时，应先焊焊缝少的一侧，以减少弯曲变形。(　　)

7. 适当减少焊缝尺寸有利于减少焊接残余变形。(　　)

8. 对于长焊缝的焊接采用分段退焊法的目的是减少变形。(　　)

9. 火焰矫正法只适用于淬硬倾向较大的钢材。(　　)

10. 生产中常采用整体装配后再进行焊接的方法来减少焊接变形。(　　)

三、简答题

1. 影响焊接结构残余变形的因素有哪些？

2. 防止和减少焊接残余变形的工艺措施有哪些？

3. 如何采用合理的装配焊接顺序来控制焊接变形？

任务三 焊接残余应力

任务目标

知识目标	1. 了解焊接残余应力的分类。 2. 掌握控制焊接残余应力的措施。 3. 理解消除残余应力的方法。
能力目标	掌握控制焊接残余应力的措施。
素质目标	强化理论与实践结合的应用能力。

学习内容

一、焊接残余应力的分类

1. 按引起应力的基本原因分类

（1）热应力　由于焊接时温度分布不均匀而引起的应力，又称温度应力。

（2）相变应力　在焊接时由于温度变化而引起的组织变化所产生的应力，也称组织应力。

（3）拘束应力　由于结构本身或外加拘束作用而引起的应力。

2. 按应力的作用方向分类

（1）纵向应力　方向平行于焊缝轴线的应力。

（2）横向应力　方向垂直于焊缝轴线的应力。

3. 按应力在空间的方向分类

（1）单向应力　在焊件中沿一个方向存在的应力，称为单向应力，又称为线应力。

（2）双向应力　作用在焊件某一平面内两个互相垂直的方向上的应力，称为双向应力，又称为平面应力。

（3）三向应力　作用在焊件内互相垂直的三个方向上的应力，称为三向应力，又称为体应力。

二、控制焊接残余应力的措施

控制焊接残余应力，可以从两个方面来考虑：一是从设计上考虑，在保证结构强度的前提下，尽量减少焊缝的数量和尺寸；适当采用冲压结构以减少焊接结构；将焊缝布置在最大工作应力区域以外等。二是从工艺上考虑，即采用一些适当的工艺措施来调节或减少焊接残余应力。下面介绍几种常用的减少焊接残余应力的工艺措施。

1. 选择合理的焊接顺序

（1）尽可能考虑焊缝能自由收缩　尽可能让焊缝能自由收缩，以减少焊接结构在施焊时的拘束度，从而减少焊接应力。图 7-30 所示为一大型容器底部，它是由许多钢板拼焊而成。考虑到焊缝能自由收缩原则，焊接应从中间向四周进行。先焊短焊缝，后焊直通的长焊缝，焊接顺序如图 7-30 中所示的数字。

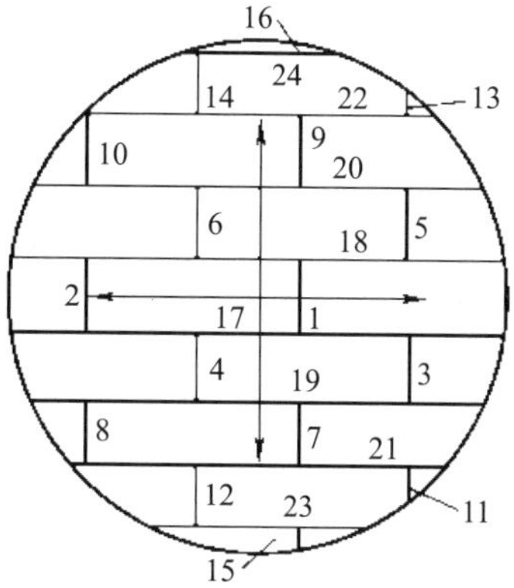

图7-30　大型容器底部拼接的焊接顺序

（2）先焊收缩量最大的焊缝　将收缩量大、焊后可能产生较大焊接应力的焊缝先焊，使它能在拘束度较小的情况下收缩，以减少焊接残余应力。如对接焊缝的收缩量比角焊缝的收缩量大，故同一结构中应先焊对接焊缝。

（3）平面交叉焊缝的焊接顺序　在焊接平面交叉焊缝时，先焊横向焊缝，主要是保证横向焊缝焊后有自由收缩的可能。

2. 选择合理的焊接参数

在焊接时应尽量采用小的焊接热输入，选用小直径焊条、较小的焊接电流和快速焊等，以减小焊件受热范围，从而减小焊接残余应力。当然，焊接热输入的减小必须视焊件的具体情况而定。

3. 采用预热法

预热法是指在焊前对焊件的全部（或局部）进行加热的工艺措施，预热的温度在150℃ ~ 350℃之间，其目的是减小焊接区和结构整体的温差，使焊缝区与结构整体尽可能均匀冷却，从而减小应力。此法常用于易裂材料的焊接，预热温度视材料、结构刚度等具体情况而定。

4. 加热减应区法

焊接时同时加热严重阻碍焊接区自由变形的部位，使之与焊接区同步膨胀和收缩，从而减小焊接应力的措施，谓之“加热减应区”法。选择“减应区”的原则是必须选择在阻碍焊接区自由变形最严重的部位，而绝不能在焊接区，否则会得不偿失。还须注意的是：①最好选择在拘束度较小而强度较大的部位，通常构件边缘拘束度较小，而有加强筋部位强度较高，不易开裂；②“减应区”自身变形对构件的其他部位影响较小，以免因“减应区”自身的热胀冷缩而导致其他部位的开裂；③必须适当控制加热温度和加热时间，因为只有达到一定温度，才能使接头获得较大的张开位移。例如铸件的加热温度可控制在 600℃ ~ 700℃（不超过母材相变温度），焊接时“减应区”的随从加热温度不低于400℃；这是因为铸铁只有在 400℃以上才会有一定的塑性变形能力。图 7-31 所示为框架、轮辐及轮缘断裂修补示意图。

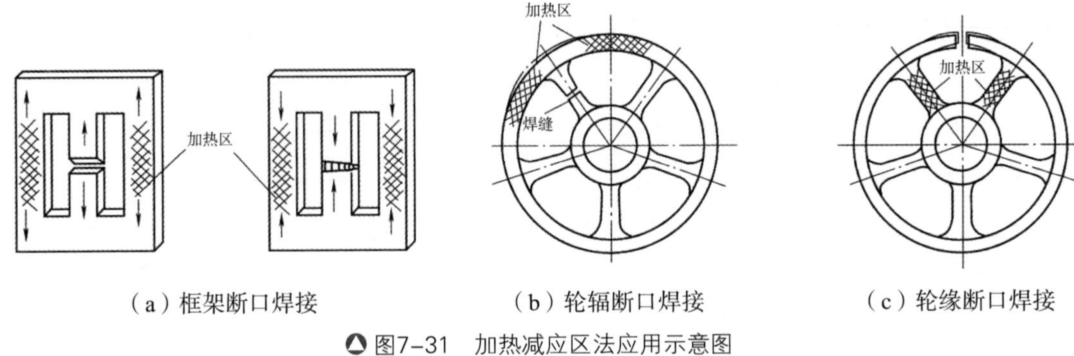

（a）框架断口焊接　（b）轮辐断口焊接　（c）轮缘断口焊接

图7-31　加热减应区法应用示意图

5. 锤击法

焊缝区金属由于在冷却收缩时受阻而产生拉伸应力，如在焊接每条焊道之后，用锤子锤击焊缝金属，促使它产生延伸塑性变形，以抵消焊接时产生的压缩塑性变形，这样便能起到减小焊接残余应力的作用。实验证明，锤击多层焊第一层焊缝金属，几乎能使内应力完全消失。锤击必须在焊缝塑性较好的热态时进行，以防止因锤击而产生裂纹。另外，为保持焊缝表面的美观，表层焊缝一般不锤击。

三、消除残余应力的方法

钢结构常用的消除焊接残余应力的方法有消除应力退火和振动时效。

1. 消除应力退火

焊后把焊件整体或局部均匀加热至相变点以下某一温度（为 600℃ ~ 650℃），保持一定时间，然后均匀缓慢冷却，从而消除焊接残余应力的方法叫消除应力退火。消除应力退火的实质是高温下材料屈服点降低，在残余应力的作用下产生了塑性变形，使应力得以消除。图 7-32 所示为小型退火炉。

消除应力退火有整体消除应力退火和局部消除应力退火两种。整体消除应力退火一般在炉内进行。退火加热温度越高，保温时间越长，应力消除越彻底。整体消除应力退火可将 80% ~ 90% 的残余应力消除。对于某些不允许或无法用加热炉进行加热的，可采用局部消除应力退火。局部消除应力退火效果不如整体消除应力退火。图 7-33 所示为 14MnMoVB 消除应力退火工艺曲线。

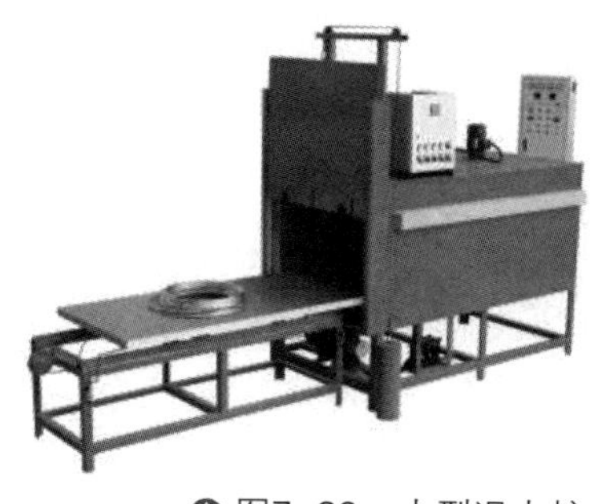
图7-32　小型退火炉

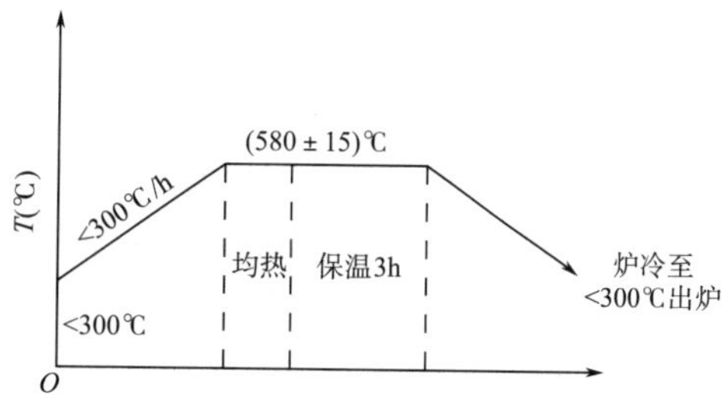

图7-33　14MnMoVB消除应力退火工艺曲线

2. 振动时效

振动时效又称为振动消除应力法（简称 VSR），是将焊接结构在其固有频率下进行数分钟至数十分钟的振动处理，以消除其残余应力，获得稳定的尺寸精度的一种方法。振动时效具有投资相对较少，生产周期短；设备体积小、质量轻、便于携带，节约能源，降低成本；可避免金属零件在时效过程中产生变形、氧化、脱碳及硬度降低等缺欠；操作简便，易于实现自动化等特点。因此，近年来振动时效法得到迅速发展和广泛应用。

练一练

一、填空题

1. 焊接残余应力按引起应力的基本原因可分为 ____________、____________ 和 ____________ 三类。
2. 尽可能让焊缝能自由收缩是减少 ____________________ 的重要原因。
3. 选择“减应区”的原则是必须选择在 ____________________ 的部位。
4. 钢结构常用的消除焊接残余应力的方法有 __________ 和 __________。
5. 焊接时采用小的焊接热输入，可以 ____________________ 焊接残余应力。

二、判断题

1. 为了减小应力应先焊结构中收缩量最小的焊缝。(　　)
2. 焊件在焊接过程中产生的应力叫作焊接残余应力。(　　)
3. 采用刚度固定法以后，焊件就不会产生焊接残余应力和残余变形了。(　　)
4. 结构刚度增大，焊接应力也随之增大。(　　)
5. 散热法是减小焊接残余应力的有效方法之一。(　　)

三、简答题

1. 什么叫拘束应力？
2. 防止和减少焊接应力的工艺措施有哪些？
3. 振动时效的特点是什么？

单元八 埋弧焊

知识目标	1. 了解埋弧焊的原理及特点。 2. 掌握埋弧焊焊丝与焊剂的选择。 3. 掌握埋弧焊的焊接参数调节。
能力目标	1. 掌握埋弧焊的焊接材料选择。 2. 掌握埋弧焊基本操作内容。
素质目标	重视理论知识学习，系统掌握埋弧焊的基本知识，为下一步技能操作打下良好基础。

任务一 埋弧焊的原理及特点

任务目标

知识目标	1. 埋弧焊的原理及特点。 2. 埋弧焊的分类。
能力目标	1. 了解埋弧焊的原理及特点。 2. 熟悉埋弧焊设备组成。
素质目标	培养好奇心和勇于探究的精神。

学习内容

一、埋弧焊过程

埋弧自动焊是电弧在颗粒状焊剂层下燃烧的一种焊接方法，焊接时，焊机的启动、引弧、焊丝的送进及热源的移动全由机械控制，是一种高效的机械化焊接方法，广泛应用于锅炉、压力容器、石油化工、船舶、桥梁、冶金及机械制造工业中。

埋弧焊的过程如图 8–1 所示。在埋弧焊时，先将焊丝由送丝机构送进，经导电嘴与焊件轻微接触，焊剂由漏斗口经软管流出后，均匀地堆敷在待焊处。引弧后电弧将焊丝和焊件熔化后形成熔池，同时将电弧区周围的焊剂熔化，有部分熔剂蒸发，形成一个封闭的电弧燃烧空间。密度较小的熔渣浮在熔池表面上，将液态金属与空气隔绝开来，有利于焊接冶金反应的进行。随着电弧向前移动，熔池液态金属随之冷却而形成焊缝，浮在表面上的熔渣也随之冷却而形成渣壳。图 8–2 所示为埋弧焊焊缝断面示意图。

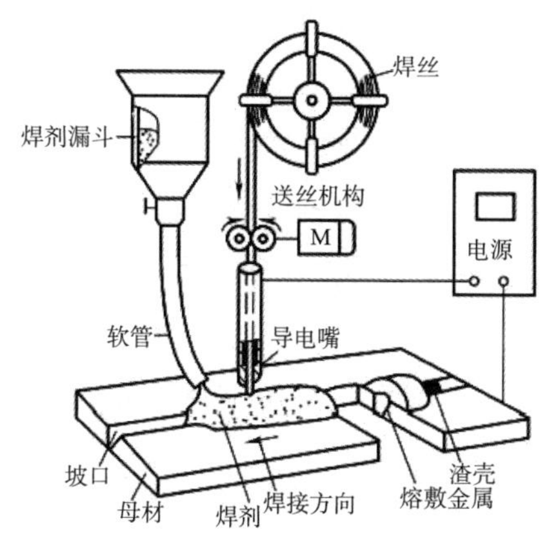

图8–1　埋弧焊过程示意图

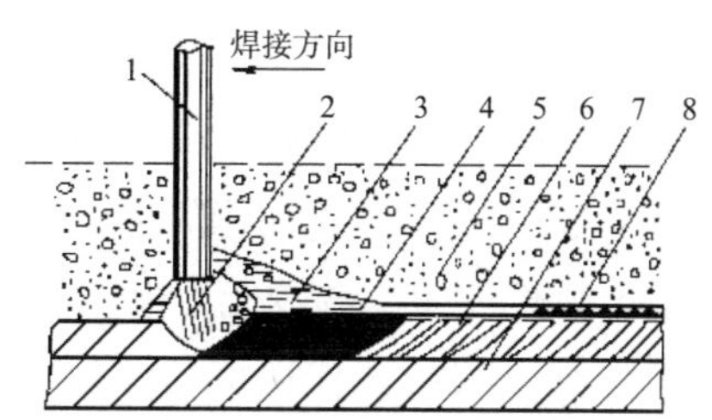

1- 焊剂漏斗　2- 软管　3- 坡口　4- 母材
5- 焊剂　6- 熔敷金属　7- 渣壳　8- 导电嘴
9-电源　10-送丝机构　11-焊丝

图8–2　埋弧焊焊缝断面示意图

二、埋弧焊的特点

1. 埋弧焊的优点

（1）焊接生产率高　埋弧焊可采用较大的焊接电流，同时因电弧加热集中，使熔深增加，单丝埋弧焊可一次焊透 20 mm 以下不开坡口的钢板。而且埋弧焊的焊接速度也较电弧焊快，单丝埋弧焊的焊速可达 30 ~ 50 m/h，而焊条电弧焊焊速不超过 6 ~ 8 m/h，从而提高了焊接生产率。

（2）焊接质量好　因熔池有熔渣和焊剂的保护，使空气中的氮、氧难以入侵，提高了焊缝金属的强度和韧性。同时由于焊接速度快，热输入相对减少，故热影响区的宽度比焊条电弧焊小，有利于减少焊接变形及防止近缝区金属过热。另外，焊缝表面光洁、平整、成型美观。

（3）改善了焊工的劳动条件　由于实现了焊接过程机械化，操作较简便，而且电弧在焊剂层下燃烧，没有弧光的有害影响，焊工操作时可省去面罩，同时，放出烟尘较少，因此焊工的劳动条件得到了改善。

（4）节约焊接材料及电能　由于熔深较大，埋弧焊时可不开或少开坡口，减少了焊缝中焊丝的填充量，也节省了因加工坡口而消耗掉的母材。由于焊接时飞溅极少，又没有焊条头的损失，所以节约焊接材料。埋弧焊的热量集中，而且利用率高，故在单位长度焊缝上所消耗的电能也大为降低。

（5）焊接范围广　埋弧焊不仅能焊接碳钢、低合金钢、不锈钢，还可以焊接耐热钢及铜合金、镍基合金等有色金属。此外，还可以进行磨损、耐腐蚀材料的堆焊。但不适用于铝、钛等氧化性强的金属及其合金的焊接。

2. 埋弧焊的缺点

（1）埋弧焊采用颗粒状焊剂进行保护，一般只适用于平焊及倾斜度不大的位置或角焊位置焊接，其他位置的焊接需采用特殊装置来保证焊剂对焊缝区的覆盖和防止熔池金属的漏淌。

（2）焊接时不能直接观察电弧与坡口的相对位置，容易产生焊偏及未焊透，不能及时调整工艺参数，所以需要采用焊缝自动跟踪装置来保证焊炬对准焊缝而不焊偏。

（3）埋弧焊使用电流较大，电弧的电场强度较高，电流小于 100 A 时，电弧稳定性差，因此，不适合焊接厚度小于 1 mm 的薄件。

（4）焊接设备复杂，维修保养工作量大，且仅适用于直的长焊缝和环形焊缝焊接，对于一些形状不规则的焊缝无法焊接。

三、埋弧焊的分类及设备

1. 埋弧焊的分类

埋弧焊作为一种高效、优质的焊接方法，在生产中得到了广泛应用。埋弧焊机按用途可分为专用焊机和通用焊机两种，按送丝方式可分为等速送丝式埋弧焊机和变速送丝式埋弧焊机两种。按送丝的数目和形状可分为单丝埋弧焊机、多丝埋弧焊机及带状电极埋弧焊机。按焊机的结构形式可分为小车式、悬挂式、车床式、门架式、悬臂式。

尽管生产中使用的焊机类型很多，但根据其自动调节的原理，可以归纳为电弧自身调节的等速送丝式埋弧焊机和电弧电压自动调节的变速送丝式埋弧焊机。

生产中应用最广的是电弧电压自动调节的变速送丝式埋弧焊机。

2. 埋弧焊设备（MZ−1000 型）

MZ−1000 型是典型的变速送丝式埋弧焊机，其组成如图 8−3 所示。该焊机是根据电弧电压自动调节原理设计的，这种焊机的焊接过程自动调节灵敏度较高，而且对焊丝送给速度和焊接速度的调节方便，但电气控制线路较为复杂，可使用交流和直流焊接电源，主要用于平焊位置的对接焊，也可用于船形位置的角焊缝。

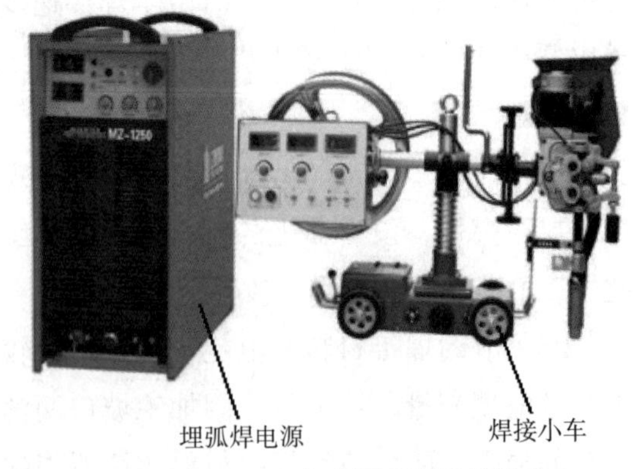

图8−3　小车式埋弧焊机的组成

（1）焊接小车　焊接小车的横臂上悬挂着机头、焊剂漏斗、焊丝盘和控制盘。机头的功能是送给焊丝，它由一台直流电动机、减速机构和送给轮组成，焊丝从滚轮中送出，经过导电嘴进入焊接区，焊丝直径为3 ~ 6 mm，焊丝送给速度可在0.5 ~ 2 m/min范围内调节。控制盘和焊丝盘安装在横臂的另一端，控制盘上有电流表、电压表、用来调节小车行走速度和焊丝送给速度的电位器、控制焊丝上下的按钮、电流增大和减小按钮等。

（2）埋弧焊电源　埋弧焊电源采用IGBT逆变型电源，可交、直流输出，较晶闸管型的埋弧焊电源体积和质量大为减小，为生产作业带来很大方便。

练一练

一、填空题

1. 埋弧焊是指电弧在 ________ 下燃烧进行焊接的一种工艺方法。

2. 埋弧焊焊接时，焊机的 ________、________、________ 以及热源的移动完全由 ________ 控制，是一种以电弧为热源的高效的 ________ 焊接方法。

3. 单丝埋弧焊可一次焊透 ________ 以下不开坡口的钢板。

4. 埋弧焊采用颗粒状焊剂进行保护，一般只适用于 ________ 及 ________ 的位置或角焊位置焊接。

5. 埋弧焊不适合焊接厚度小于 ________ 的薄件。

二、判断题

1. 埋弧焊采用渣保护。(　　)

2. 埋弧焊可以进行全位置焊接。(　　)

3. 埋弧焊的主要优点是可采用较大的焊接电流，生产效率高。(　　)

4. 埋弧焊不仅适用于直焊缝焊接，还可进行形状不规则的焊缝的焊接。(　　)

5. MZ-1000型埋弧焊机是典型的变速送丝式埋弧焊机。(　　)

三、简答题

什么是埋弧焊？埋弧焊有什么特点？

任务二　埋弧焊焊接材料

任务目标

知识目标	1. 了解焊丝的表示方法。 2. 掌握焊剂的牌号、型号表示方法。
能力目标	1. 掌握焊剂的分类以及牌号、型号的表示方法。 2. 掌握焊丝与焊剂的选配。
素质目标	学会分析问题、理解问题的能力，做到相关知识融会贯通。

学习内容

埋弧焊焊接材料有焊丝和焊剂，它们的作用相当于焊条电弧焊的焊芯和药皮。

一、焊丝

埋弧焊使用的焊丝既作为导电的电极又作为填充金属的金属丝，有实芯焊丝和药芯焊丝两类，生产中普遍使用的是实芯焊丝，药芯焊丝只在某些特殊场合使用。埋弧焊的焊丝与焊条电弧焊焊条的焊芯同属一个国家标准。焊丝按照成分和用途不同，主要有碳素结构钢、合金结构钢、不锈钢、镍基合金焊丝以及堆焊用的特殊合金焊丝。

对埋弧焊所用焊丝的要求与焊条的焊芯基本相同，常用的焊丝直径有 2 mm、3 mm、4 mm、5 mm 和 6 mm 等规格。焊丝在使用时应当干净光滑，除不锈钢、有色金属焊丝外，各种碳钢和合金钢焊丝最好在表面镀铜，这样既可以起到防锈作用，又可以改善焊丝与导电嘴的接触状况。

为了使焊接过程稳定进行并减少焊接辅助时间，焊丝通常用盘丝机整齐地缠绕在焊丝盘上。

二、焊剂

埋弧焊时，能够熔化形成熔渣和气体，对熔化金属起保护作用并进行复杂的冶金反应的颗粒状物质叫焊剂。

1. 焊剂的作用

（1）焊接时熔化的焊剂产生气体和熔渣，有效地保护电弧和熔池，防止空气中的氮、氧等有害气体侵入熔池。焊后熔渣覆盖在焊缝上，减缓了焊缝金属的冷却速度，改善焊缝的结晶状况及气体逸出的条件。

（2）对焊缝金属渗合金，改善焊缝的化学成分，提高其力学性能。

（3）改善焊接工艺性能，使电弧稳定燃烧，脱渣容易，焊缝成形美观。

2. 焊剂的分类

（1）焊剂按制造方法不同主要有熔炼焊剂和烧结焊剂。熔炼焊剂是将一定比例的各种配料混合后，在电炉中经过 1 400℃ ~ 1 700℃高温熔炼，熔炼后的混合物可在水中或倾倒于激冷的钢板上粒化，然后烘干、破碎并筛分，最后制成焊剂。熔炼焊剂颗粒强度高，化学成分均匀，且不易吸潮，因而简化了储藏问题，并且可以通过送进和回收系统重复使用。但其需要进行高温熔炼，因此，不能依靠焊剂向焊缝金属大量深入合金元素。熔炼焊剂是目前应用最多的一类焊剂，常用于碳钢、低合金钢的焊接。烧结焊剂是将一定比例的各种粉状配料加入适当的黏结剂，经混合搅拌、粒化后，在 750℃ ~ 1 000℃高温烧结成块，然后粉碎、筛选而制成的一种焊剂。由于没有熔炼过程，容易通过焊剂向焊缝金属渗入合金元素，且脱渣性好，但其化学成分不均匀，容易吸潮。烧结焊剂常用于高合金钢或堆焊。

（2）焊剂按化学成分不同有高锰焊剂、中锰焊剂、低锰焊剂和无锰焊剂等，并可根据焊剂中二氧化硅和氟化钙的含量高低，分成不同的类型。

3. 焊剂的牌号

（1）熔炼焊剂牌号的表示方法　焊剂牌号表示为“HJ × × × ”， HJ后面有三位数字。具体内容如下：①第一位数字表示焊剂中氧化锰的平均含量，见表 8-1。②第二位数字表示焊剂中二氧化硅、氟化钙的平均含量，见表 8-2。③第三位数字表示同一类型焊剂的不同牌号，对同一种牌号，焊剂生产有两种颗粒度，在细颗粒产品后面加“×”，例如：

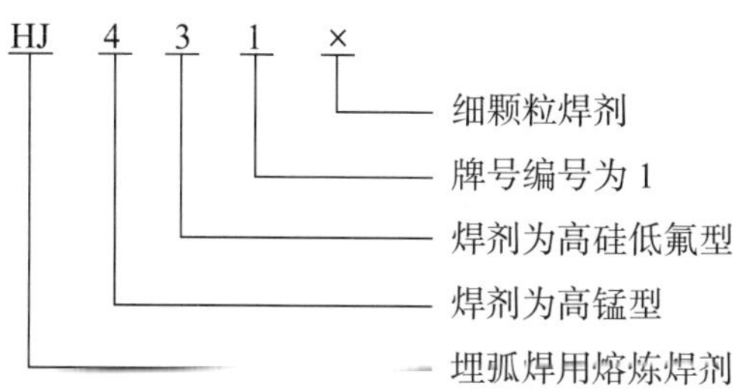

表8-1　焊剂中氧化锰的平均含量

牌号	焊剂类型	氧化锰平均含量
HJ1 × ×	无锰	< 2%
HJ2 × ×	低锰	2% ~ 15%
HJ3 × ×	中锰	15% ~ 30%
HJ4 × ×	高锰	> 30%

表8-2　焊剂中二氧化硅、氟化钙的平均含量

牌号	焊剂类型	氧化锰平均含量
HJ×1×	低硅低氟	$w(SiO_2)<10\%$　$w(CaF_2)<10\%$
HJ×2×	中硅低氟	$w(SiO_2)\approx10\%\sim30\%$　$w(CaF_2)<10\%$
HJ×3×	高硅低氟	$w(SiO_2)>30\%$　$w(CaF_2)<10\%$
HJ×4×	低硅中氟	$w(SiO_2)<10\%$　$w(CaF_2)\approx10\%\sim30\%$
HJ×5×	中硅中氟	$w(SiO_2)\approx10\%\sim30\%$　$w(CaF_2)\approx10\%\sim30\%$
HJ×6×	高硅中氟	$w(SiO_2)>30\%$　$w(CaF_2)\approx10\%\sim30\%$
HJ×7×	低硅高氟	$w(SiO_2)<10\%$　$w(CaF_2)>30\%$
HJ×8×	中硅高氟	$w(SiO_2)\approx10\%\sim30\%$　$w(CaF_2)>30\%$

（2）烧结焊剂的牌号表示方法　焊剂牌号表示为“SJ× × × ”，SJ 后面有三位数字，具体内容如下：①第一位数字表示焊剂熔渣的渣系类型，见表 8-3。②第二、第三位数字表示同一渣系类型焊剂中的不同牌号，按 01，02，…，09 顺序排列。

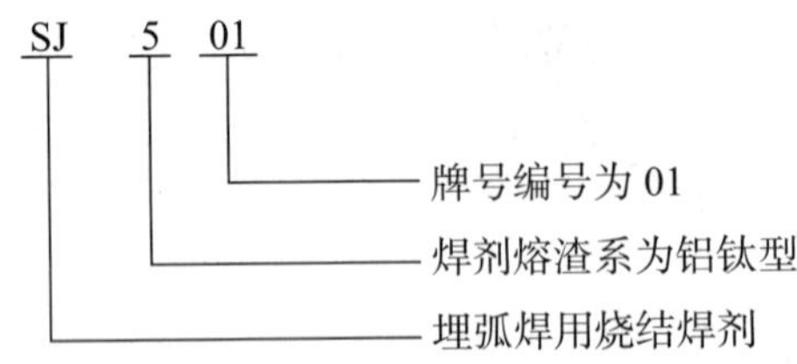

表8-3　焊剂熔渣的渣系类型

焊剂牌号	熔渣渣系类型	主要组分范围
SJ1××	氟碱型	$w(CaF_2)\geqslant15\%$　$w(CaO+MgO+CaF_2)>50\%$　$w(SiO_2)\leqslant20\%$
SJ2××	高铝型	$w(Al_2O_3)\geqslant20\%$　$w(Al_2O_3+CaO+MgO)>45\%$
SJ3××	硅钙型	$w(CaO+MgO+SiO_2)>60\%$
SJ4××	硅锰型	$w(MnO+SiO_2)>50\%$
SJ5××	铝钛型	$w(Al_2O_3+TiO_2)>45\%$
SJ6××	其他型	

4. 焊剂的型号

根据《埋弧焊用碳钢焊丝和焊剂》（GB/T 5293—1999）的规定，碳钢焊剂型号分类根据焊丝—焊剂组合的熔敷金属力学性能、热处理状态进行划分，具体表示为：

（1）字母“F”表示焊剂。

（2）字母后第一位数字表示焊丝—焊剂组合的熔敷金属抗拉强度的最小值。

（3）第二位字母表示试件的热处理状态，“A”表示焊态，“P”表示焊后热处理状态。

（4）第三位数字表示熔敷金属冲击吸收功不小于 27 J 时的最低试验温度，短画“–”

后面表示焊丝牌号，按 GB/T 14957—1995 来确定。

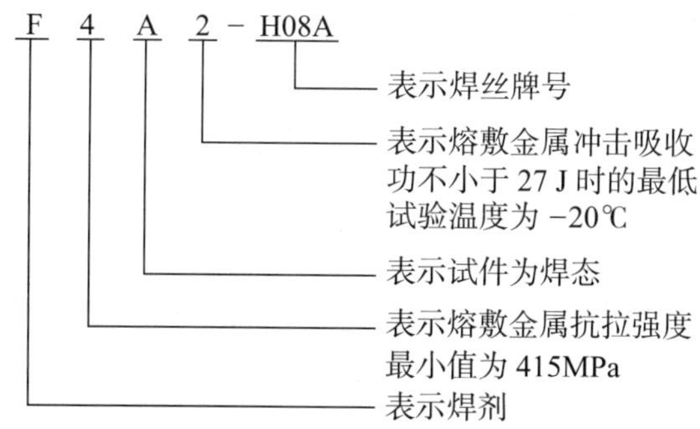

三、焊剂与焊丝的选配

为保证焊缝金属的化学成分和力学性能与基本金属相近，在埋弧焊时，合理地选配焊丝和焊剂极为重要。

在选择焊丝时，最主要的是考虑焊丝中锰和硅的含量。无论是单道焊还是多道焊，应考虑焊丝向熔敷金属中过渡的 Mn、Si 对熔敷金属力学性能的影响。

在焊接低碳钢和强度较低的低合金高强钢时，为保证焊缝金属的力学性能，宜采用低锰或含锰焊丝，配合高锰高硅焊剂，如 HJ431、HJ430 配 H08A 或 H08MnA 焊丝，或采用高锰焊丝配合无锰高硅或低锰高硅焊剂，如 HJ130、HJ230 配 H10Mn2 焊丝。

焊接有特殊要求的合金钢，如低温钢、耐热钢、耐蚀钢等，为保证焊缝金属的化学成分，要选用相应的合金钢焊丝，配合碱性较高的中硅、低硅型焊剂。

常用焊剂与焊丝的选配及用途见表 8−4。

表8−4　常用焊剂与焊丝的选配及用途

焊剂牌号	成分类型	酸碱性	配用焊丝	电流种类	用途
HJ131	无 Mn 高 Si 低 F	中性	Ni 基焊丝	交直流	Ni 基合金
HJ150	无 Mn 中 Si 中 F	中性	H_2Cr13	直流	轧辊堆焊
HJ151	无 Mn 中 Si 中 F	中性	相应钢种焊丝	直流	奥氏体不锈钢
HJ172	无 Mn 低 Si 高 F	碱性	相应钢种焊丝	直流	高 Cr 铁素体钢
HJ251	低 Mn 高 Si 中 F	碱性	CrMo 钢焊丝	直流	珠光体耐热钢
HJ260	低 Mn 高 Si 中 F	中性	不锈钢焊丝	直流	不锈钢、轧辊堆焊
HJ350	中 Mn 中 Si 中 F	中性	MnMo、MnSi 及含 Ni 高强钢焊丝	交直流	重要低合金高强钢
HJ430	高 Mn 高 Si 低 F	酸性	H08A、H08MnA	交直流	优质碳素结构钢
HJ431	高 Mn 高 Si 低 F	酸性	H08A、H08MnA	交直流	优质碳素结构钢、低合金钢

（续表）

焊剂牌号	成分类型	酸碱性	配用焊丝	电流种类	用途
HJ101	氟碱型	碱性	H08MnA、H08MnMoA	交直流	重要低碳钢、低合金钢
HJ301	硅钙型	中性	H08MnA、H08MnMoA	交直流	低碳钢、锅炉钢
HJ401	硅锰型	酸性	H08A	交直流	低碳钢、低合金钢
HJ501	铝钛型	酸性	H08MnA	交直流	低碳钢、低合金钢
HJ502	铝钛型	酸性	H08A	交直流	重要低碳钢、低合金钢
HJ601	其他型	碱性	H03Cr21Ni10、H08Cr19Ni10Ti 等	直流	多道焊不锈钢
HJ604	其他型	碱性	H03Cr21Ni10、H08Cr19Ni10Ti 等	直流	多道焊不锈钢

练一练

一、填空题

1. 埋弧焊的焊接材料有 __________ 和 __________。

2. 埋弧焊焊剂按照其制造方法可分为 __________ 和 __________。

3. 焊剂 430 为 __________ 锰 __________ 硅 __________ 氟型焊剂。

4. 在“HJ431×”牌号中，“HJ”表示 __________，“4”表示 __________，“3”表示 __________，“1”表示 __________，“×”表示 __________。

5. 用熔炼焊剂焊接低碳钢或低合金钢时，焊丝与焊剂的配合方式有 __________ 和 __________ 两种。

二、判断题

1. 焊剂的作用主要是为了获得光滑、美观的焊缝表面成型。(　　)

2. 焊接低碳钢和低合金钢常用的埋弧焊焊剂牌号为 HJ431。(　　)

3. 焊剂 431 的前两位数字是表示焊缝金属的最低抗拉强度。(　　)

4. HJ430 属于高锰高硅低氟焊剂。(　　)

5. 埋弧焊选用焊丝时需要考虑与焊剂匹配。(　　)

三、简答题

1. 焊剂的作用是什么？

2. 保管和使用焊剂时有哪些注意事项？

任务三　埋弧焊工艺

任务目标

知识目标	1. 埋弧焊焊接工艺参数的选择。 2. 埋弧焊技术。 3. 高效化埋弧焊技术。
能力目标	1. 掌握埋弧焊工艺参数的选择及焊接工艺。 2. 掌握对接接头和角接接头的埋弧焊技术。
素质目标	引导学生理解工艺知识学习的重要性，能够理论指导实践。

学习内容

一、埋弧焊的焊接工艺参数

埋弧焊的焊接参数有焊接电流、电弧电压、焊接速度、焊丝直径、焊丝伸出长度、电流种类及极性、焊丝倾角、焊件倾斜等，其中对焊缝成形和焊接质量影响最大的是焊接电流、电弧电压和焊接速度。

1. 焊接电流

焊接电流是决定焊丝熔化速度、熔透深度和母材熔化量的重要参数。焊接时若其他因素不变，焊接电流增加，则电弧吹力增强，焊缝厚度增大。同时焊丝的熔化速度也相应加快，焊缝余高稍有增加，但电弧的摆动小，所以焊缝宽度变化不大。电流过大，容易产生咬边或成形不良，使热影响区增大，甚至造成烧穿；电流过小，焊缝厚度减小，容易产生未焊透，同时电弧稳定性也差。焊接电流对焊缝成形的影响如图 8-4 所示。

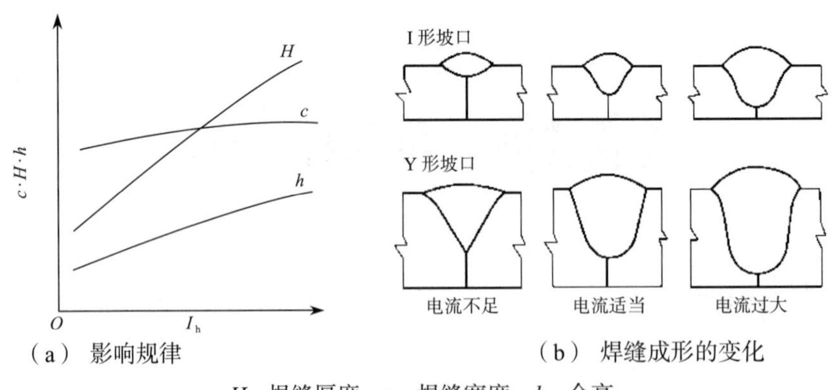

（a） 影响规律　　（b） 焊缝成形的变化

H– 焊缝厚度　*c*– 焊缝宽度　*h*– 余高

图8–4　焊接电流对焊缝成形的影响

2. 电弧电压

电弧电压与电弧长度成正比关系。在其他因素不变的条件下，电弧长度增加，电弧电压也会随之提高。随着电弧电压的增高，焊缝宽度明显增大，而焊缝厚度和余高减小。这是因为电弧电压越高，电弧就越长，电弧的摆动范围就会扩大，使焊件被电弧加热面积增大，以致焊缝宽度增大，易导致未焊透和咬边等缺陷的产生。同时，电弧长度增加以后，电弧热量损失加大，所以用来熔化母材和焊丝的热量减少，使焊缝厚度和余高减小，如图 8–5 所示。降低电弧电压，能提高电弧的挺度，增大熔深。但电弧电压过低，会形成高而窄的焊道，使边缘熔合不良。

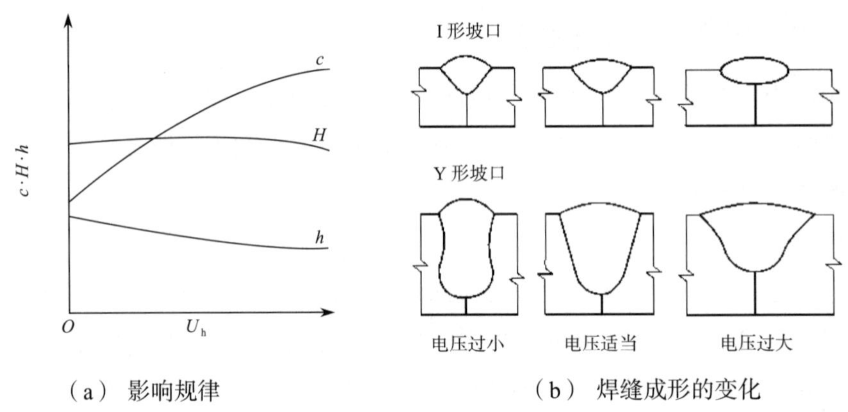

（a） 影响规律　　（b） 焊缝成形的变化

H– 焊缝厚度　*c*– 焊缝宽度　*h*– 余高

图8–5　电弧电压对焊缝成形的影响

为获得成形良好的焊缝，电弧电压与焊接电流应相互匹配。当焊接电流加大时，电弧电压也应相应提高，见表 8–5。

表8–5　焊接电流和电弧电压的匹配关系

焊接电流/A	600 ~ 700	700 ~ 850	850 ~ 1 000	1 000 ~ 1 200
焊接电压/V	34 ~ 38	38 ~ 40	40 ~ 42	42 ~ 44

3. 焊接速度

焊接速度对焊缝厚度和焊缝宽度有明显的影响，如图 8–6 所示。当焊接速度增大时，焊缝厚度和焊缝宽度都大为下降。这是因为焊接速度增加时，焊缝中单位时间内输入的热量减少。焊接速度过大，易形成未焊透、咬边、焊缝粗糙不平等缺陷；焊接速度过小，则会产生烧穿、夹渣、焊缝不规则等缺陷。

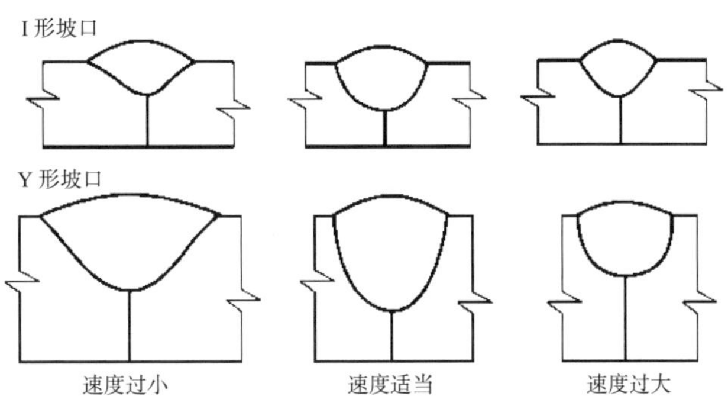

图8–6　焊接速度对焊缝成形的影响

4. 焊丝直径

焊丝直径主要影响熔深。当焊接电流不变时，随着焊丝直径的增加，电流密度减小，电弧吹力减弱，电弧的摆动作用加强，使焊缝宽度增加而焊缝厚度减小；在焊丝直径减小时，电流密度增大，电弧吹力增大，使焊缝厚度增加。所以用同样大小的电流焊接时，小直径的焊丝可以获得较大的焊缝厚度。不同直径的焊丝所适用的焊接电流见表 8–6。

表8–6　焊丝直径和焊接电流的关系

焊丝直径/mm	2.0	3.0	4.0	5.0	6.0
焊接电流/A	200 ~ 400	350 ~ 600	500 ~ 800	700 ~ 1 000	800 ~ 1 200

5. 焊丝伸出长度

一般将导电嘴出口到焊丝端部的长度称为焊丝伸出长度。焊丝伸出长度决定了导电嘴的高度，也决定了焊剂层的厚度。当焊丝伸出长度增加时，则电阻热作用增大，使焊丝的熔化速度增快，以致焊缝厚度稍有减少，余高略有增加；伸出长度太短，则易烧坏导电嘴。焊丝伸出长度随焊丝直径的增大而增大，在 15 ~ 40 mm 之间。

6. 电流种类及极性

采用直流电源进行埋弧焊与交流电源相比，能更好地控制焊缝形状、熔深。在采用直流反接时，可获得较大的熔深和最佳的焊缝表面。在直流正接时，焊丝的熔化速度要比直流反接高 30% ~ 35%，熔深变浅。因此，在埋弧焊时，直流正接可用于要求熔深浅的材料以及表面堆焊。

7. 焊丝倾角

埋弧焊的焊丝位置通常垂直于焊件，但有时也采用焊丝倾斜方式。

焊丝向焊接方向倾斜称为后倾，向焊接方向的相反方向倾斜则为前倾。在焊丝后倾时，电弧吹力对熔池的作用加强，有利于电弧深入，故焊缝厚度和余高增大，而焊缝宽度明显减小。在焊丝前倾时，电弧对熔池前面的焊件预热作用加强，使焊缝宽度增大，而焊缝的有效厚度减小。焊丝倾角对焊缝成形的影响如图 8-7 所示。

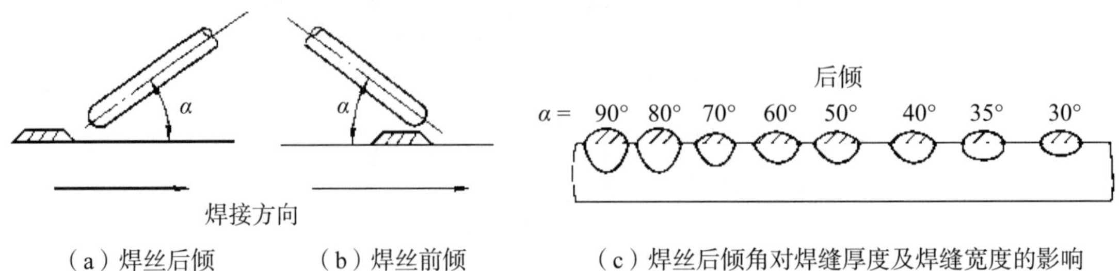

图8-7　焊丝倾角对焊缝成形的影响

8. 焊件倾斜

焊件有时因处于倾斜位置，因而有上坡焊和下坡焊之分，如图 8-8 所示。上坡焊与焊丝后倾作用相似，焊缝厚度和余高增加，焊缝宽度减小，形成窄而高的焊缝，甚至产生咬边；下坡焊与焊丝前倾作用相似，焊缝厚度和余高减小，而焊缝宽度增大，且熔池内液态金属容易下淌，严重时会造成未焊透缺陷。所以，无论是上坡焊还是下坡焊，焊件的倾角 β 都不得超过 6° ，否则会破坏焊缝成形，引起焊接缺陷。

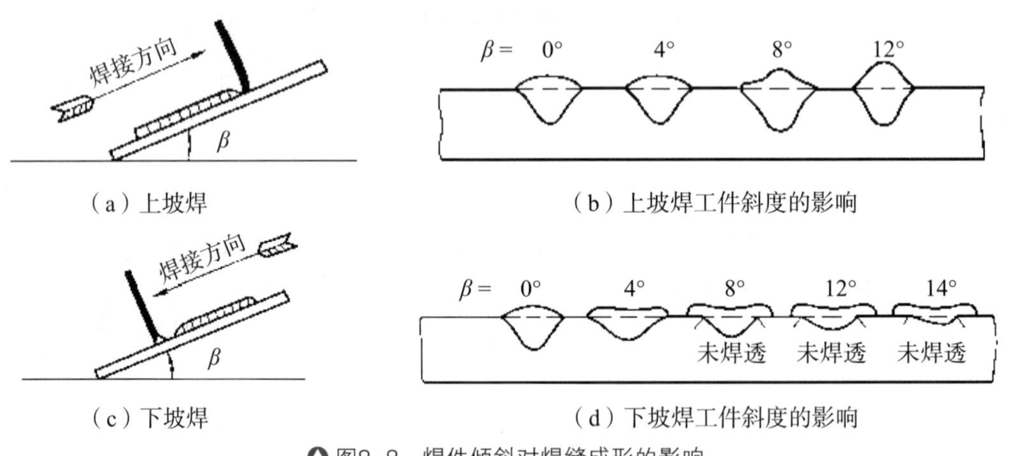

图8-8　焊件倾斜对焊缝成形的影响

二、埋弧焊技术

1. 对接焊缝焊接技术

对接焊缝的焊接方法有两种类型，即单面焊和双面焊，它们又可分为有坡口和无坡口

（I 形坡口）两种形式。同时，根据钢板厚薄不同，又可分为单层焊和多层焊；根据防止熔池金属泄漏的不同情况，又有衬垫法和无衬垫法。

（1）I 形坡口预留间隙双面埋弧焊　在焊剂垫上进行 I 形坡口的双面埋弧焊时，为保证焊透，必须预留间隙，钢板厚度越大，其间隙也应越大。一般在定位焊的反面进行第一面焊缝的施焊，并选择恰当的焊接参数，保证第一面焊缝的厚度超过工件厚度的 60% ~ 70%，第二面焊缝采用的工艺参数可与第一面焊缝相同或稍许减小。对于重要产品在焊接第二面焊缝前，需挑焊根进行焊缝根部清理，焊接热输入可相应减小。I 形坡口预留间隙双面埋弧焊参数的选用见表 8–7。

表8–7　I形坡口预留间隙双面埋弧焊参数

焊件厚度/mm	装配间隙/mm	焊丝直径/mm	焊接电流/A	电弧电压/V	焊接速度/（m/h）
10	2 ~ 3	4	550 ~ 600	32 ~ 34	32
12	2 ~ 3	4	600 ~ 650	32 ~ 34	32
14	3 ~ 4	4	650 ~ 700	34 ~ 36	30
16	3 ~ 4	5	700 ~ 750	34 ~ 36	28
20	4 ~ 5	5	850 ~ 900	36 ~ 40	27
24	4 ~ 5	5	900 ~ 950	38 ~ 42	25
28	5 ~ 6	5	900 ~ 950	38 ~ 42	20

（2）开坡口预留间隙双面埋弧焊　对于厚度较大的焊件，由于材料或其他原因，当不允许使用较大的热输入焊接或不允许焊缝有较大的余高时，采用开坡口焊接，坡口形式由板材厚度决定。这类焊缝单道焊焊接常用的工艺参数见表 8–8。

表8–8　开坡口预留间隙双面埋弧焊参数

焊件厚度/mm	坡口形式	焊丝直径/mm	焊缝顺序	焊接电流/A	电弧电压/V	焊接速度/（m/h）
14	70°（坡口图，间隙 3，钝边 3）	5	正	830 ~ 850	36 ~ 38	25
		5	反	600 ~ 620	36 ~ 38	45
16		5	正	830 ~ 850	36 ~ 38	20
		5	反	600 ~ 620	36 ~ 38	45
18		5	正	830 ~ 860	36 ~ 38	20
		5	反	600 ~ 620	36 ~ 38	45
22		6	正	1 050 ~ 1 150	38 ~ 40	18
		5	反	600 ~ 620	36 ~ 38	45

（续表）

焊件厚度/mm	坡口形式	焊丝直径/mm	焊缝顺序	焊接电流/A	电弧电压/V	焊接速度/（m/h）
24	70° 3 3 70°	6	正	1 100	38 ~ 40	24
		5	反	800	36 ~ 38	28
30		6	正	1 000 ~ 1 100	36 ~ 40	18
		6	反	900 ~ 1 100	36 ~ 38	20

在环缝焊接时，焊接小车可固定安放在悬臂架上，焊接速度可由筒形焊件所搁置的滚轮架来进行调节，一般是调节变速电动机的转速。

在环焊缝焊接时，除了主要参数对焊缝质量有直接影响外，焊丝与焊件间的相对位置也起着重要作用，如图 8–9 所示。在焊接外环缝时，焊丝的偏移是使焊丝处于下坡焊的位置，这样可避免烧穿，并且使焊缝成形美观；在焊接内环缝时，焊丝的偏移是使焊丝处于上坡焊的位置，其目的是使焊缝有足够的熔透深度，环缝焊丝位置对成形的影响如图 8–10 所示。

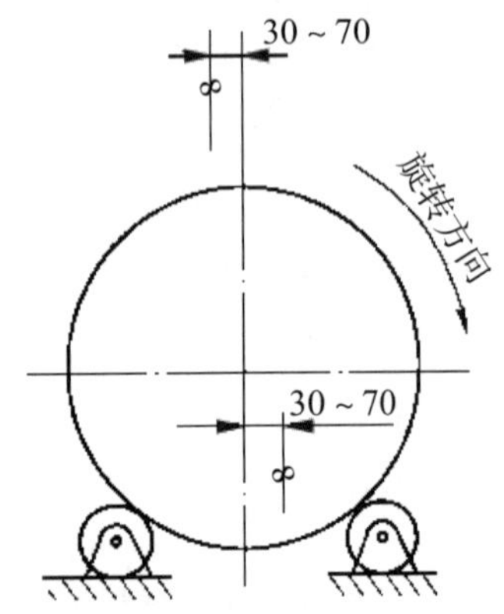

图8–9　环缝埋弧焊焊丝偏移位置示意图

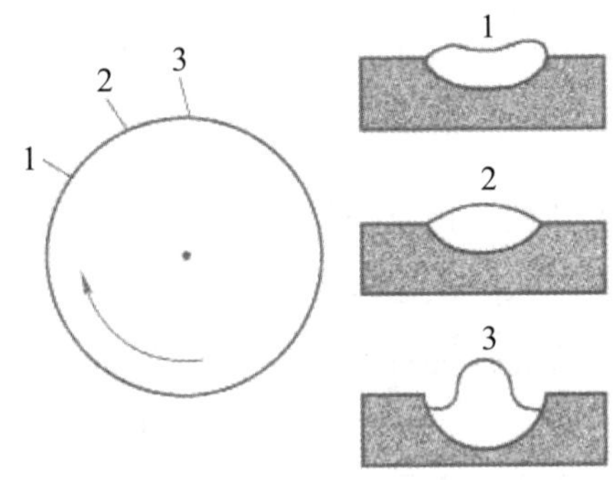

1、2、3- 焊道形状

图8–10　环缝焊丝位置对成形的影响

环缝埋弧焊焊丝的偏移距离（指与圆形焊件中心线的距离）与圆形焊件的直径、焊接速度有关。一般直径越大，焊接速度越大，焊丝偏移距离越大。

2. 角焊缝焊接技术

埋弧焊的角焊缝主要出现在 T 形接头和搭接接头中。角焊缝的自动焊一般可采取平角焊和船位焊两种形式，当焊件易于翻转时多采用船位焊，对一些不易翻转的焊件则使用平角焊。

（1）船位焊　船位焊时由于焊丝为垂直状态，熔池处于水平位置，容易保证焊缝质量。但当焊件间隙大于 1.5 mm 时，则易出现烧穿或熔池金属溢漏的现象，所以，船位焊要求有严格的装配质量，或者在焊缝背面设衬垫，在确定焊接参数时，电弧电压不宜过高，以免产生咬边。在船位焊时，通常将焊丝放在垂直位置并与焊件成 45°，如图 8-11（a）所示。在要求熔深较大时，焊件的倾斜度可调整到如图 8-11（b）所示的倾斜角度。

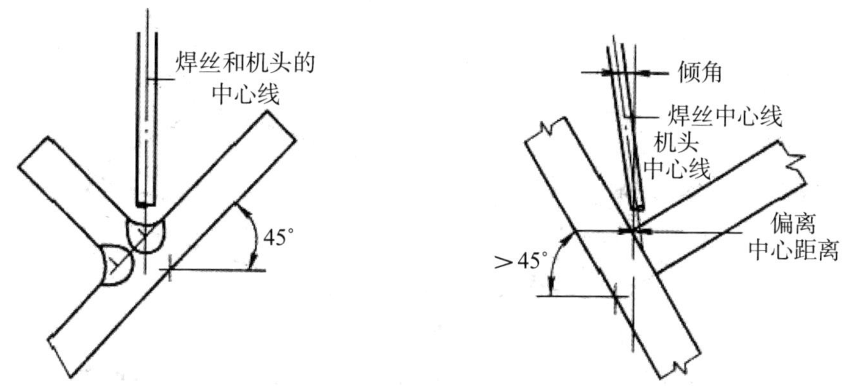

图8-11 船位焊时焊丝的位置

（2）平角焊 当工件不便采用船位焊时，对角焊缝采用平角焊的方法，即焊丝倾斜。这种方法的优点是对装配间隙要求低，即使间隙较大，一般也不致产生流渣和熔池金属流溢现象。其缺点是单道焊缝的焊脚最大不能超过 8 mm，所以当要求焊脚大于 8 mm 时，只能采用多道焊。在平角焊时，焊丝的位置如图 8-12 所示。焊丝相对于立板平面的倾斜角可调整到 20° ~ 45°，正确的角度要视立板和底板的相对厚度而定，焊丝应靠近厚度较大的焊件。

3. 引弧板和引出板的设置

埋弧焊引弧端和收弧端的焊缝成形和质量总是不如焊接过程稳定后所形成的焊缝，特别是在厚板焊接时，由于引弧端和收弧端的重叠，会大大降低焊缝的质量。因此，引弧端和收弧端部位的焊缝金属必须切除。为节省焊件的用料，在焊缝的始端和末端分别安装引弧板和引出板是实际生产中最常用的方法。引弧板和引出板的大小应足以堆积焊剂并使引弧点和弧坑落在正常焊缝之外。如果焊件开有一定形状的坡口，则引弧板和引出板也应开相应的坡口，如图 8-13 所示。

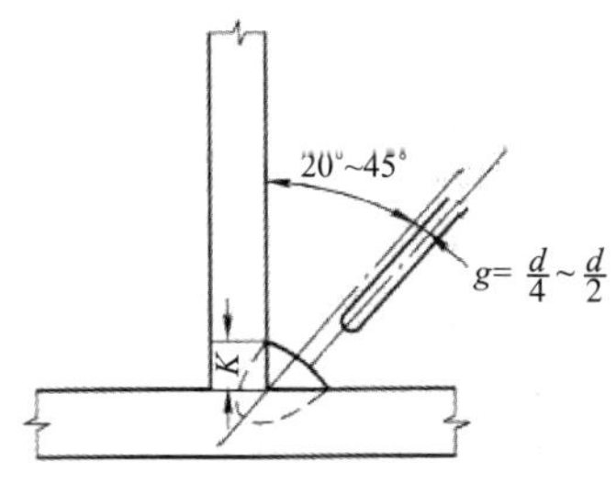

g- 偏移量 d- 焊丝直径 K- 焊脚尺寸

图8-12 角焊缝平角焊时焊丝的位置

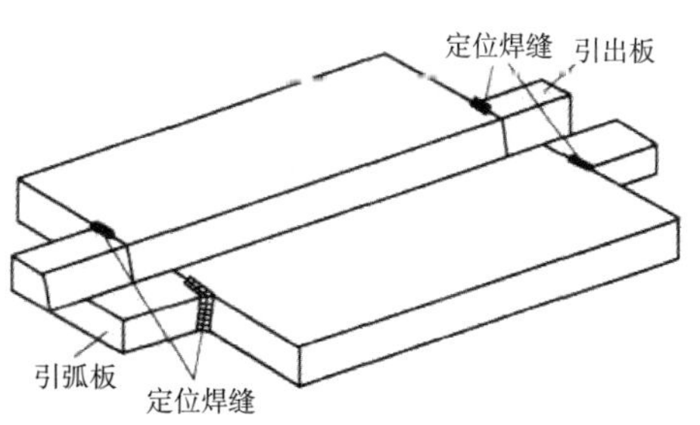

图8-13 纵缝焊接用引弧板和引出板

三、高效化埋弧焊技术

传统的埋弧焊是单丝的，在焊接厚板时，一般开坡口双面焊。在长期的应用中，不断改进常规埋弧焊，研究和发展了一些新的、高效率的埋弧焊方法，如多丝埋弧焊、带极埋弧焊、窄间隙埋弧焊和金属粉末埋弧焊等，这些高效的埋弧焊技术拓宽了埋弧焊的应用领域。

1. 多丝埋弧焊

多丝埋弧焊是同时使用 2 根或 2 根以上的焊丝完成同一条焊缝的焊接方法，是一种既能保证合理的焊缝成形质量和良好的焊接质量，又可提高焊接速度的高效率焊接方法之一。按照所用焊丝数目可分为双丝埋弧焊、三丝埋弧焊等，在一些特殊应用中，焊丝数目可达 14 根。目前，工业中应用最多的是双丝埋弧焊和三丝埋弧焊。多丝埋弧焊按焊丝排列方式可分为纵列式、横列式和直列式三种。图 8–14、图 8–15 所示为多丝埋弧焊工作图。

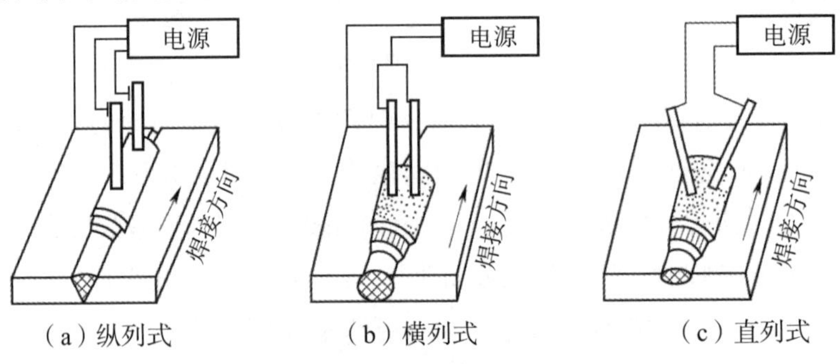

（a）纵列式　（b）横列式　（c）直列式

图8–14　双丝埋弧焊原理图

图8–15　多丝埋弧焊工作图

双丝埋弧焊多采用纵列式，即两根焊丝沿着焊接方向顺序排列。在焊接过程中，两弧之间的距离为 50 ~ 80 mm，每根焊丝所用的电流和电压各不相同。一般前列电弧采用直流（也可以用交流）以保证熔深，后列电弧通常采用交流，调节熔宽或起改善焊缝成形作用。

多丝埋弧焊主要用于厚板的焊接，通常采用在焊件背面使用衬垫的单面焊双面成形工艺。多丝埋弧焊与常规埋弧焊相比具有焊接速度快、耗能低、填充金属少等优点。

2. 带极埋弧焊

带极埋弧焊是由横列式多丝埋弧焊发展而成的。由于它是用矩形截面的钢带取代圆形截面的焊丝作电极，所以不仅可提高填充金属的熔化量，提高生产率，而且还可以增大成形系数，适用于多层焊时表面焊缝的焊接，因此是表面堆焊的理想方法之一。带极埋弧焊原理如图 8-16 所示。

3. 窄间隙埋弧焊

在厚板对接时，焊前不开坡口或只开小角度坡口，并留有窄而深的间隙，采用埋弧焊而完成整条焊缝的高效率焊接方法称为窄间隙埋弧焊。

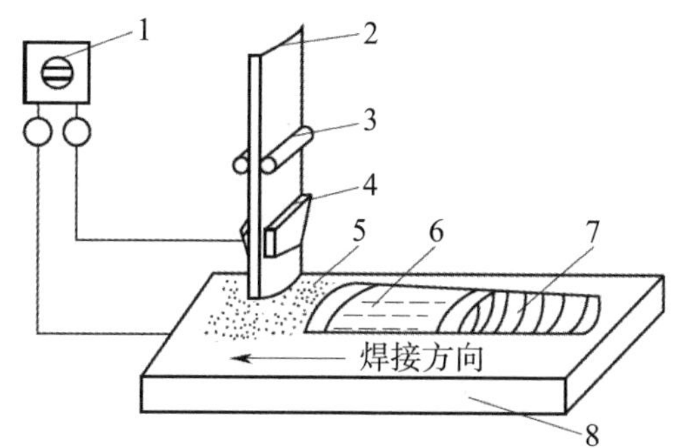

1- 电源　2- 带极　3- 带极送进装置　4- 导电嘴
5- 焊剂　6- 渣壳　7- 焊道　8- 焊件

图8-16　带极埋弧焊原理图

由于窄间隙埋弧焊避免了常规埋弧焊焊接厚板（50 mm 以上）时须开 V 形或 U 形坡口，致使焊接层数多、填充金属量大、焊接时间长及变形量大等缺点，所以 20 世纪 80 年代窄间隙埋弧焊一经出现，很快就被应用于工业生产，现其主要应用领域是低合金钢厚壁容器及其他重型焊接结构的焊接。

窄间隙埋弧焊已有各种单丝、双丝和多丝的成套设备出现，但多为单丝焊，主要用于水平或接近水平位置的焊接。

练一练

一、填空题

1. 在埋弧焊时，电流是决定 ________ 的主要因素，电压是决定 ________ 的主要因素。

2. 上坡焊是在焊件倾斜时，热源自 ________ 向 ________ 进行的焊接。

3. 在环缝埋弧焊时，焊丝一般偏离圆形焊件断面中心 ________ mm 距离。一般，直径越大，焊接速度越 ________，焊丝偏移距离越 ________。

4. 多丝埋弧焊是使用 ________ 根以上的焊丝完成同一条焊缝的埋弧焊。

二、判断题

1. 埋弧焊在焊接环缝时，常使焊丝偏移焊件断面中心线一定距离，保证焊接质量。(　　)

2. 在埋弧焊时，焊接电流主要影响焊缝的熔宽。(　　)

3. 在双丝埋弧焊时，焊丝多采用横列式。(　　)

4. 在上坡焊时，焊缝成形系数比下坡焊时大。(　　)

5. 在上坡焊焊件的倾角超过 6° 时，焊缝成形较差。(　　)

三、简答题

1. 埋弧焊的主要参数有哪些？

2. 埋弧焊的主要焊接工艺参数对焊缝形状有什么影响？

单元九 常用金属材料的焊接

单元目标

知识目标	1. 了解金属材料焊接性的基本概念。 2. 掌握金属材料焊接性的间接评定法。 3. 熟练掌握常用的焊接工艺措施。 4. 掌握低碳钢、低合金高强度钢、珠光体耐热钢、不锈钢的焊接性及其焊接工艺。
能力目标	1. 掌握金属材料焊接性的间接评定法。 2. 掌握低碳钢、低合金高强度钢、珠光体耐热钢、不锈钢的焊接工艺，能够进行相关材料的焊接操作。
素质目标	重视理论知识和实践操作的融合学习，系统掌握常用金属材料的焊接工艺，为下一步技能操作打下良好基础。

任务一 金属的焊接性

任务目标

知识目标	1. 金属材料焊接性的概述。 2. 影响焊接性的因素。 3. 焊接性的间接评定法。
能力目标	1. 掌握焊接性的影响因素。 2. 掌握碳当量评定方法。
素质目标	强化记忆、归纳学习。

学习内容

金属材料通过焊接方法进行连接，并要求在焊接后仍能保持这些基本性能。但是在焊接过程中，焊缝和热影响区金属要经过一系列物理、化学变化，就可能引起在焊接区内产生各种类型的缺陷，使焊接接头丧失其连续性，即使没有形成缺陷，也可能降低了某些必要的基本性能。因此，就要求从焊接工艺方面和接头使用性能方面来研究分析金属材料焊接时会出现什么问题、焊后接头性能是否满足使用要求，也就是金属材料的焊接性。

一、焊接性概念

金属的焊接性是金属材料在限定的施工条件下，焊接成按规定设计要求的构件，并满足预定服役要求的能力。也就是指金属材料在一定的焊接工艺条件下，焊接成符合设计要求，满足使用要求的构件的难易程度，即金属材料对焊接加工的适应性和使用的可靠性。

焊接性包括工艺焊接性和使用焊接性两个方面的内容。

1. 工艺焊接性

工艺焊接性是指金属材料对焊接加工的适应性，即在一定的焊接工艺条件下，获得优质焊接接头的难易程度。

2. 使用焊接性

使用焊接性是指焊接接头或整体结构满足各种使用性能的程度。结构的使用条件不同，所要求的焊接接头性能也各有不同。因此，焊接技术必须满足不同使用条件下各种性能要求。

二、影响焊接性的因素

影响金属焊接性的因素主要有材料、焊接方法及工艺、构件类型和使用条件四个方面。

1. 材料因素

材料方面不仅包括焊件本身，还包括使用的焊接材料，如焊条、焊丝、焊剂、保护气体等。它们在焊接时都参与熔池或半熔化区内的冶金过程，直接影响焊接质量。如母材与焊接材料匹配不当，就会造成焊缝金属化学成分不合格，力学性能和其他使用性能降低。因此，为了保证良好的焊接性，必须对材料因素予以充分重视。

2. 焊接方法及工艺因素

对于同一母材，当采用不同的焊接方法和工艺措施时，会表现不同的焊接性。焊接方法对焊接性的影响主要体现在两方面：一是焊接热源性质（能量密度大小、温度高低等），如对于有过热敏感的高强度钢，从防止过热出发，适宜选用等离子弧焊、电子束焊等方法，有利于改善焊接性。相反，对于灰口铸铁，焊接时从防止白口出发，应选用气焊、电渣焊等方法。二是对熔池和接头保护，如钛合金对氧、氮、氢极为敏感，用气焊和焊条电弧焊不可能焊好，而用氩弧焊就比较容易焊接。

工艺措施对防止焊接接头缺陷、提高性能也有重要的作用。如焊前预热、焊后缓冷和消氢处理等，对防止热影响区淬硬变脆、降低焊接应力、防止裂纹等是比较有效的措施。另外，合理安排焊接顺序也能减小焊接应力与变形。

3. 结构因素

焊接接头和结构设计会影响应力状态，从而对焊接性也发生影响。这里主要从结构的刚度、应力集中和多向应力等方面来考虑。使焊接接头处于刚度较小的状态，能够自由收缩，有利于防止焊接裂纹。缺口、截面突变、焊缝余高过大、交叉焊缝等容易引起应力集中，要尽量避免。不必要地增大母材厚度或焊缝体积，会产生多向应力，也应注意防止。

4. 使用条件因素

焊接结构的使用条件是多种多样的，有的在高温或低温下工作，有的在静载或动载条件下工作，有的则在腐蚀介质中工作等。在高温下工作时，可能产生蠕变；在低温下工作或冲击载荷下工作时，容易发生脆性破坏；在腐蚀介质中工作时，接头要求具有耐腐蚀性。总之，使用条件越不利，焊接性就越不容易保证。

三、焊接性评定方法

评定焊接性的方法很多，可分为间接估算法和直接试验法两类。间接估算法一般不需要焊接焊缝，只需对金属材料的化学成分、物理性能、金相组织及力学性能指标等进行分析和测定，从而推测被评估金属的焊接性，最常用的间接估算法是碳当量法。直接试验法是通过焊接性试验来评定母材的焊接性的方法，即通过焊接过程考查是否发生某种焊接缺陷，或发生缺陷的严重程度，直接去评价金属材料焊接性优劣。直接试验法常用的有斜 Y 形坡口焊接裂纹试验等。

1. 碳当量法

钢材的化学成分对焊接热影响区的淬硬及冷裂倾向有直接影响，因此，可用化学成分来间接估算其焊接性。

在钢材的各种化学元素中，对焊接性影响最大的是碳，碳是引起淬硬及冷裂的主要元素，故常把钢中含碳量的多少作为判断钢材焊接性的主要标志。钢中含碳量越高，其焊接性越差。

为了便于分析和研究钢中合金元素对钢的焊接性影响，引入了碳当量的概念。所谓碳当量，就是指把钢中合金元素（包括碳）的含量，按其作用换算成碳的相当含量。用碳当量大小来评定钢材焊接性的方法，称为碳当量法。由于碳当量只考虑了化学成分对焊接性的影响，而没有考虑焊接方法、构件类型等因素的影响，因此，碳当量法只是一个近似的间接估算焊接性的方法。

碳当量的估算公式有很多形式，国际焊接学会推荐的估算碳钢及低合金钢的碳当量（C_E）的公式为：C_E=［$C + Mn/6 +（Cr + Mo + V）/5 +（Ni + Cu）/15$］×%

上式中，元素符号表示其在钢中含量的百分数，计算时取上限。根据经验，当 $C_E < 0.4\%$ 时，淬硬倾向不明显，焊接性优良，焊接时不必预热；当 $C_E = 0.4\% \sim 0.6\%$ 时，淬硬倾向逐渐明显，需要采取适当的预热和控制热输入等工艺措施；当 $C_E > 0.6\%$ 时，淬硬倾向更强，属于难焊材料，需要采取较高的预热温度和严格的工艺措施。

2. 斜 Y 形坡口焊接裂纹试验

斜 Y 形坡口焊接裂纹试验又称小铁研法，主要用于评定碳钢和低合金高强度钢焊接热影响区对冷裂纹的敏感性，是一种在工程上广泛应用的试验方法。

试件的形状和尺寸如图 9-1 所示。该方法是在试件两端开双 V 形坡口双面焊拘束焊道，试件中间开斜 Y 形坡口单道焊试验焊缝，试件坡口采用机械加工。试验所用焊条原则上与试验钢材相匹配，焊前应严格烘干。焊完的试件经在室温放置 48 h 后才能进行裂纹的检测和解剖。一般认为，只要裂纹总长小于试验焊缝的 20%，在实际生产中就不会产生裂纹。

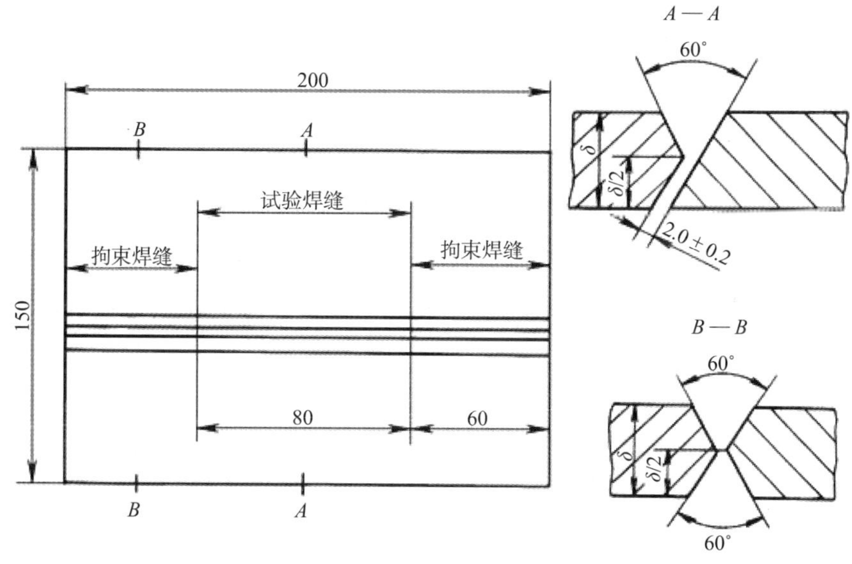

图9-1　斜Y形坡口焊接裂纹试验的时间形状和尺寸

练一练

一、填空题

1. 金属的焊接性包括 ____________ 和 ____________ 两方面的内容。

2. 当碳当量为 ___________ 时，焊接性优良；当碳当量为 ___________ 时，焊接性一般；当碳当量为 ___________ 时，焊接性较差。

3. 评定焊接性的方法可分为 ___________ 和 ___________ 两类。

4. 目前应用最广泛的直接试验法是 ___________ 试验，适用于评价碳钢和低合金高强度钢焊接热影响区 ___________ 敏感性。

5. 影响金属材料焊接性的因素有 ___________、___________、___________、___________ 四个方面。

二、判断题

1. 利用碳当量法可以直接判断材料的焊接性好坏。(　　)

2. 碳当量数值越大，表示该种材料的焊接性越好。(　　)

3. 金属材料的焊接性与使用的焊接方法有关。(　　)

4. 斜 Y 形坡口焊接裂纹试验时，一般认为只要裂纹总长大于试验焊缝的 20%，在实际生产中就不会产生裂纹。(　　)

5. 碳当量的计算公式适用于一切金属材料。(　　)

三、简答题

1. 什么是金属材料的焊接性？包含哪几个方面的内容？

2. 什么是碳当量法？碳当量的计算公式是什么？

3. 已知 Q245R（20 g）的化学含量（%）分别为：C 是 0.17 ~ 0.24，Si 是 0.17 ~ 0.37，Mn 是 0.35 ~ 0.65，Cr ≤ 0.25，Ni ≤ 0.25。试按碳当量公式计算并评价该材料的焊接性。

任务二　常用焊接工艺措施

任务目标

知识目标	1. 了解预热、后热的作用。 2. 了解焊后热处理的作用和种类。
能力目标	1. 掌握预热温度的选择。 2. 掌握焊后热处理的应用。
素质目标	学会分析、理解问题的原因，并能够有效地解决问题。

学习内容

一、预热

焊接开始前对焊件的全部（或局部）进行加热的工艺措施称为预热。按照焊接工艺的规定，预热需要达到的温度叫作预热温度。

1. 预热的作用

预热的主要作用是降低焊后冷却速度。对于给定成分的钢种，焊缝及热影响区的组织和性能取决于冷却速度的大小。对于易淬火钢，预热可以减小淬硬程度，防止产生焊接裂纹。另外，预热还可以减小热影响区的温度差别，在较宽范围内得到比较均匀的温度分布，有助于减小因温度差别而造成的焊接应力。

对于刚度不大的低碳钢、强度级别较低的低合金钢的一般结构通常不必预热，但焊接有淬硬倾向的、焊接性不好的钢材或刚度大的结构时，需焊前预热。由于铬镍奥氏体钢预热可使热影响区在危险温度的停留时间增加，从而增大腐蚀倾向，因此，在焊接铬镍奥氏体型不锈钢时，不可进行预热。

2. 预热温度的选择

焊件焊接时是否需要预热、预热温度的选择，应根据钢材的成分、厚度、结构刚度、接头形式、焊接材料、焊接方法及环境因素等综合考虑，并通过焊接性试验来确定。一般钢材碳当量越大（含碳量、含合金元素越多）、母材越厚、结构刚度越大、环境温度越低，则预热温度越高。

在多层多道焊时，还要注意道间温度（也称层间温度）。所谓道间温度就是在施焊后继焊道之前，其相邻焊道应保持的温度。道间温度不应低于预热温度。

3. 预热方法

预热时的加热范围，对于对接接头每侧加热宽度不得小于板厚的 5 倍，一般在坡口两侧 75 ~ 100 mm 范围内应保持一个均热区域，测温点应取在均热区域的边缘。如果采用火焰加热，测温最好在加热面的反面进行。预热的方法有火焰加热、工频感应加热、红外线加热等。在刚度很大的结构上进行局部预热时，应注意加热部位，避免造成很大的热应力。

二、后热

焊接后立即对焊件的全部（或局部）进行加热或保温，使其缓冷的工艺措施叫后热，它不等于焊后热处理。

1. 后热的作用

后热的作用是避免形成淬硬组织及使氢逸出焊缝表面，防止裂纹产生。对于冷裂倾向大的低合金高强度钢等材料，还有一种专门的后热处理，称为消氢处理，即在焊后立即将焊件加热到 250℃ ~ 350℃的温度范围，保温 2 ~ 6 h 后空冷。消氢处理的目的主要是使焊缝金属中的扩散氢加速逸出，大大降低焊缝和热影响区中的氢含量，防止产生冷裂纹。消氢处理的加热温度较低，不能起到松弛焊接应力的作用。对于焊后要求进行热处理的焊件，因为在热处理过程中可以达到除氢目的，不需要另作消氢处理。但是，在焊后若不能立即热处理而焊件又必须及时除氢时，则需及时作消氢处理，否则焊件有可能在热处理前的放置期间产生裂纹。

2. 后热的方法

后热的加热方法、加热区宽度、测温部位等要求与预热相同。

三、焊后热处理

焊后为改善焊接接头的组织和性能或消除残余应力而进行的热处理，称为焊后热处理。

1. 焊后热处理的作用和种类

焊后热处理的主要作用是消除焊接残余应力，软化淬硬部位，改善焊缝和热影响区的组织和性能，提高接头的塑性和韧性，稳定结构的尺寸。

最常用的焊后热处理是在 600℃ ~ 650℃范围内的消除应力退火和低于 A_{C1} 点温度的高温回火。另外，还有为改善铬镍奥氏体型不锈钢抗腐蚀性能的均匀化处理等。

2. 焊后热处理工艺及方法

（1）整体热处理

将焊件置于加热炉中整体加热处理，可以得到满意的处理效果。焊件进炉和出炉时的温度应在 300℃以下，在 300℃以上的加热和冷却速度与板厚有关，应符合下式要求：

$$v \leqslant 200 \times 25/\delta$$

式中　v——冷却速度（℃/h）；δ——板材厚度（mm）。

对于厚壁容器，加热和冷却速度为 50℃ ~ 150℃/h，整体处理时炉内最大温差不得超过 50℃。如果焊件太长需分段处理时，重叠加热部分应在 1.5 m 以上。

（2）局部热处理

对于尺寸较长不便整体处理，但形状比较规则的简单筒形容器、管件等，可以进行局部热处理。局部热处理时，应保证焊缝两侧有足够的加热宽度。筒体的加热宽度与筒体半径、壁厚有关，可按下式计算：

$$B = 5\sqrt{R\delta}$$

式中　B——筒体加热宽度（mm）；

l——筒体半径（mm）；

δ——筒体壁厚（mm）。

局部热处理常采用火焰加热、红外线加热、工频感应加热等加热方法。

3. 焊后热处理的应用

一般焊接结构是不需要采用焊后热处理的，但下列情况应考虑焊后热处理：

（1）母材金属强度等级较高，产生延迟裂纹倾向较大的普通低合金钢。

（2）处在低温下工作的压力容器及其他焊接结构，特别是在脆性转变温度以下使用的压力容器。

（3）承受交变载荷工作，要求疲劳强度高的构件。

（4）大型受压容器。

（5）有应力腐蚀和焊后要求几何尺寸较稳定的焊接结构。

练一练

一、填空题

1. 焊接开始前对焊件的 ____________ 进行 ____________ 的工艺措施称为预热。按照焊接工艺的规定，预热需要达到的温度叫作 ____________。

2. 道间温度就是在施焊 ____________ 之前，其 ____________ 焊道应保持的温度。道间温度不应低于 ____________。

3. 后热的作用是避免形成 ____________ 及 ____________，防止 ____________ 产生。对于冷裂倾向大的低合金高强度钢等材料，还有一种专门的后热处理，称为 ____________。

4. 焊后热处理有 ____________ 加热处理和 ____________ 加热处理两种。

5. 常用的预热方法有 ____________、____________ 和 ____________ 等。

二、判断题

1. 焊前预热的目的是为了提高焊缝的硬度。(　　)

2. 焊前预热的温度与母材的化学成分无关。(　　)

3. 后热也称为焊后热处理。(　　)

4. 所有要求进行焊后热处理的焊件，都不需要作消氢处理。(　　)

5. 在焊接时，需要预热的材料的焊接性较差，预热温度越高，焊接性越差。(　　)

三、简答题

1. 什么情况下需要预热？如何选择预热温度？

2. 焊后热处理的作用是什么？什么情况下需要进行焊后热处理？

任务三 非合金钢的焊接

任务目标

知识目标	1. 碳素钢的分类。 2. 低碳钢的焊接性及焊接工艺。 3. 中碳钢的焊接性及焊接工艺。
能力目标	掌握碳素钢的焊接操作要点和能力。
素质目标	引导学生理解工艺知识学习的重要性，能够理论指导实践。

学习内容

一、碳素钢简介

1. 概述

碳素钢简称碳钢，是含碳量小于 2.11% 的铁碳合金。由于碳钢容易冶炼，价格便宜，具有较好的力学性能和优良的工艺性能，可满足一般机械零件、工具的使用要求，因此是应用最广泛的金属材料。工业中使用的碳素钢，含碳量很少超过 1.4%，用于制造焊接结构的碳素钢，其含碳量还要低得多。需要注意的是，国家标准 GB/T 13304.1—2008 中已经以“非合金钢”取代传统的“碳素钢”，但在很多现行的标准中仍采用“碳钢”一词，所以本任务仍沿用碳钢这一术语。

碳钢的焊接性主要取决于含碳量的高低，随着含碳量的增加，焊接性逐渐变差。

2. 碳素钢的分类

（1）按钢的含碳量分类，可分为：

①低碳钢：$w(C) < 0.25\%$

②中碳钢：$w(C) = 0.25\% \sim 0.6\%$

③高碳钢：$w(C) > 0.6\%$

（2）按钢中硫、磷的含量不同，可分为：

①普通碳素钢：$w(S) \leqslant 0.055\%$，$w(P) \leqslant 0.045\%$

②优质碳素钢：$w(S) \leqslant 0.045\%$，$w(P) \leqslant 0.04\%$

③高级优质碳素钢：$w(S) \leqslant 0.035\%$，$w(P) \leqslant 0.035\%$

二、低碳钢的焊接

1. 低碳钢的焊接性

低碳钢由于含碳量较低、塑性好，而且淬硬倾向小，焊接过程中一般不需要采取预热、后热、控制道间温度、焊后热处理等工艺措施，许多焊接方法都能用于低碳钢的焊接，并可获得良好的焊接接头。因而，低碳钢的焊接性优良，是焊接性最好的金属材料。

2. 低碳钢焊接工艺

（1）焊接方法和焊接材料

低碳钢几乎可采用所有的焊接方法来进行焊接，并都能保证焊接接头的良好质量，但使用最多的是焊条电弧焊、埋弧焊、二氧化碳气体保护焊、氩弧焊等。常用的低碳钢焊接材料的选择见表 9-1。

表9-1　常用的低碳钢焊接材料的选择

钢材牌号	焊条电弧焊		埋弧焊	气体保护焊	电渣焊
	一般结构（包括厚度不大的低压容器）	受动载荷，厚板，中、高压及低温容器			
Q215 Q235	E4313、E4303、 E4301、E4320、E4311	E4316、E4315 （或 E5016、E5015）	H08A H08MnA HJ431 HJ430	ER49-1 ER50-6	H10MnSi H10Mn2 HJ360
Q275	E5016、E5015	E5016、E5015	H08MnA HJ431 HJ430	ER49-1 ER50-6	H10MnSi H10Mn2 HJ360
08、10、 15、20	E4303、E4301、 E4320、E4310	E4316、E4315 （或 E5016、E5015）	H08A H08MnA HJ431 HJ430	ER49-1 ER50-6	H10MnSi H10Mn2 HJ360
Q245R（20R、 20g）25	E4303、E4301	E4316、E4315 （或 E5016、E5015）	H10Mn2 H08MnA HJ431 HJ430	ER49-1 ER50-6	H10MnSi H10Mn2 HJ360

注：气体保护焊是指 CO_2 气体保护焊、富氩气保焊（MAG）和氩弧焊。

（2）预热和焊后热处理

低碳钢焊接过程中一般不需要采取预热、焊后热处理等工艺措施，但是当焊件较厚、刚度很大或在低温条件下焊接时，可能要采取预热、焊后热处理等措施。例如，锅炉汽包，即使是 Q245R（20 g）等焊接性良好的低碳钢，由于板厚较大，仍要进行温度为 600℃ ~ 650℃的焊后热处理。为了细化晶粒，电渣焊接头焊后必须进行正火或正火加回火处理。

三、中碳钢的焊接

1. 中碳钢的焊接性

中碳钢的含碳量在 0.25% ~ 0.6% 之间，当含碳量处于下限附近时，焊接性良好；随着含碳量的增加，焊接性逐渐变差。焊接时会出现下面两个问题：

（1）焊缝金属易产生热裂纹　在中碳钢含碳量较高，凝固温度区间较大，偏析现象较严重，在凝固收缩应力的作用下，易沿液态晶界处开裂，产生热裂纹。

（2）热影响区易产生冷裂纹　中碳钢焊接时，在热影响区易产生塑性很低的淬硬组织（马氏体），含碳量越高，淬硬倾向越大。当板材较厚、刚度较大时，在热影响区容易产生冷裂纹。当焊缝金属的含碳量较高时，也有产生冷裂纹的可能。

2. 中碳钢焊接工艺

（1）焊接方法和焊接材料　中碳钢的焊接方法有焊条电弧焊、CO_2 气体保护焊及 MAG 等。焊条电弧焊时应尽量采用抗裂性能较好的碱性焊条。当焊缝金属与母材不要求等强时，可选用强度低一级的焊条，如 E4315、E4316。当对焊缝金属强度要求较高时，可采用 E5015、E6015−D1 等碱性焊条。中碳钢焊条的选用见表 9−2。

表9−2　中碳钢焊条的选用

钢材牌号	焊接性	选用的焊条型号	
		不要求等强度	要求等强度
35，ZG270−500	较好	E4303　E4301 E4316　E4315	E5016　E5015
45，ZG310−570	较差	E4303　E4301　E4316 E4315　E5016　E5015	E5516　E5515
55，ZG340−640	较差	E4303　E4301　E4316 E4315　E5016　E5015	E6016−D1 E6015−D2

特殊情况下，也可采用铬镍不锈钢焊条焊接或焊补中碳钢。这时不需要预热，也不容易产生近缝区冷裂纹。常用的奥氏体型不锈钢焊条有 E308−15（A107）、E309−16（A302）、E309−15（A307）、E310−16（A402）、E310−15（A407）等。

在中碳钢采用 CO_2 气体保护焊及 MAG 焊时，可选用 ER49−1、ER50−6 等焊丝。

（2）焊接工艺

①在焊接时，为了控制焊缝中的含碳量，减小熔合比，一般开 U 形、V 形坡口，但尽量开成 U 形。

②在大多数情况下，中碳钢焊接需要预热、控制道间温度及焊后热处理。一般 35 钢和 45 钢（包括铸钢）预热温度可选用 150℃ ~ 250℃。在含碳量更高或厚度和刚度很大时，

可将预热温度提高到 250℃ ~ 400℃；道间温度不低于预热温度。对含碳量较高，厚度和刚度较大的焊件，焊后应进行 600℃ ~ 650℃的消应力回火处理。

③多层焊第一层焊缝应尽量采用小电流、慢速焊，以减小熔合比，防止热裂纹。

④焊后可锤击焊缝，以减少焊接残余应力，细化晶粒。

⑤焊后尽可能缓冷，焊件焊后可放在石棉灰中或放在炉中缓冷。

练一练

一、填空题

1. 碳钢的焊接性主要取决于 ______ 的高低，随着 ______ 的增加，焊接性逐渐 ______。
2. 在中碳钢焊接时，易出现的问题是 ____________ 和 ____________。
3. 低碳钢焊前一般 ____________ 预热，焊后 ____________ 热处理。
4. 在中碳钢焊接时，为减小熔合比，应尽量开 ____________ 形坡口。
5. 在中碳钢采用 CO_2 气体保护焊及 MAG 焊时，可选用 __________、__________ 等焊丝。

二、判断题

1. 在对 20 钢焊接时，可选用 J422、J426、J427 等焊条。(　　)
2. 中碳钢因含碳量较高，强度比低碳钢高，因此焊接性很好。(　　)
3. 在中碳钢焊接时，要尽量采用抗裂性能较好的酸性焊条。(　　)
4. 在中碳钢焊接时，应尽量采用小电流、慢速焊、以减小熔合比，防止热裂纹。(　　)
5. 由于低碳钢焊接性好，所以电渣焊接头焊后不必进行正火或正火加回火处理。(　　)

三、简答题

1. 简述低碳钢的焊接性及焊接工艺。
2. 在中碳钢焊接时，应采用哪些工艺措施?

任务四　低合金高强度结构钢的焊接

任务目标

知识目标	1. 低合金高强度结构钢简介。 2. 低合金高强度结构钢的焊接性。 3. 低合金高强度结构钢的焊接工艺。
能力目标	1. 掌握低合金高强度结构钢的焊接性。 2. 掌握低合金高强度结构钢的焊接工艺。
素质目标	引导学生理解工艺知识学习的重要性，能够理论指导实践，培养创新意识，在企业中积极参与改革创新。

学习内容

强度等级较低的强度钢的焊接性接近普通低碳钢，因而焊接时不必采用特殊的工艺措施。而焊接强度较高、且厚度较大的结构时，则必须采用化学成分、力学性能相匹配的焊材；焊前进行预热，焊后缓冷；控制层间温度等一定的工艺措施。

一、低合金高强度结构钢简介

低合金高强度结构钢是在 w（S）≤ 0.20% 的碳素结构钢基础上，加入少量的合金元素发展起来的，具有强度高、综合性能好、使用寿命长、应用范围广、比较经济等优点。

用来制造焊接结构的低合金钢可分为强度钢和专业用钢（低温钢、耐热钢等），其中强度钢以低合金高强度结构钢应用最广。

根据国家标准《低合金高强度结构钢》（GB/T 1591—2008）规定，低合金高强度结构钢按屈服强度分为 Q345、Q390、Q420、Q460、500、Q550、Q620 和 Q690 八级；按质量等级由低到高，Q345、Q390 和 Q420 可分为 A、B、C、D、E 五级，Q460、Q500、Q550、Q620 和 Q690 可分为 C、D、E 三级，其中质量等级较低的主要用于一般用途结构钢；质量等级较高的主要用于锅炉、压力容器、造船、汽车、桥梁、工程机械及矿山机械等；质量等级高的主要用于核电、石油天然气管线、海洋工程等。

低合金高强度结构钢按供货状态可分为热轧钢、正火钢和热机械轧制（TMCP）钢三类。

热轧钢主要靠锰、硅的固溶强化作用来提高强度；正火钢是在热轧固溶的基础上，添加碳化物或氮化物元素（如 V、Nb、Ti 等），通过正火细化晶粒作用来提高材料的强度、塑性和韧性的。

热机械轧制（TMCP）是 20 世纪 80 年代发展起来的一种冶炼技术，通过控制轧制和冷却相结合的组合工艺来达到高强度和高韧性的要求，是使材料获得仅仅依靠热处理不能获得的特定性能的轧制工艺。TMCP 钢与常规轧制钢和正火钢相比，纯度较高，晶粒细小、力学性能好；生产相同强度级别的钢材，可降低合金元素含量，降低碳当量，以提高焊接性。所以，TMCP 钢在力学性能和焊接性方面都更优越，主要用于造船、海洋结构、管线、桥梁等领域。

二、低合金高强度结构钢的焊接性

由于低合金高强度结构钢的碳含量（≤ 0.2%）及合金元素均较低，因此其焊接性总体较好，但由于这类钢中含有一定量的合金元素及微合金化元素，随着强度级别的提高，板厚增加，焊接性将变差。低合金高强度结构钢焊接时的主要问题是焊接裂纹和焊接热影响区脆化。

1. 焊接裂纹

低合金高强度结构钢焊接时容易产生的裂纹是冷裂纹。

在焊接强度等级较低的低合金高强度结构钢时，由于淬硬倾向很小，焊缝和热影响区金属的塑性较好，产生冷裂纹的可能性不大。但随着钢材强度等级的提高，淬硬倾向增加，冷裂纹的倾向也增大。又因厚板的刚度大，焊接接头的残余应力也大。因此，冷裂纹主要发生自强度级别较高的厚板结构中。

在低合金高强度结构钢产生热裂纹的可能性比冷裂纹小得多，只有在原材料化学成分不符合规定（如含硫、碳量偏高）时才有可能发生。

2. 焊接热影响区脆化

低合金高强度结构钢焊接时，热影响区中被加热到 1 100℃以上的粗晶区是焊接接头的薄弱区，冲击韧度也最低，即所谓脆化区。

热影响区粗晶脆化主要与焊接热输入有关，对于热轧钢，焊接热输入较大时，粗晶区将因晶粒长大或出现魏氏组织等而降低韧性；在焊接热输入较小时，会由于粗晶区组织中马氏体比例的增大而降低韧性。

对于正火钢，受热输入影响更大。在采用过大的热输入时，粗晶区在正火状态下弥散分布的 TiC、VC 和 VN 等溶于奥氏体中，将失去抑制奥氏体晶粒的长大及削弱组织细化作用，粗晶区将出现粗大组织而使韧性显著降低。

需要注意的是，由于 TMCP 钢靠快速冷却提高强度，在大热输入方法焊接时，如埋弧焊、电渣焊、闪光对焊等，热影响区会出现软化现象，因此，采用高能量密度热源快速焊接可减小软化区宽度，防止软化对接头强度的影响。

三、低合金高强度结构钢的焊接工艺

1. 焊接方法的选择

低合金高强度结构钢对焊接方法无特殊要求，适合于各种焊接方法，其中焊条电弧焊、埋弧焊、熔化极气体保护焊是最常用的方法。在选择具体的焊接方法时，可根据产品的结构、性能要求和工厂的实际条件等因素确定。

2. 焊接材料的选择

低合金高强度结构钢一般按“等强”原则选择与母材强度相当的焊接材料，并综合考虑焊缝金属的韧性、塑性及抗裂性能。只要焊缝金属的强度不低于母材强度的下限值即可。为此应优先选用低氢及超低氢的焊接材料，以及塑性、韧性优良的焊接材料。对于刚度大的结构，考虑焊缝的塑性和韧性，有时也可选用比母材强度低一级的焊接材料。低合金高强度结构钢焊条、焊丝及焊剂的选用见表 9–3。

表9–3　低合金高强度结构钢焊条、焊丝及焊剂的选用

钢材牌号	电渣牌		焊条型号	埋弧焊		CO_2（MAC）焊焊丝型号
	焊丝牌号	焊剂牌号		焊丝牌号	焊剂牌号	
Q345	H08MnMoA	HJ431 H360	E5003、E5001、E5016、E5015	不开坡口 H08A 中板开坡口 H08MnA H10Mn2 H10MnSi 厚板开坡口 H10Mn2	HJ431 HJ431 HJ431 HJ431 HJ350	ER49–1 ER50–6
Q390	H08Mn2MoVA	HJ431 HJ360	E5016、E5015、E5516–G、E5515–G	不开坡口 H08MnA 中板开坡口 H10MnSi H10Mn2 H08Mn2Si 厚板开坡口 H08MnMoA	HJ431 HJ431 HJ431 HJ431 HJ350 HJ350	ER49–1 ER50–6
Q420	H10Mn2MoVA	HJ431 H360	E5516–G E5515–G E6016–D1 E6015–D1	H08MnMoA H08Mn2MoA	HJ350 HJ250 SJ101	ER50–6
Q460	H10Mn2MoA H10Mn2MoVA	HJ431 H360	E5515–G E5516–G E6015–G E6016–G	H08Mn2MoA H08MnMoVA	HJ350 HJ250 SJ101	

（续表）

钢材牌号	电渣牌		焊条型号	埋弧焊		CO_2（MAC）焊焊丝型号
	焊丝牌号	焊剂牌号		焊丝牌号	焊剂牌号	
Q500	H08Mn2MoA H08MnMoVA H08Mn2NiMoA	HJ431 HJ360	E6015−G E7015−G	H08Mn2MoA H08MnMoVA H08Mn2NiMoA		
Q550			E6015−G E7015−G			
Q620			E7015−G E7515−G			
Q690			E7515−G E8015−G			

3. 预热

焊前预热能降低焊后冷却速度，避免出现淬硬组织，减小焊接应力，是防止裂纹的有效措施，也有助于改善接头组织与性能，是低合金高强度结构钢焊接时常用的工艺措施。在对强度级别较低的低合金高强度结构钢焊接时，一般不预热。只有在厚板、刚度大的结构且环境温度低的条件下，需预热至 100℃ ~ 150℃。强度级别较高的低合金高强度结构钢焊接时，一般需要预热。几种低合金高强度结构钢的预热温度见表 9−4。

表9−4　几种低合金高强度结构钢的预热温度

钢材牌号	预热温度	焊后热处理温度	
		电弧焊	电渣焊
Q345	100℃ ~ 150℃ （$\delta \geq 30$ mm）	600℃ ~ 650℃退火	900℃ ~ 930℃正火 600℃ ~ 650℃回火
Q390	100℃ ~ 150℃ （$\delta \geq 28$ mm）	550℃或 650℃退火	950℃ ~ 980℃正火 550℃或 650℃回火
Q420	100℃ ~ 150℃ （$\delta \geq 25$ mm）	600℃ ~ 650℃退火	950℃正火 650℃回火
Q460	≥ 200 ℃	600℃ ~ 650℃退火	950℃ ~ 980℃正火 600℃ ~ 650℃回火

4. 后热及焊后热处理

低合金高强度结构钢后热只要是消氢处理，是防止冷裂纹的有效措施之一。低合金高强度结构钢一般焊后不进行热处理，只有在某些特殊情况下才采用焊后热处理，如焊接厚板或强度等级较大及有延迟裂纹倾向的钢等。此外，电渣焊焊缝焊后必须采用正火或正火加回火处理。表 9−4 列出了几种低合金高强度结构钢的焊后热处理温度及工艺。

（1）低合金高强度结构钢焊后热处理　①消应力退火；②正火或正火加回火；③淬火后回火（一般用于调质钢的焊接结构）

（2）焊后热处理应注意的问题　①不要超过母材的回火温度，以免影响母材的性能；②对于有回火性的材料，应避开出现脆性的温度区间，以免脆化；③对于含有一定量 Cu、Mo、V、Ti 的低合金高强度结构钢，在消除应力退火时，应注意防止产生再热裂纹。

5. 控制焊接热输入

热输入的确定主要取决于过热区的脆化和冷裂倾向。由于钢的脆化与冷裂倾向不同，因而对焊接热输入要求也有差别。

在对含碳量偏低的 Q345（16 Mn）钢焊接时，由于脆化、冷裂倾向小，对热输入没有严格限制，但热输入偏小些更有利。当焊接含碳量较高的 Q345（16 Mn）钢时，为降低淬硬倾向，防止冷裂纹的产生，热输入应偏大一些。对于强度级别较高的低合金钢强度结构钢，淬硬倾向增大，应选择较大的热输入，但热输入过大，又会增大粗晶区脆化倾向，这使采用预热配合小的热输入更合理。

为防止 TMCP 钢热影响区出现软化，提高热影响区的韧性，TMCP 钢应采用较小的热输入焊接。

练一练

一、填空题

1. 低合金高强度结构钢焊接时的主要问题是 __________ 和 __________。

2. 低合金高强度结构钢随着强度级别的增加，产生冷裂纹的倾向 __________。

3. 低合金高强度结构钢一般按“等强”原则，选择与母材 _________ 相当的焊接材料。

4. 低合金高强度结构钢按供货状态可分为 __________、__________ 和 __________ 三类。

5. 为防止 TMCP 钢热影响区出现软化，提高热影响区的韧性，TMCP 钢应采用较小的 __________。

二、判断题

1. Q345 具有良好的焊接性，其淬硬影响比 Q235 稍小一些。（　　）

2 低合金高强度结构钢强度等级越高，淬硬冷裂倾向越小。（　　）

3 低合金高强度结构钢焊后消氢处理是防止冷裂纹的有效措施之一。（　　）

4. 低合金高强度结构钢产生热裂纹的可能性比冷裂纹小得多。（　　）

5. 低合金高强度结构钢焊接时，对于刚度大的结构，考虑焊缝的塑性和韧性，可选用比母材低一级强度的焊接材料。（　　）

三、简答题

1. 简述低合金高强度结构钢的焊接性。

2. 低合金高强度结构钢焊接时，如何确定预热及焊后热处理工艺？

3. 低合金高强度结构钢焊接时如何选择焊接材料？

任务五　珠光体耐热钢的焊接

任务目标

知识目标	1. 了解珠光体耐热钢的基本知识。 2. 掌握珠光体耐热钢的焊接性。
能力目标	1. 了解并掌握珠光体耐热钢的焊接性。 2. 掌握珠光体耐热钢的焊接工艺。
素质目标	能够理论指导实践，培养创新意识，养成分析比较的能力，在实习中认真体验与其他金属材料焊接的区别。

学习内容

一、珠光体耐热钢简介

高温下具有足够的强度和抗氧化性的钢称为耐热钢。合金元素总含量在 5% 以下，在供货状态下具有珠光体（或珠光体加铁素体组织）的低合金耐热钢称为珠光体耐热钢。常用的珠光体耐热钢有 15Mo、12CrMo、15CrMo、12Cr1MoV、12Cr2MoWVTiB 等。

珠光体耐热钢是以铬、钼为主要合金元素的低合金钢，又叫 Cr–Mo 耐热钢。其主要加入合金元素铬（Cr）、钼（Mo）、钒（V），有时加入少量钨（W）、钛（Ti）、硼（B）等。

1. 高温抗氧化性

铬（Cr）主要起到提高钢的耐蚀性和高温抗氧化性。铬和氧的亲和力较大，高温时和氧发生氧化反应，能形成致密的氧化膜，提高钢的抗氧化性能。钢中的碳与铬具有很大的亲和力，能形成铬的化合物，从而降低了钢中铬的有效浓度，这对高温抗氧化是不利的，所以珠光体耐热钢的含碳量一般都小于 0.20%。

2. 高温强度

钼（Mo）是耐热钢中的强化元素，它的熔点高达 2 100℃，固溶后可提高钢的再结晶温度，从而使钢的高温强度和抗蠕变能力得到提高，能在 500℃ ~ 600℃时仍保持较高的强度。此外，耐热钢中还可以加入钒、钨、铌、铝、硼等合金元素，以提高其高温强度。

珠光体耐热钢由于具有较高的抗氧化性和热强性，先广泛应用于制造工作温度在 350℃ ~ 600℃范围内的动力发电设备。同时，珠光体耐热钢还具有良好的抗硫化物和氢的腐蚀能力，在石油、化工和其他工业部门也得到了广泛的应用。

二、珠光体耐热钢的焊接性

珠光体耐热钢焊接时的主要问题是淬硬倾向大，易产生冷裂纹和再热裂纹等。

珠光体耐热钢中的 Cr 和 Mo 能显著提高钢的淬硬性，Mo 的作用比 Cr 约大 50 倍，因此，热影响区具有较大的淬硬倾向。另外，珠光体耐热钢焊后在空气中冷却时易产生硬而脆的马氏体组织，并产生较大的内应力，使热影响区出现冷裂纹。

耐热钢中由于含铬、钼、钒、钛等强碳化合物形成元素，具有一定的再热裂纹的倾向，因此，V、Nb、Ti 等合金元素的含量要严格控制到最低的程度。

此外，Cr−Mo 耐热钢焊接接头在 350℃ ~ 500℃温度区间长期运行时，会产生回火脆性现象，其主要原因是钢中的 P、As、Sb、Sn 等杂质在晶界偏析，导致晶间结合力下降，所以应严格控制 P、As、Sb、Sn 等有害杂质元素的含量。

三、珠光体耐热钢的焊接工艺

1. 焊前准备

一般焊件的坡口加工可采用火焰切割法，但切割边缘会形成低塑性的淬硬层，往往会成为后续加工的开裂源。为了防止切割边缘开裂，可采取以下措施：

（1）对于所有厚度的 2.25 Cr ~ Mo、3 Cr ~ Mo 钢板和 15 mm 以上的 1.25 Cr ~ 0.5 Mo 钢板，切割前应预热至 150℃以上，气割边缘应作机械加工，并用磁粉探伤方法检查是否存在表面裂纹。

（2）对于 15 mm 以下的 1.25 Cr ~ 0.5 Mo 钢板和 15 mm 以上的 0.5 Mo 钢板，切割前应预热到 100℃以上，切割边缘应作机械加工，并用磁粉探伤方法检查是否存在表面裂纹。

（3）对于厚度在 15 mm 以下的 0.5 Mo 钢板，切割前不必预热。

2. 焊接方法

珠光体耐热钢的焊接可选用焊条电弧焊、埋弧焊、熔化极气体保护焊、电渣焊、钨极氩弧焊和电阻焊等方法。通常以焊条电弧焊为主，埋弧焊和电渣焊也常用。

3. 焊接材料

珠光体耐热钢焊接材料的选配原则是使焊缝金属的化学成分与母材相同或相近，即“等成分”原则，焊条电弧焊一般应选用碱性低氢型焊条，直流反接。

珠光体耐热钢焊条电弧焊时，有时也可选用奥氏体型不锈钢焊条，如 E316−16、E309−16、E309Mo−16 等，焊前仍需预热，焊后一般不进行热处理。这种方法特别适用于有些焊件焊后不能热处理，而含铬量又高的情况。

珠光体耐热钢埋弧焊时，可选用与焊件成分相同的焊丝配 HJ350 或 HJ250 焊剂进行焊接，这在压力容器、管道、重型机械等领域已得到了广泛应用。常用珠光体耐热钢焊接材料及焊条材料的选用见表 9−5。

表9−5 常用珠光体耐热钢焊接材料及焊条材料的选用

钢材牌号	焊条牌号或型号			
	焊条电弧焊		埋弧焊	气体保护焊
	牌号	型号	牌号	型号（牌号）
15Mo	R102 R107	E5503−A1 E5015−A1	H08MnMoA + HJ350	ER55−D2 （H08MnSiMo）
12CrMo	R202 R207	E5503−B1 E5515−B1	HIOMoCrA + HJ350	ER55−B2 （H08CrMnSiMo）
15CrMo	R307	E5515−B2	H08CrMoA + HJ350	ER55−B2 （H08CrMnSiMo）
12Cr1MoV	R317	E5515−B2−V	H08CrMoV + HJ350	ER55−B2−MnV （H08CrMnSiMoV）
12Cr2Mo	R406Fe R407	E6018−B3 E6015−B3	H08Cr3MoMnA + HJ350	ER62−B3 （H08Cr3MoMnSi）
12Cr2MoWVTiB	R347	E5515−B3−VWB	H08Cr2MoWVNbB + HJ250	ER62−G （H08Cr2MoWVNbB）

必须注意的是，珠光体耐热钢所用的焊条和焊剂都容易受潮，必须严格按规定保存和烘干。

4. 预热

预热是焊接珠光体耐热钢的重要工艺措施。预热降低了焊接接头的冷却速度，减弱硬化，有效地避免了形成淬硬组织，减小了焊接应力，还能使扩散氢扩散逸出。为了确保焊接质量，不论是在定位焊或焊接过程中，都应预热，并且应控制道间温度，使道间温度略高于预热温度。

5. 保温焊和连续焊

在珠光体耐热钢的整个焊接过程中，焊接时避免中断，尽可能一次焊完。若必须中断时，应保证焊件缓慢冷却，重新施焊时仍须预热。焊接完毕应将焊件保持在预热温度以上数小时，然后再缓慢冷却，这一点即使在炎热的夏季也必须做到。

6. 焊后缓冷

焊后进行 300℃ ~ 350℃缓冷，是焊接珠光体耐热钢必须严格遵循的原则，条件允许的情况下可进行去氢处理。

7. 焊后热处理

为了消除焊接残余应力，改善组织，提高接头的综合力学性能，焊后一般应进行热处理。珠光体耐热钢焊后热处理方法主要是高温回火，即将焊件加热至 650℃ ~ 780℃（低于 A_{C1}），保温一定时间，然后在静止空气中冷却。常用珠光体耐热钢预热及焊后热处理工艺参数见表 9−6。

表9−6　常用珠光体耐热钢预热及焊后热处理工艺参数

钢材牌号	预热温度/ ℃	焊后热处理温度/ ℃
15Mo	200 ~ 250	650 ~ 700
12CrMo	200 ~ 250	650 ~ 700
15CrMo	200 ~ 250	680 ~ 720
12Cr1Mov	250 ~ 300	710 ~ 750
12Cr3MoVSiTiB	300 ~ 400	740 ~ 760
12Cr2MoWVTiB	300 ~ 400	760 ~ 780

练一练

一、填空题

1. 高温下具有 __________ 和 __________ 的钢叫作耐热钢。

2. 在珠光体耐热钢焊接时，主要问题是 __________、__________ 和 __________。

3. 珠光体耐热钢焊接材料的选配原则是使焊缝金属的 __________ 与母材相同或相近。

4.__________ 是焊接珠光体耐热钢的重要工艺措施，并且应控制 __________，使道间温度 __________ 预热温度。

5. 珠光体耐热钢焊后热处理方法主要是 __________，即将焊件加热至 __________（低于 A_{C1}），保温一定时间，然后在 __________ 中冷却。

二、判断题

1. 珠光体耐热钢是以铬、钼为主要合金元素的低合金钢。（　　）

2. 珠光体耐热钢中的铬主要用来提高钢的高温强度，钼主要是用来提高钢的高温抗氧化性的。(　　)

3. 焊后热处理是焊接珠光体耐热钢的重要工艺措施。(　　)

4. 珠光体耐热钢焊后应立即进行低温回火。(　　)

5. 焊接小直径珠光体耐热钢管子时，较合适的方法是钨极氩弧焊。(　　)

三、简答题

1. 简述珠光体耐热钢的焊接性。

2. 珠光体耐热钢焊接时如何选择焊接材料？

任务六　不锈钢的焊接

任务目标

知识目标	1. 不锈钢的简介。 2. 不锈钢的焊接性。
能力目标	1. 掌握奥氏体型不锈钢的焊接性。 2. 掌握奥氏体型不锈钢的焊接工艺。
素质目标	强化记忆、归纳学习。能够理论指导实践，在实习中认真体验与其他金属材料焊接的区别。

学习内容

一、不锈钢简介

根据国家标准《不锈钢和耐热钢牌号及化学成分》(GB/T 20878—2007)规定，以不锈、耐腐蚀为主要特性，且铬含量至少为10.5%，碳含量最大不超过1.2%的钢，称为不锈钢。不锈钢现已在航空、化工、动力装置(汽轮机)、轨道交通、容器储罐、原子能及食品等工业中得到了广泛应用。

1. 不锈钢的分类

不锈钢按空冷后室温组织的不同可分为五大类：

(1)奥氏体型不锈钢　钢中含铬的质量分数大于18%。

(2)铁素体型不锈钢　铬的质量分数占13% ~ 30%，含碳量很低，其质量分数在

0.15% 以下。

（3）马氏体型不锈钢　这种钢除含有较高的铬外，还含有较高的碳。

（4）奥氏体 + 铁素体型不锈钢　铁素体的体积分数小于 10%，是在奥氏体型不锈钢的基础上发展的钢种。

（5）沉淀硬化型不锈钢　这种钢具有良好的成形性能。常用的不锈钢新旧牌号对比见表 9−7。

表9−7　常用的不锈钢新旧牌号对比

不锈钢类型	新牌号（GB/T 20878—2007）	旧牌号（GB/T 4237—1992）
奥氏体型不锈钢	022C19Ni10	00Cr19Ni10
	06Cr19Ni10	0Cr18Ni9
	12Cr18Ni9	1Cr18Ni9
	10Cr18Ni12	1Cr18Ni12
	06Cr25Ni20	0Cr25Ni20
	06Cr23Ni13	0Cr23Ni3
	06Cr18Ni11Ti	0Cr18Ni10Ti
	07Cr19Ni11Ti	1Cr18Ni11Ti
	06Cr18Ni11Nb	0Cr18Ni11Nb
奥氏体 − 铁素体型不锈钢	022Cr18Ni5Mo3Si2N	00Cr18Ni5Mo3Si2
	14Cr18Ni11Si4AlTi	1Cr18Ni11S4AlTi
	12Cr21Ni5Ti	1Cr21Ni5Ti
	022Cr25Ni6Mo2N	—
铁素体型不锈钢	10Cr17	1Cr17
	10Cr17Mo	1Cr17Mo
	008Cr27Mo	00Cr27Mo
马氏体型不锈钢	12Cr13	1Cr13
	20Cr13	2Cr13
	30Cr13	3Cr13

奥氏体型不锈钢由于具有良好的耐蚀性、耐热性和塑性，且焊接性良好，是目前应用最广泛的一种不锈钢。

2. 奥氏体型不锈钢

奥氏体型不锈钢是在高铬情况下添加质量分数为 8% ~ 25% 的镍而成。奥氏体型不锈钢以 Cr18Ni9 铁基合金为基础，在此基础上随着用途不同，现已发展成 12Cr18Ni9、06Cr18Ni11Ti、07Cr19Ni11Ti、06Cr23Ni13、06Cr25Ni20 等铬镍奥氏体型不锈钢系列。

二、奥氏体型不锈钢的焊接性

不锈钢含铬量为18%，当含镍量为8% ~ 10%时，便能得到均匀的奥氏体组织，称为奥氏体型不锈钢。奥氏体型不锈钢焊接性良好，焊接时一般不需采取特殊工艺措施。但若焊接材料选用不当或焊接工艺不正确时，会产生晶间腐蚀、热裂纹及应力腐蚀开裂。

1. 晶间腐蚀

产生在晶粒之间的腐蚀称为晶间腐蚀。晶间腐蚀导致晶粒间的结合力丧失，强度几乎完全消失，当受到应力作用时，即会沿晶界断裂，这是不锈钢最危险的一种破坏形式。

（1）晶间腐蚀产生的原因

奥氏体型不锈钢产生晶间腐蚀的原因是由于晶粒边界形成贫铬区（含铬量小于10.5%）造成的。当温度在450℃ ~ 850℃时，碳在奥氏体中的扩散速度大于铬在奥氏体中的扩散速度。当奥氏体中含碳量超过它在室温的溶解度（0.02% ~ 0.03%）后，就不断地向奥氏体晶粒边界扩散，并和铬化合形成碳化铬（Cr_3C_2）但是铬的原子半径较大，扩散速度较小，来不及向边界扩散，晶间附近大量的铬和碳化合成碳化铬，造成奥氏体边界贫铬，当晶界附近的金属含铬量低于10.5%时就失去了抗腐蚀的能力，在腐蚀介质的作用下，就会产生晶间腐蚀。图9-2所示为晶间腐蚀金相图及示意图。

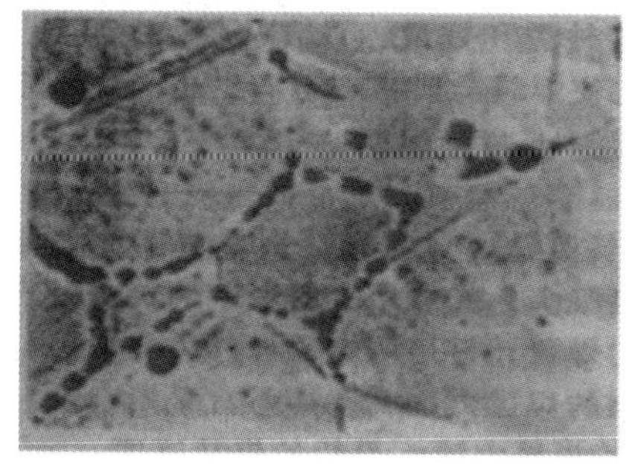
（a）金相图

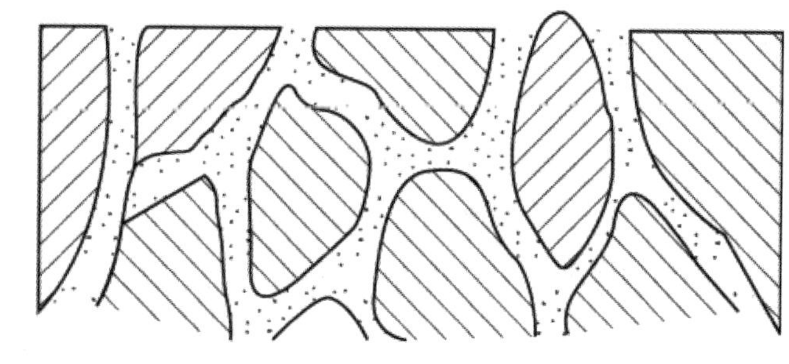
（b）示意图

图9-2　晶间腐蚀

当加热温度小于450℃或大于850℃时都不会产生晶间腐蚀。因为温度低于450℃时，原子扩散速度慢，不会形成碳化铬；在温度高于850℃时，晶粒内铬的扩散速度快，有足够的铬扩散到晶界与碳化合，晶界也不形成贫铬区。所以，把温度区间450℃ ~ 850℃称为晶间腐蚀的危险温度区或敏化温度区。

奥氏体型不锈钢不仅在焊缝和热影响区造成晶间腐蚀，有时在焊缝和母材金属的熔合线附近，也会发生如刀刃状的晶间腐蚀，称为刀状腐蚀。刀状腐蚀是晶间腐蚀的一种特殊形式，它只发生在含有铌、钛等稳定剂的奥氏体型不锈钢的焊接接头中。

需要注意的是，虽然奥氏体型不锈钢长期加热而导致晶间腐蚀的敏化温度区为450℃ ~ 850℃，但由于奥氏体型不锈钢焊接接头处在焊接的快速连续加热过程中，铬碳化物的形

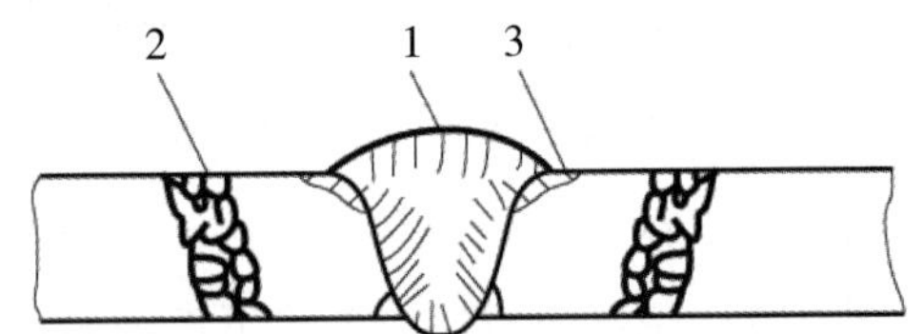

1- 焊缝晶间腐蚀　2- 热影响区晶间腐蚀
3- 刀状腐蚀
图9-3　奥氏体型不锈钢焊接接头的晶间腐蚀

成、析出必然会出现较大的过热，所以焊接接头的实际敏化区温度为 600℃ ~ 1 000℃。奥氏体型不锈钢焊接接头的晶间腐蚀如图 9-3 所示。

（2）防止晶间腐蚀的措施

①控制含碳量。碳是造成晶间腐蚀的主要元素，含碳量越高，在晶界处形成的碳化铬越多，晶间腐蚀倾向增大，所以焊接时应尽量采用超低碳（碳含量≤ 0.03%）不锈钢焊接材料。

②添加稳定剂。在钢材和焊接材料中加入钛、铌等与碳亲和力比铬强的元素，能够与碳结合成稳定的碳化物，从而避免在奥氏体晶界造成贫铬。

③进行固溶处理或均匀化处理。焊后把焊接接头加热到 1 050℃ ~ 1 100℃，使碳化物又重新溶解入奥氏体中，然后迅速冷却，形成稳定的单相奥氏体组织。另外，也可以进行 850℃ ~ 900℃保温 2 h 的均匀化处理，此时奥氏体晶粒内部的铬扩散到晶界，晶界处含铬量又重新达到了大于 10.5%，这样就不会产生晶间腐蚀。

④采用双相组织。在焊缝中加入铁素体形成元素，如铬、硅、铝、钼等，使焊缝形成奥氏体加铁素体的双相组织。因为铬在铁素体中扩散速度比在奥氏体中快，因此铬在铁素体内较快地向晶界扩散，减轻了奥氏体晶界的贫铬现象。控制焊缝中铁素体含量为 5% ~ 10%，如铁素体过多，会使焊缝变脆。

⑤快速冷却。因为奥氏体型不锈钢不会产生淬硬现象，所以在焊接过程中，可以设法增加焊接接头的冷却速度，如焊件下面用铜垫板或直接浇水冷却。在焊接工艺上，可以采用小电流、大焊速、短弧、多道焊等措施，缩短焊接接头在危险温度区停留的时间，以免形成贫铬区。

此外，还必须注意焊接顺序，与腐蚀介质接触的焊缝应最后焊接，尽量不使它受到重复的焊接热循环作用。

2. 热裂纹

奥氏体型不锈钢焊接时比较容易产生热裂纹，特别是含镍量较高的奥氏体型不锈钢更易产生。

（1）热裂纹产生的原因

①奥氏体型不锈钢的导热系数大约只有低碳钢的一半，而线膨胀系数却大得多，所以焊后在接头中会产生较大的焊接内应力。

②奥氏体型不锈钢中的碳、硫、磷、镍等成分，会在熔池中形成低熔点共晶。例如，硫和镍形成的 NiS+Ni 的熔点为 644℃。

③奥氏体型不锈钢的液、固相线的区间较大，结晶时间较长，且奥氏体结晶方向性强，所以杂质偏析现象比较严重。

（2）防止热裂纹的措施

①采用双相组织的焊缝。使焊缝形成奥氏体加铁素体的双相组织，当焊缝中有 5% 左右的铁素体时，可打乱奥氏体柱状晶粒的方向，细化晶粒。并且铁素体可以比奥氏体溶解更多的杂质，从而减少了低熔点共晶物在奥氏体晶界上的偏析。

②焊接工艺措施。在焊接工艺上采用碱性焊条、小电流、快速焊，收尾时尽量填满弧坑，以及采用氩弧焊打底等也可防止热裂纹的产生。

③控制化学成分。严格限制焊缝中硫、磷等杂质的含量，以减少低熔点共晶。

3. 应力腐蚀开裂

应力腐蚀开裂是在拉应力和特定腐蚀介质共同作用下而发生的一种破坏形式，是奥氏体型不锈钢非常敏感且经常发生的腐蚀破坏形式。

（1）应力腐蚀开裂产生的原因

奥氏体型不锈钢由于导热性差、线膨胀系数大，焊接时会产生较大的焊接残余拉应力，于是在腐蚀介质的作用下，焊接接头出现了应力腐蚀裂纹。

应力腐蚀裂纹线发生在焊缝表面上，然后从表面开始向内部扩展，通常表现为穿晶扩展，裂纹尖端常出现分枝，裂纹整体为树枝状。严重时裂纹可穿过熔合线进入热影响区。

（2）防止应力腐蚀开裂的措施

①合理地设计焊接接头，避免腐蚀介质在焊接接头部位聚集，降低或消除焊接接头应力集中。例如，尽量采用对接接头，避免十字交叉焊缝，单 V 形坡口改用双 Y 形坡口等。

②消除或降低焊接接头的残余应力。例如，焊后消除应力退火，喷丸和锤击焊缝等。

③正确选用材料。根据介质的特性选用对应力腐蚀开裂敏感性低的母材和焊接材料。

三、奥氏体型不锈钢的焊接工艺

1. 焊前准备

（1）下料方法的选择

奥氏体型不锈钢用氧乙炔气割有困难，可用机械切割、等离子切割及激光切割等方法进行下料或坡口加工。

（2）坡口制备

奥氏体型不锈钢线膨胀系数大，会加剧焊接接头的变形，所以可适当减小坡口角度。当厚板大于 10 mm 时，尽量选用焊缝截面较小的 U 形坡口。

（3）焊前清理

将坡口及其两侧 20 ~ 30 mm 范围内，用丙酮擦净，并涂白垩粉，以避免奥氏体型不锈钢表面被飞溅金属损伤。

（4）表面保护

在搬运、坡口制备、装配及定位焊过程中，应注意避免损伤钢材表面，以免使产品的耐腐蚀性能降低，例如，不允许利器划伤钢材表面，不允许随意引弧等。

2. 焊接材料

奥氏体型不锈钢焊接材料的选用原则是：使焊缝的合金成分与母材的成分基本相同，并尽量降低焊缝金属中的碳含量和硫、磷杂质的含量。奥氏体型不锈钢常用的焊接方法及焊接材料的选用见表 9–8。

表9–8　奥氏体型不锈钢常用的焊接方法及焊接材料的选用

<table>
<tr><th rowspan="2">焊接材料 / 钢的牌号</th><th colspan="2">焊条电弧焊</th><th>氩弧焊</th><th colspan="2">埋弧焊</th></tr>
<tr><th>焊条牌号</th><th>焊条型号</th><th>焊丝</th><th>焊丝</th><th>焊剂</th></tr>
<tr><td>022Cr19Ni10</td><td>A002</td><td>E308L–16</td><td>H03Cr21Ni10</td><td>H03Cr21Ni10</td><td>HJ151
SJ601</td></tr>
<tr><td>06Cr19Ni10
12Cr18Ni9</td><td>A102
A107</td><td>E308–16
E308–15</td><td>H06Cr21Ni10</td><td>H06Cr21Ni10</td><td>HJ260
SJ601
SJ608、SJ701</td></tr>
<tr><td>07Cr19Ni11Ti
06Cr18Ni11Ti</td><td rowspan="2">A132
A137</td><td rowspan="2">E347–16
E347–15</td><td>H08Cr19Ni10Ti</td><td>H08Cr19Ni10Ti</td><td>HJ260
HJ151
SJ608、SJ701</td></tr>
<tr><td>06Cr18Ni11Nb</td><td>H08Cr20Ni10Nb</td><td>h08Cr20Ni10Nb</td><td>HJ260
HJ172</td></tr>
<tr><td>10Cr18Ni12</td><td>A102
A107</td><td>E308–16
E308–15</td><td>H08Cr21Ni10
H08Cr21Ni10Si</td><td>H08Cr21Ni10
H08Cr21Ni10Si</td><td>HJ260</td></tr>
<tr><td>06Cr23Ni13</td><td>A302
A307</td><td>E309–16
E309–15</td><td>H03Cr24Ni13</td><td>H03Cr24Ni13</td><td>HJ260</td></tr>
<tr><td>06Cr25Ni20</td><td>A402
A407</td><td>E310–16
E310–15</td><td>H08Cr26Ni21</td><td>H08Cr26Ni21</td><td>HJ260</td></tr>
</table>

3. 焊接方法及工艺

奥氏体型不锈钢焊接性较好，其常用的焊接方法有焊条电弧焊、埋弧焊、钨极氩弧焊、熔化极氩弧焊、MAG 焊和等离子弧焊。其工艺特点是小热输入、快速焊、不预热、不消除应力热处理（应力腐蚀开裂除外）。

（1）焊条电弧焊

奥氏体型不锈钢的电阻大，焊接时产生的电阻热大，所以同样直径的焊条，焊接电流值应比低碳钢焊条小 20% 左右，其焊接参数见表 9–9。焊接奥氏体型不锈钢即使采用酸性焊条，最好也采用直流反接。

表9–9　不锈钢焊条电弧焊焊接参数

焊件厚度/mm	焊条直径/mm	焊接电流/A		
		平焊	立焊	仰焊
< 2	2	40 ~ 70	40 ~ 60	40 ~ 50
2 ~ 2.5	2.5	50 ~ 80	50 ~ 70	50 ~ 70
3 ~ 5	3.2	70 ~ 120	70 ~ 95	70 ~ 90
5 ~ 8	4	130 ~ 170	130 ~ 145	130 ~ 140
8 ~ 12	5	160 ~ 210	150 ~ 190	150 ~ 180

焊接时采用窄焊道技术，焊条尽量不做横向摆动，焊道宽度不超过焊条直径的 3 倍；多层多道焊每道厚度应小于 3 mm，并控制道间温度在 60℃以下；与腐蚀介质接触的焊缝，应最后焊接；焊后可采用水冷、风冷等措施强制冷却，焊后变形只能用冷加工矫正。焊接时，不要在焊件上随便引弧，以免损伤焊件表面，影响其耐腐蚀性。

（2）熔化极氩弧焊和 MAG 焊

熔化极氩弧焊一般采用喷射过渡，直流反接，适用于焊接焊件厚度大于 6.5 mm 的奥氏体型不锈钢，但不宜焊接厚度小于 3 mm 的不锈钢薄板。为了改善焊缝成形，常用 Ar +（0.5% ~ 1%）O_2 的 MAG 焊。不锈钢熔化极氩弧焊焊接参数见表 9–10。

表9–10　不锈钢熔化极氩弧焊焊接参数

焊件厚度/mm	焊丝直径/mm	焊接电流/A	电弧电压/V	焊接速度/（m/h）	气体流量/（L/min）
2.0	1.0	140 ~ 180	18 ~ 20	20 ~ 40	6 ~ 8
3.0	1.6	200 ~ 280	20 ~ 22	20 ~ 40	6 ~ 8
4.0	1.6	220 ~ 320	22 ~ 25	20 ~ 40	7 ~ 9
6.0	1.6 ~ 2.0	280 ~ 360	23 ~ 27	15 ~ 30	9 ~ 12
8.0	2.0	300 ~ 380	24 ~ 28	15 ~ 30	11 ~ 15
10	2.0	320 ~ 440	25 ~ 30	15 ~ 30	12 ~ 17

（3）埋弧焊

埋弧焊一般用于中厚度以上的钢板，直流反接。埋弧焊由于热输入大，金属容易过热，对不锈钢耐腐蚀性能有一定影响。因此，在奥氏体型不锈钢焊接中，埋弧焊不如在低合金钢焊接中那样普遍。

在焊接奥氏体型不锈钢时，必须选择适当的焊丝成分（含碳量不得高于母材，铬镍含量高于母材）和焊接参数，使焊缝中有 5% 左右的铁素体。常用的焊剂有 HJ172、HJ151、HJ260、SJ601、SJ608、SJ701 等。18-8 型奥氏体型不锈钢双面埋弧焊焊接参数见表 9-11。

表9-11　18-8型奥氏体型不锈钢双面埋弧焊焊接参数

焊件厚度/mm	装配间隙/mm	焊丝直径/mm	焊接电流/A	电弧电压/V	焊接速度/（m/h）
8	≤ 1.5	5	500 ~ 600	32 ~ 34	46
10	≤ 1.5	5	600 ~ 650	34 ~ 36	42
12	≤ 1.5	5	650 ~ 700	36 ~ 38	36
16	≤ 2	5	750 ~ 800	38 ~ 40	31
20	2 ~ 3	5	800 ~ 850	38 ~ 40	25

（4）钨极氩弧焊

钨极氩弧焊目前已普遍应用于不锈钢的焊接，主要用于焊接 0.5 ~ 3 mm 的不锈钢薄板及薄壁管件，焊丝的成分一般与焊件相同。焊接时速度应适当地快些，这样可以减小焊件的变形和减少焊缝中的气孔，但速度过快会造成焊缝不均匀和未焊透等缺陷。焊接时应尽量避免横向摆动。钨极氩弧焊焊接薄板的参数见表 9-12。

表9-12　钨极氩弧焊焊接薄板的参数

板厚/mm	接头形式	钨极直径/mm	焊丝直径/mm	焊接电流/A	焊接速度/（mm/min）	气体流量/（L/min）	电流类型
1.0	对接	2	1.6	35 ~ 75	150 ~ 550	3 ~ 4	交流
1.0	对接	2	1.6	30 ~ 60	110 ~ 450	3 ~ 4	直流正极
1.2	对接	2	1.6	50	250	3 ~ 4	直流正极
1.5	对接	2	1.6	45 ~ 85	120 ~ 500	3 ~ 4	交流
1.5	对接	2	1.6	40 ~ 75	80 ~ 300	3 ~ 4	直流正极
1.0	角接	2	—	45	230	3 ~ 4	交流
1.5	T 形接头	2	1.6	40 ~ 60	60 ~ 80	3 ~ 4	交流

（5）等离子弧焊

等离子弧焊已用于奥氏体型不锈钢的焊接。对于厚度在 10 ~ 12 mm 以下的奥氏体型不锈钢，采用小孔效应时，热量集中，可不开坡口单面焊一次成形，尤其适用于不锈钢管的焊接。微束等离子弧焊对厚度小于 0.5 mm 的薄板尤为适宜。

练一练

一、填空题

1. 以 __________、__________ 为主要特性，且铬含量至少为 __________，碳含量最大不超过 __________ 的钢，称为不锈钢。

2. 不锈钢最危险的一种破坏形式是 __________。

3. 应力腐蚀开裂是在 __________ 和 __________ 共同作用下发生的一种破坏形式。

二、判断题

1. 奥氏体型不锈钢中加入 Ti 和 Nb 等的目的是防止晶间腐蚀。(　　)

2. 奥氏体加铁素体双向组织抗晶间腐蚀的能力要比单相奥氏体强。(　　)

3. 预热是防止奥氏体型不锈钢产生热裂纹的主要措施。(　　)

4. 与腐蚀介质接触的奥氏体型不锈钢焊缝应最先焊接。(　　)

5. 小电流、慢速焊是焊接奥氏体型不锈钢的主要焊接工艺。(　　)

三、名词解释

1. 晶间腐蚀

2. 危险温度区

四、简答题

1. 试述奥氏体型不锈钢的焊接性。

2. 奥氏体型不锈钢焊接时如何防止晶间腐蚀？

3. 奥氏体型不锈钢焊接时如何防止热裂纹的产生？

参考文献

[1] 邱葭菲 . 焊工工艺学 [M]. 北京：中国劳动和社会保障出版社，2014.

[2] 姜波，王存 . 焊接工艺与技能训练（任务驱动模式）[M]. 北京：机械工业出版社，2014.

[3] 曹朝霞 . 特种焊接技术 [M]. 2 版 . 北京：机械工业出版社，2017.

[4] 邓洪军 . 焊接实训 [M]. 北京：机械工业出版社，2014.

[5] 胡建生 . 焊工识图 [M]. 北京：机械工业出版社，2016.

[6] 方洪渊 . 焊接结构学 [M]. 北京：机械工业出版社，2010.